Al Imfeld: Zucker

Norbert Ewering

Al Imfeld

Zucker

Unionsverlag · Zürich

Zollikerstr. 138, CH-8034 Zürich, Telefon 01/55 72 82

Gesetzt aus der Garamond der Linotype GmbH
Umschlagfoto: Eduard Widmer
Umschlaggestaltung: studio eldorado
Gesamtherstellung: Clausen & Bosse, D-2262 Leck
ISBN 3-293-00044-4

Inhalt

Erich Fried

Wozu braucht man Zucker?

Wird der Kaffee süß
vom Umrühren
oder vom Zucker?

VOM UMRÜHREN

Aber wozu
braucht man denn Zucker?

DAMIT MAN WEISS
WIE LANGE MAN UMRÜHREN MUSS

Wird die Revolution
süß
von den Reaktionären?

Vorwort

Wird der Zucker vom Umrühren süß? Wird seine Süße und Güte bloß aufgeschwatzt und auf höchst raffinierte Weise glauben gemacht? Wenn man die Werbebudgets der Zucker- und Süßwarenindustrie sieht, könnte man glauben, daß er sich nur verkauft, wenn er «verschrieben» wird.

Man könnte es auch glauben, wenn man in Berlin im Zuckermuseum vor den über 30000 Büchern und fast 400 laufenden Zeitschriften über Zucker steht. Und selbst wenn dieses Buch längst in jener Bibliothek verstaubt ist, wird er weiterhin die Welt aufwühlen.

Zucker ist ein ganz besonderer Stoff und nur noch dem Gold vergleichbar. Er steckt voller Zauber und Magie, ist von Faszination und Dämonie umgeben. Zuerst schmeckt er süß; dann zersetzt er sich zur ätzenden Säure. Aus einem Bonbon wird eine Bombe. Aus einem Versüßer des Alltags ein Zerstörer des Lebens.

Zucker beherrscht unseren Alltag. Tausende von Eigenschaften werden ihm nachgesagt. Gute und böse:

Zucker fördert Diabetes ...

Der Körper braucht keinen Zucker ...

Zucker ist ein Produkt des Wohlstandes ...

Zucker ist Liebesersatz ...

Zucker fördert Einseitigkeit und ist ein Produkt aus Monokulturen ...

Zucker gehört in den Clan von Alkohol, Nikotin, Schlafmittel und Drogen ...

Zucker macht dick ...

Zucker ist Energie ...

Zucker stimuliert das Gehirn ...

Zucker fördert Verstopfung ...

Zucker ist ein kostbares Nahrungsmittel ...

Zucker gehört zum Notvorrat ...

Zucker macht hungrig ...

Zucker macht süchtig ...

Zucker enthält bloß leere Kalorien ...

Zucker ist eine Negativspeise ...

Zucker verursacht Karies ...

Zucker hat langfristig stets verheerende Folgen gezeigt:

Zucker muß gebändigt und entkolonisiert werden ...

Die Schlagworte zeigen, daß wir alle mit dem Schicksal Zucker verstrickt sind. Zucker ist zum Problem geworden:

- in der Ernährung,
- in der Medizin,
- in der Psychologie,
- in der Pädagogik,
- in der Wirtschaft,
- in der Umwelt,

- in der Landwirtschaft,
- im sozialen Bereich,
- selbst in der Religion,
- in der Kultur,
- in der Werbung,
- für die Konsumenten,
- für die Bauern,
- für die Zuckerarbeiter,
- für die Produzenten,
- für die Medien ...

kurz: für alle und alles. Zucker macht allen Sorgen.

Zucker ist ein Sorgenkind der Gesundheitspolitik; ein Problemkind der Marktordnung (in Ost und West, erst recht in Nord und Süd, sowohl in der EG als auch weltweit); ein politischer Sprengstoff. Zucker ist ein Produkt, das immer wieder Ordnungen angreift, zersetzt, auflöst und daher aus seiner Natur ein Produkt des Un-Friedens. Zucker ist keine Privatsache. Er ist eine Waffe und gehört vors Kriegsgericht.

- im Bereich der Wirtschaft und Politik: Sklaverei, Dreieckshandel, Monokulturen, Protektionismus, Überschüsse, Spannungen, Zersetzung der Marktwirtschaft und des Nationalstaats,
- im sozialen und kulturellen Bereich: Ausbeutung und Verarmung der Zuckerrohrarbeiter, Verlust der Eigenständigkeit, Alkoholismus (Rum), Spannungen zwischen Nord und Süd, Elend von Bauern hier und von Bauern in der Dritten Welt ...
- für Gesundheit und Umwelt: Zucker als Monokultur hat den Wald verdrängt, Böden ausgelaugt, ganze Länder zersetzt; aber auch im persönlichen Bereich wird gesunde Umwelt zersetzt und werden Krankheiten verursacht: Karies, Diabetes, Fettsucht ... Wahrscheinlich hat Zucker mehr als manches andere Produkt mit Krebs zu tun: Krebs als Folge von Einseitigkeit, Isolation, von Überstrapazierung etc.
- für Konsumenten und Erzieher: Zucker ist ein Lockvogel, der in der Pädagogik Eltern leicht austrickst, Kinder schon früh in die käufliche Scheinwelt des Glücks einspannt, sie dann der Macht der raffinierten Werbung überläßt und zu Schleckern werden läßt.

Zucker ist ein unsoziales Produkt, das alle betrügt: den Zuckerproduzenten und den Zuckerarbeiter; den Zuckerrübenbauern hier und den neuen Zuckerbaron in der Dritten Welt: Statt zu Partnern werden sie im Zucker zu Feinden. Neid wird erzeugt, damit Mißtrauen. Es muß eingegriffen und reguliert werden, das erzeugt Spannung und somit Zwist und Handelskrieg. Zucker betrügt aber auch den Genießer: Er hat schwere Folgekosten zu zahlen. Aber nicht nur er, sein privates Vergnügen wird immense soziale Kosten verursachen.

In der großen Sorge um den Frieden ist Zucker wichtiger Teilaspekt geworden. Hier wird Friedensarbeit sehr konkret. Die Fallstudien einzelner Länder zeigen die Schlachtfelder des Zuckerkriegs.

Mit dem Zucker sind wir alle schicksalshaft verstrickt. Diese Vernetzung möchte mein Buch aufzeigen. An immer neuen Beispielen und unter vielfältigen Aspekten versuche ich zu zeigen, daß Zucker gefährlich ist, zersetzend, schillernd, doppelgesichtig, vielschichtig. Gerade das macht ihn ebenso faszinierend wie dämonisch.

Ich will zeigen, daß es keinen Unschuldigen gibt. Jeder ist mitverstrickt: sowohl der einzelne als auch die multinationale Firma. Deshalb ist es Pflicht, nicht zu beschönigen, so wie das ganze Kampagnen von Werbeagenturen für das nun einmal dubiose Produkt tun.

Ich will nicht verteufeln, aber ich habe die Beschönigung satt: die Besänftigung, Verharmlosung, die süße Lüge, den sanften Betrug. Zucker ist komplex, süß-sauer. Zucker ist ein Produkt, das immer den einen nützt und den anderen schadet. Das reine Vergnügen und den harmlosen Nutzen gibt es nicht. So wird jeder bei jedem Negativ-Beispiel mindestens *einen* positiven Aspekt finden können. Aber es ist Zeit, von diesem punktuellen Denken wegzukommen. Gerade Zucker zeigt uns, wie wichtig ein Denken in Zusammenhängen ist. Zucker nötigt uns ein kybernetisches Vorgehen auf. Dieses Abwägen würde uns alle wieder zum menschlichen Maß zurückbringen.

Ich habe in den folgenden Lesestücken versucht, jeweils einen neuen Aspekt des globalen Problems einzukreisen. Ich wähle jeweils einen Schwerpunkt und illustriere damit einen Aspekt von Zucker: wie er zum Beispiel den Sudan in die Verschuldung führt; wie auf den Philippinen Religion und Macht ihn als Herrschaftsmittel einsetzen; wie in Indien die Zuckerbauern zu Stimmvieh werden etc. Es geht mir nicht um Vollständigkeit, vielmehr um Eindrücke, so daß am Schluß des Buches deutlich wird, daß mit Zucker nicht leichtfertig umgegangen werden kann und der Leser zum Mitfragenden wird. Erst wenn alle wieder fragen, kann mit einer Neugestaltung begonnen werden.

Ich hatte nie die Absicht, ein Sachbuch im traditionellen Sinn zu schreiben. Mein Vorbild ist das Lesebuch mit Lesestücken, mit Essays oder Features. Reichhaltiges Material soll hier zu Stimmungsbildern aufgearbeitet werden. Verschiedene literarische Formen möchten ein Einsteigen, Mitfühlen und eine Betroffenheit ermöglichen. Die Stücke sind daher bewußt verschieden komponiert, einmal eher trocken, dann wieder persönlich erlebt; da eher referierend, dort interpretierend; zornig, verständnisvoll, mitfühlend und das Dilemma spürend; hie und da vielleicht zu sicher, dann aber wieder fragend und staunend. Als ich dieses Buch schrieb, dachte ich immer wieder an die Literatur, die oftmals in dichterischer Form der Realität viel näher zu kommen vermag als eine exakte Untersuchung.

Das heißt nicht, daß am Faktischen und Wirklichen vorbeigegangen wurde. Seit über zwanzig Jahren beschäftigt mich der Zucker. Ich schrieb 1962 an der Universität in New York über eine Deutung des übermäßigen Zuckerkonsums im Slum von Harlem. 1964 geriet ich das erste Mal unter Druck, als ich in den Sommerferien in Colorado der Macht der Zuckerfarmer nachging. 1966 bekam ich als zeitweiliger Landwirtschaftsredakteur einer Tageszeitung im mittelwestlichen Farmergürtel den Druck der gar nicht zimperlichen Agrarlobby zu spüren. Und immer war es der Zucker, an dem sich die Gemüter erhitzten.

Ende 1966 erfuhr ich auf den Philippinen die totale Machtlosigkeit der Zukkerrohrschneider. Es war die Zeit, als die gewaltlosen Widerstandsformen eines

Martin Luther King und Cesar Chavez Faszination ausstrahlten. Einige wagten, sich ähnlich zu organisieren. Sie landeten im Gefängnis. Zucker verstand keinen Spaß.

1967 erlebte ich im damaligen Rhodesien den Tobsuchtsanfall eines weißen katholischen Zuckerrohrplantagenbesitzers, der von Mauritius ins «Gelobte Land» gekommen war, als ich seiner Meinung widersprach, der Zucker, verbunden mit der Sklaverei, sei notwendig zur langsamen Zivilisierung der schwarzen Bestie zum weißen Menschen. Um die Aufseher über seine Zuckerrohrarbeiter wirksamer und gefürchteter zu machen, hatte er sie mit Schäferhunden ausrüsten lassen. Er galt bei den anderen Weißen als Verteidiger «westlicher Werte» und Aufrechterhalter «europäischer Zivilisation». Beim *Informationsdienst 3. Welt* (i3w) in Bern habe ich mit dem Team zwischen 1972 und 1976 mehrere Arbeiten über Zucker gemacht. Wir gingen der Frage nach, ob in der Schweiz eine Zuckeraktion (vergleichbar den Aktionen mit Ujamaa-Kaffee und Jute aus Bangladesh) einen Sinn ergeben würden. Sollten wir den Anbau unserer Zuckerrüben bekämpfen und den Import von Rohrzucker aus der Dritten Welt propagieren?

1976 kam ich in Tansania in Berührung mit landwirtschaftlichen Beraterfirmen, die letztlich süße Fangarme versteckter Zuckermultis waren. Auch in anderen Teilen Afrikas erfuhr ich, wie sich über den Zucker das internationale Agrobusiness in einer neuen kolonialen Form in Afrika einschlich. Damals begann ich Buch zu führen. Wie ein Detektiv schnitt ich seither hier eine kleine Notiz aus *Financial Times*, dort zwei, drei Seiten aus *West Africa*, *Far Eastern Economics Review* und vielen anderen Zeitungen und Zeitschriften aus.

Mit diesen Erfahrungen kam ich 1977 an das *Gottlieb-Duttweiler-Institut*. Hier wurde mir der Auftrag erteilt, eine kritische internationale Tagung über die verschiedenen Aspekte des Zuckers zu organisieren. Ich traf mit Menschen zusammen, die ob des Zuckers zu Verfolgten geworden waren. Die einen hatten wegen zu kritischer Einstellung ihre Laufbahn als Ernährungswissenschaftler abbrechen müssen; anderen wurde das Forschungsgeld beschnitten. Einige wurden wegen ihres privaten Lebenswandels als Zuckerfachleute unglaubwürdig gemacht. Da traf ich aber auch Universitätsprofessoren, die bestimmt nicht wegen ihres Wissens, sondern nur wegen ihrer Einstellung ihre Position erreicht haben konnten. Oder ich traf Wissenschaftler, die für Werbefirmen Gutachten für Zahnpasta oder über die «wissenschaftlich nicht nachweisbare Schädlichkeit des Zuckers» auf Glanzpapier abgaben. Noch lange bevor diese Tagung angekündigt wurde, griff die schweizerische und deutsche Zuckerlobby, «voller Sorgen» und «befürchtend, daß eines der kostbarsten Nahrungsmittel verteufelt werden könnte», ein. Der oberste Boß der Migros, Pierre Arnold, ließ die geplante Tagung verbieten. Auch mich kostete der Zucker etwas von meinem Job ...

Selbst eine in der Schweiz bestens bekannte Zeitschrift, die sich gerne der Kleinen und Hoffnungslosen annimmt, fand das Zuckerthema «zu heiß». Sie wäre – und ich kann diesen Entscheid bestens begreifen – unter Beschuß gekommen und boykottiert worden, und damit hätte sie etwas von ihrem durch manche Jahre erkämpften Freiraum im rechtlichen Bereich eingebüßt (und der Verlierer wäre wieder der kleine Mann gewesen). All das führt uns mitten in die harte Realität des Zuckers. Diese Realität jedoch ist sprachlich kaum und schriftlich schon gar nicht mehr zu fassen. Hier geht es um das ABC der Ängste, der Blindheit, des Chauvinismus, des Dogmatismus, der Enge, des Fanatismus, der Gewalt, des Hinterhalts, des Irr-Sinns in weltweitem Ausmaß ...

Eine völlige Objektivität ist nie möglich; bei einem Thema mit Tausenden von Komplexitäten und zahllosen menschlichen Tragödien schon gar nicht mehr.

Machen wir uns nichts vor: Die Realität des Zuckers ist hart und nicht süß. Und wenn wir sehen, wieviel Blut am Zucker klebt und wie viele für und durch ihn gestorben sind, dann ist die Behauptung zu billig, daß all das zum Erhalt von Arbeitsplätzen ewig weitergehen müsse.

Aber wie könnte es denn weitergehen? Mit mehr Einsicht und Abwägen. Mit mehr Ehrlichkeit und auch eingestandener Hilflosigkeit. Mit der Suche nach jenen Angelpunkten, wo wir mächtig genug sind, Einfluß auszuüben. Mit mehr Maß und einer neuen Lebensweise. Mit Aktionen, die Problembewußtsein schaffen. Kaum mit Verboten, Gesetzen und Regulierungen: Auf diesem Gebiet ist die Lobby längst zu raffiniert, die Juristerei im Dienste des Zuckers zu verschlagen und die Bürokratie vom Zucker angefressen.

Dieses Buch will nichts mehr, als Tatsachen darzustellen und gleichzeitig zeigen, daß diese noch nicht vollendet sind. Zucker muß entkolonisiert und sozialisiert werden. Zucker soll endlich vom Geschäft zum Genuß werden. Zucker soll den Platz, der ihm zukommt, einnehmen, aber nicht andere Lebensmittel verdrängen, die Macht ergreifen und zur Diktatur des Überflusses, der Verschwendung und Verführung werden.

Dieses Buch ist auch ein Buch wider die Diktatur. Sie beginnt stets mit etwas Zucker.

Dieses Buch ist jedoch auch ein kleines Denk-Mal für drei Organisationen, die diese Zuckerarbeit anspornten, förderten und ermöglichten: der *Informationsdienst 3. Welt* in Bern, das *Gottlieb-Duttweiler-Institut* (GDI) in Rüschlikon und der *Ausschuß für Entwicklungsbezogene Bildung und Publizistik* in Stuttgart, der nach meinem erzwungenen Weggang beim GDI eine finanzielle Überbrückung zum Weiterforschen gewährte.

Damit ist auch schon dem Unionsverlag für seinen Mut gedankt. Wie bei jedem Buch – so erst recht bei einem über Zucker – ist der Autor nur so etwas wie die Spitze eines Eisbergs. Viele halfen mit, gaben Anregungen und Ideen, berieten mich. Ihnen allen sei mein ehrlicher Dank ausgesprochen. Ganz besondere Erwähnung verdienen: Margrit Weiss, die als Volkswirtschaftlerin die Essays überprüft hat; Gerd Meuer als kritischer Erstleser und Berater und Christine Stottele für das Reinschreiben des Manuskripts.

Und Dir, lieber Leser, sei viel Spaß gewünscht. Denk beim Umrühren des Kaffees daran, daß nicht alles bloß süßer Zucker sein kann ...

Im Zeichen der Schokolade, Süßigkeiten und Kuchenberge
Ostern 1983

I Die Sucht des Alltags

Die geplante Begriffsverwirrung

Viele reden von und über Zucker. Aber kaum zwei Menschen gebrauchen den Begriff im gleichen Sinn.

«Zucker» ist längst mehr als ein Wort – er ist ein Traum- und Schattenreich geworden. Beim Wort «Zucker» beginnt die Phantasie zu tanzen: süß und angenehm ... Liebe ... Geborgenheit und Glück; ja, sogar der Himmel ist verzuckert. Kuß und Kuchen – beide sind süß. Religion verspricht ewiges Leben, für die meisten Menschen wird es süß sein.

Die Brücke zum Süßen bildet immer der Zucker. Er gehörte zum Sonn- und Festtag. Zum Kirchweihfest und an Wallfahrtsorten gab es Süßigkeiten. Das Wort Zucker drang auf diese oder ähnliche Weise über den Alltag in die Religion, in die Kunst, in die Sprache. Zucker symbolisiert in solchem Zusammenhang Sehnsucht und Nostalgie, Zukunft und Hoffnung. Mit dem Wort «Zukker» assoziiert man eine ganze Kette von Werten. Das ist die eine Welt des Zuckers: süße Schlösser, Zuckermoscheen, himmlische Süße.

Für den Chemiker ist die Welt des Zuckers nüchterner, aber genauso weit und komplex. Da gibt es Einfachzucker (aus einem Zuckermolekül bestehend), Zweifach- und Vielfachzucker. Die Vielfalt ergibt sich nicht nur durch die verschiedenen aneinandergereihten und aufeinandergetürmten Moleküle. Je nach Aufbau werden andere Prozesse ausgelöst, variiert der Abbau, und in der chemischen Folge davon werden weitere Prozesse begünstigt.

Die verschiedenen Saccharide faßt der Chemiker in der Gruppe der Kohlenhydrate zusammen. Der Ernährungswissenschaftler ist mehr an den Nährwerten der Kohlenhydrate interessiert. Er untersucht das in vielleicht mehreren Stufen bearbeitete Endprodukt und errechnet, vor allem in unserem Zeitalter des Ernährungsanalphabetismus, die Kalorien. Bei dieser punktuellen Betrachtung trifft zu, daß die Nährwerte aller Zucker gleich hoch sind. Statt nur zu messen, müßte mehr gewertet werden; statt statisch und isoliert Zuckergehalt und Kalorienmenge festzustellen, ginge es darum, Abläufe und Wirkungsweisen im Körper, mögliche Impulse und Blockierungen, Austausch und Interaktionen zu begreifen. Dann würde auch endlich die sinnlose Debatte beendet, ob Zucker der alleinige Auslöser von Karies, Fettleibigkeit und manch anderem ist. Natürlich ist er es nicht allein, denn nichts im menschlichen Organismus läuft monokausal ab. Ein Saccharid benötigt zum Auslösen von Prozessen ein Umfeld, entweder ein Stimulans oder einen Bremser, Konstellationen für verschiedene Interaktionen. Solche Abläufe müßten einsichtiger gemacht werden, dann würde auch die süße Werbung mit ihren Verschleierungen sehr bald ins Leere stoßen.

Wie die Geschichte zeigt, herrscht seit langer Zeit ein heftiger Kampf auf dem Zuckermarkt. Seit im 19. Jahrhundert die Zuckerrübe in der nördlichen Hemisphäre das Monopol des Rohrzuckers in Frage gestellt hat, gibt es mächtige Lobbies für beide. Beide werben um Käufergunst und ökonomische Privilegien, um politische Macht und um Wissenschaft. Seit Rübe und Rohr nun gemeinsam von chemischen Süßstoffen, die entweder kalorienlos oder -arm sind, bedroht werden, ist der Werbekrieg noch nervöser und aggressiver geworden.

Die Werbung gebraucht heute den Begriff «Zucker» in allen Tonlagen, einmal wissenschaftlich, ein anderes Mal emotional, präzise oder vieldeutig, je nach Nutzen assoziativ oder restriktiv. Aber immer so, daß ein Körnchen Wahrheit darin bleibt. So kann die Zuckerwerbung als die «raffinierteste» gelten. «Ohne Zucker wär das Leben halb so süß» steht ganzseitig in Nobelmagazinen. «Der Zucker», die zentrale Informationsstelle der deutschen Zuckerindustrie, gibt über ein Postfach in Bonn alle weiteren Auskünfte ...

Jede Aussage über Zucker sollte daher damit beginnen, daß klar gesagt wird, was die verwendeten Begriffe bedeuten. Genauso wie auf dem Markt sollte eine eindeutige Deklarationspflicht eingeführt werden.

Zucker im Sinne der Zuckergesetze, in der EG und anderen Staaten, ist der aus Zuckerrohr, Zuckerrübe oder Melasse hergestellte Zucker. Auch nach den verschiedenen nationalen Lebensmittelgesetzen wird Zucker als jene Substanz definiert, die aus Rohr oder Rübe und im Laufe des Verarbeitungsprozesses aus dem eingedampften Saft gewonnen wird. Chemisch heißt dieses Produkt *Saccharose*. Ob aus Rohr oder Rübe – chemisch ist das Endprodukt dasselbe.

Weitere Zuckerarten sind:

Monosaccharide:
Traubenzucker (Glucose)
Fruchtzucker (Fructose)

Disaccharide:
Malzzucker (Maltose = 2 Moleküle Glucose)
Milchzucker (Lactose)
Rohrzucker (Saccharose = 1 Molekül Glucose, 1 Molekül Fructose)

Polysaccharide:
Stärke (viele Glucosemoleküle, α – glycosidisch gebunden)
Zellulose (viele Glucosemoleküle, β – glycosidisch gebunden)

Die Verbindung zweier Monosaccharide ergibt ein Disaccharid, wie zum Beispiel den Haushaltszucker (Saccharose). Verbinden sich viele Zuckermoleküle zu Ketten, so entstehen die Polysaccharide. Aus der Verknüpfung der einzelnen Zucker miteinander (auch bei gleicher Zusammensetzung der Ketten) ergeben sich verschiedenartige Eigenschaften der Polysaccharide (so ist zum Beispiel *Zellulose* unverdaulich, jedoch als Ballaststoff notwendig). Der für die Ernährung wichtigste Vielfachzucker ist die *Stärke*.

Haushaltszucker besteht zur einen Hälfte aus dem Molekül *Glucose*, das in Früchten, Gemüsen, zu 40 % im Honig, als Blutzucker im Blut und bei Diabetikern im Urin enthalten ist. Aus allen Stärkearten entsteht bei der Verdauung ausschließlich Glucose. Die andere Hälfte des Zuckermoleküls ist *Fructose* (Fruchtzucker), die in der natürlichen Form in allen Früchten und im Honig

Welche Zucker produziert die Industrie?

Raffinade: **besonders reiner weißer Zucker bester Qualität, der bestimmten Anforderungen bezüglich Reinheit entsprechen muß und in verschiedenen Sorten (Körnigkeit) hergestellt wird.**

Grundsorte: **sogenannter Weißzucker, billigste und qualitativ schlechteste Verbrauchersorte.**

Würfelzucker: **hochwertige Raffinade wird mit Wasser angefeuchtet und zu Würfeln gepreßt, dann getrocknet. Besitzt optimale Löslichkeit.**

Hagelzucker: **aus Raffinade hergestellter, hagelähnlicher, grobkörniger Zucker, dessen «Körner» aus einer Vielzahl zusammengewachsener feiner Kristalle bestehen.**

Zuckerhut: **in Kegelform erstarrte und auskristallisierte (Zucker-)Füllmasse; wird zur Herstellung von Feuerzangenbowlen gebraucht.**

Puderzucker **oder** *Staubzucker*: **sehr fein gemahlener Zucker, bei dem die Kristallteilchen nicht mehr fühlbar sind.**

Kandis: **Sammelbegriff für sehr grob kristallinen Zucker; wird aus reinen, sehr hochwertigen Zuckerlösungen durch langsames Auskristallisieren gewonnen. Der braune Kandis wird durch Zuckercouleur oder Karamel gelblich oder bräunlich gefärbt.**

Gelierzucker: **aus Raffinade, reinem (meist Apfel-)Pektin und Zitronen- oder Weinsäure hergestellt. Für Konfitüren und Gelees.**

Flüssige Zucker **und** *Zuckersirupe*: **verflüssigt durch spezielle technische Verfahren statt kristallisiert.**

vorkommt, aber auch im aus Rohr gewonnenen Invertzucker. Für die menschliche Ernährung hat *Lactose* (Milchzucker) eine besondere Bedeutung als das einzige Kohlenhydrat der Säuglingsmilch.

Bereits jetzt ist klar, daß das Wort «Zucker» Bestandteil von Bezeichnungen verschiedener Zuckerarten ist. Weiter kann unter dem Begriff «Zucker» verstanden werden:

- isolierter Zucker (Saccharose und andere Zuckerarten)
- natürlicher Zuckergehalt von Lebensmitteln
- Zuckergehalt im Blut.

Wesentliches Merkmal des *isolierten Zuckers* ist das fast vollständige Fehlen lebensnotwendiger Stoffe: Seine Qualität ist daher die Reinheit. Isolierte Zukker bestehen rein aus Kohlenhydraten und liefern ausschließlich Nahrungsenergie. Deshalb werden sie auch «leere Kalorien» (besser wäre «nackte») genannt. Nahrungsenergie, d. h. Kohlenhydrate und Zucker, können dem Körper aber aus Lebensmitteln in ausreichender Menge zugeführt werden. Der Organismus hat also keinen lebensnotwendigen Bedarf an isolierten Zuckern.

Chemisch sind bei der Einnahme von isolierten Zuckern zwei Abläufe zu beachten:

- die direkte Wirkung der Saccharose
- die indirekte Wirkung – das Fehlen lebensnotwendiger Nährstoffe bei einer Ernährungsweise mit hohem Zuckerkonsum.

In einem so komplexen Gebiet trägt simplifizierende Werbung nicht zur Popularisierung und Einsicht komplizierter Vorgänge bei, sondern zur Verdummung und Manipulierbarkeit. Ihr geht es um Masse und nicht um eine vernünftige Dosis.

Während Jahrtausenden süßte der Mensch mit Honig, Extrakten von Früchten und Beeren und dem Sud des Zuckerrohrs. Heute pauschal zu behaupten, wie es die Werbung jüngst wieder getan hat, daß ohne Zucker kein Leben möglich sei, und dabei den Industriezucker aus Rohr und Rübe mit Zucker schlechthin gleichzusetzen ist Demagogie. Falls der Zucker Rationalität und Einsicht, wenn er kritische Konsumenten nicht erträgt, dann ist er ein Mittel des Volksbetrugs. Lange Zeit war der Rohrzucker mit der Sklaverei und Schinderei von Menschen verbunden; heute scheint er ein Produkt zynischer Menschenverächter geworden zu sein. Etwas vom gefährlichen Kitsch einer Blut- und Boden-Kultur wird diesen «reinen, weißen Kristallen» aufgesetzt. Dazu braucht man Verallgemeinerungen, Feindbilder und eine emotionsgeladene Sprache («Ohne Zucker wär das Leben halb so süß»), um ja nie festgenagelt werden zu können. «Wir haben noch nie etwas behauptet, was nicht stimmt», beteuerte jüngst ein Lobbyist der deutschen Zuckerindustrie.

Der Schweizer Ernährungswissenschaftler Felix Kiefer sagte in einem Referat bei der internationalen Zuckertagung am 27. November 1981 am Gottlieb-Duttweiler-Institut, Rüschlikon / Zürich: «Wenn die Zuckerindustrie heute behauptet, der Mensch brauche ganz einfach diesen Zucker, so ist das eine perfide Lüge ... Die Tatsache, daß die Menschen noch vor wenigen hundert Jahren nur sehr wenig und selten Zucker gegessen haben, ist der deutlichste Beweis dafür, daß kein Mensch jemals Zucker braucht und auch niemals brauchen wird. Zukker enthält nur reine Kalorien ohne jegliche Beimischung von Vitaminen und Spurenelementen. Deshalb ist er durch jedes andere verfügbare Kohlenhydrat ersetzbar, wie z. B. durch Stärke, Stärkesirup, Malzzucker, Traubenzucker und Fruchtzucker. Jede andere Behauptung ist falsch.»

Was soll da ein Satz aus dem von der deutschen Zuckerlobby herausgegebenen Katechismus *Fragen und Antworten zum Zucker. Eine Standortbestimmung auf der Basis wissenschaftlicher Erkenntnis* (1979): «Der Einfachzucker Glucose hat für den Körper die größte Bedeutung. Er ist *der eigentliche Blut-*

zucker ... Die Gehirnzellen verwerten ausschließlich diesen Zucker als Energiequelle.»

Dieser Satz erweckt die falsche Vorstellung, der Körper könne Glucose nur in Form von Industrie- und Haushaltszucker aufnehmen. Genauso verhält es sich mit der «sachlichen Feststellung» in folgendem Inserat von *Der Zucker*: «Zucker als ein reines Kohlenhydrat wird im menschlichen Körper zum raschen Energiespender. Er versorgt das Gehirn, das Nervensystem, die roten Blutkörperchen und natürlich die Muskeln mit neuem Brennstoff.»

Alles gut und recht, wenn nicht wiederum suggeriert würde, daß zu diesem Zweck mehr Weißzucker konsumiert werden sollte. Denn der Weißzucker löst gesundheitlich fragwürdige Prozesse aus. Sein Mangel an dem chromhaltigen Glucosetoleranzfaktor bewirkt eine rasche Aufnahme des Zuckers in die Blutbahn und löst somit nach jedem Konsum eine intensive Insulinausschüttung aus. Hier fehlen noch viele notwendige Untersuchungen darüber, wie sich dieses überproduzierte Insulin in Kombination mit anderen Stoffen verhält, etwa wenn Frauen Verhütungsmittel einnehmen. Bekannt ist, daß Insulin das Hungergefühl reizt. Die natürliche Steuerung der normalen Nahrungsaufnahme bricht deshalb zusammen; wen wundert es, daß die Folge Übergewicht ist? Ist es nicht zynisch, zu sagen: «Das Insulinproblem darf nicht unmittelbar mit dem Zucker in Zusammenhang gebracht werden» (so die amerikanische Lebensmittelbehörde). Die Forschung, aber auch die industrielle Technologie müßte sich mehr mit der Erhaltung der Spurenelemente bei der «Veredelung» in der Zuckerfabrik (Raffinade) beschäftigen.

Nur ein Beispiel. Dr. Kiefer vermutet: «Das bisher nicht beachtete Spurenelement Chrom (als Glucosetoleranzfaktor), das im Zuckerextraktionssaft sehr wohl vorhanden ist, im weißen Zucker jedoch nicht mehr, ist vermutlich dafür verantwortlich, daß der reichliche Genuß von weißem Zucker die Entstehung der Diabetes fördert, und nicht der Zuckerkonsum an sich.»

Kiefer schlägt eine andere Form der Raffinade vor, damit nicht die wertvollen Bestandteile letztlich als Restbestände zum Tierfutter gehen. Viele glauben, der weiße Zucker enthalte diese Spurenelemente noch. Der Zucker aus der Rübenmelasse hat einen unangenehmen Beigeschmack, deshalb ist brauner Rübenzucker nicht auf dem Markt. Der braune Zucker, den man kaufen kann, ist daher stets Rohrzucker. Die Farbe stammt von der Melasse, die noch nicht ganz von den Zuckerkristallen weggewaschen ist. Denaturiert und raffiniert ist aber auch der braune Zucker. Es wäre irreführend, braunen Zukker als Naturzucker zu bezeichnen. Katy Steinmann schrieb 1977 im Zürcher *Tages-Anzeiger Magazin*: «Brauner Zucker oder Rohrzucker steht übrigens nicht besser da. Er ist nicht gesünder, denn keine der braunen Zuckersorten leistet einen nennenswerten Beitrag an den Vitamin- und Mineralbedarf des Körpers. Er ist auch nicht ‹natürlich›, sondern ein verunreinigtes, technisches Zwischenprodukt ...»

Wirklichen «Naturzucker» finden wir im Obst oder in den unverarbeiteten Zuckerrüben, nicht aber im Endprodukt, dem Fabrikzucker. Es gibt jedoch in Reformgeschäften *Vollrohrzucker* zu kaufen, der noch weitgehend die Bestandteile des Zuckerrohrs enthält. In der Schweiz hat der Arzt und Ernährungswissenschaftler Max-Henri Béguin sich für diesen Vollrohrzucker einge-

«Getarnter Zucker ging durch die Maschen»

15. Februar 1983: Letztes Jahr fanden etwa 13000 t Zucker ihren Weg über die kanadisch-amerikanische Grenze. Dieses Jahr, so meint man in Industrie-Kreisen, werden es bestimmt 75000 t sein, falls die Regierung nicht die Lücken des Gesetzes schließt. «Es begann als ein Rinnsal und breitet sich zum Strom aus», sagte Eiler C. Ravnholt, Vizepräsident der Hawaiischen Zuckerplantagenvereinigung. Zucker ist eben nicht immer Zucker. Dem Gesetzgeber fällt es schwer, Zucker zu definieren. Im Augenblick verhält es sich so, daß «gemischter Zucker» (blended sugar) billiger als regulärer Zukker in die USA importiert werden kann. Zudem bestehen Importquoten. Da aber ausländischer Zucker billiger als der regierungsgestützte US-Zukker ist, lohnt es sich für Großunternehmen, Zucker zu importieren – vor allem dann, wenn es nur eine kleine Verschiebung über Grenzen hinweg bedeutet. Und Brokers haben plötzlich mehr Quoten zur Verfügung. Nach der amerikanischen Zoll-Gesetzgebung gilt Zucker nur dann als Zucker, wenn nicht mehr als 6% eines anderen Süßstoffes beigegeben werden. Die Regel kam bis jetzt der Nahrungsmittelindustrie und einigen Großbäckereien entgegen, die den in ihren Produkten enthaltenen Zucker nicht zu deklarieren brauchten.
Nun begannen clevere Firmen und Brokers kanadischen Zucker zu mischen. Tom Greer, Direktor der Zucker- und Süßstoffanalyse bei *Connell Commodities*, sagte: «Der Mischzucker kommt in flüssiger Form herein. Ein bißchen mit Maissirup durchmischt, kann er, ohne einen feststellbaren Geschmacksunterschied, als reiner Flüssigzucker vermarktet werden.»
Das Geschäft entwickelte sich so gut, daß mindestens zwanzig Brokers im Nordosten der USA seit letzten November auf den fahrenden Zug aufgesprungen sind. Der Preisunterschied macht 8 Cents aus.

Wall Street Journal, 15.2.1983

setzt. Nach seinen Angaben enthält er zwischen 75 und 88% Saccharose, 3 bis 10% Fructose, 2 bis 9% Glucose und 1,5 bis 2,5% Mineralsalze alkalischer Beschaffenheit. Es sei der Zucker, den die Inder vor der Erfindung der Raffinade kannten. Die Zuckerindustrie habe sich immer weiter vom Ursprung des Zuckers weg entwickelt.

Noch weiter «zurück» sucht der Schonkost-Verfechter Cyril Scott, der die «rohe schwarze Zuckerrohrmelasse eine natürliche Wundernahrung» nennt (in der Broschüre *Das schwarze Wunder*, 1949).

Die Diskussion zeigt, daß der Mensch das Süße nicht lassen kann; aber auch, daß die Ernährungsdebatte sich lieber am Rande bewegt, als mutig und prinzipiell an die Fragen der Eßgewohnheiten heranzugehen. Zucker ist der verbreitetste Süßstoff, aber wie ein späteres Kapitel zeigt, gibt es in der Zwischenzeit verschiedene andere Süßstoffe oder Zuckerersatzstoffe. Zwei Hauptgruppen zeichnen sich ab: Energie oder Kalorien liefernde Stoffe, wie Glucose, Fructose, Xylit, Mannit, Sorbit. Kalorienfreie, meist synthetische Süßstoffe, wie Saccharin, Zyklamat, Aspartame.

Die kalorienspendenden Stoffe werden nochmals unterteilt:

- *insulinpflichtig:* Glucose, Maltose, Lactose, Galactose, Maltodextrine und Invertzucker (z. B. Honig; schwer kristallisierbar, 50% je Glucose und Fructose);
- *nicht insulinpflichtig:* Xylit, Sorbit, Mannit u. a., Resorption sehr verzögert.

Zuckersirup (Isoglucose), sei er aus Mais oder Getreide gewonnen, ist ebenso denaturiert und seine Auswirkungen sind noch kaum bekannt. Die chemischen Süßstoffe sind noch sehr umstritten. Auch in dieser Auseinandersetzung sollten mehr die Gesamtzusammenhänge gesehen werden, vor allem da wir heute ohnehin bereits Tausende von chemischen Substanzen aufnehmen. Über Langzeitwirkungen wissen wir viel zu wenig. Das Interesse der Forschung ist verzerrt, da sie sich in den letzten Jahren zu viel nur auf den Krebs konzentriert hat.

Inzwischen ist eine Tendenz «weg vom Zucker» festzustellen. Saccharose wird in bestimmten Kreisen als ein Risiko für Gesundheit und menschliche Umwelt empfunden. Die Industrie hat bereits versucht, diesen Trend aufzufangen. Auf dem Markt finden wir «zuckerlosen Champagner» und «Kaugummi ohne Zucker», der dennoch gesüßt ist. *Wrigley*, der größte Kaugummihersteller, hat in den letzten acht Jahren immer wieder neue Stoffe ausprobiert. Die neuen zuckerlosen Kaugummis werden mit immer anderen Süßstoffen hergestellt, deren gesundheitliche Gefährdung, außer in bezug auf Krebs, bislang noch kaum getestet worden ist.

Die amerikanische Zuckerlobby behauptet, daß «unser Zuckerkonsum heute fast gleich wie anno 1925 ist». Hier wird wieder einmal mit Statistik manipuliert, denn in diesen Statistiken wird meist nur der direkt konsumierte Haushaltszucker berechnet, ohne in Betracht zu ziehen, daß seither die Industrie immer mehr Zucker in die Lebensmittel hineinverarbeitet hat und so der direkte *und* indirekte (versteckte) Zuckerkonsum beträchtlich angestiegen ist. Zudem ist seit dem zitierten Kulminationspunkt 1925/29 (eine Krisenzeit, als Menschen in direkten Zuckerkonsum flohen) der *«dritte Zucker»* oder die Süßstoffindustrie mehr und mehr zum Zuge gekommen: Kornsirup und Dextrose haben Marktanteile gewonnen. Gesüßt wird so oder so und mehr denn je.

Kann man sich bei soviel Süßigkeit den Luxus leisten, noch ein Wachstum des Zuckerkonsums zu erwarten oder gar Verantwortungsgefühle angesichts der Zuckerberge suggerieren, als ob nicht schon längst der Zucker zum Problem unserer Zivilisation geworden wäre? Die Statistiken beweisen, daß in den industrialisierten Ländern das Verzehren von Süßigkeiten zu einem fragwürdigen Privileg geworden ist. Kieffer: «Der Zuckerkonsum hat in der westlichen Welt Dimensionen angenommen, welche nicht mehr naturgemäß sind.»

Der westliche Mensch müßte sich wieder der Weisheit des Theophrastus Bombastus von Hohenheim, bekannt unter dem Namen Paracelsus (1493 bis 1541), Begründer der neuen Heilmittellehre, erinnern:

Was ist das nit gifft ist?
Alle dinge sind gifft
und nichts ist ohne gifft.

Alle dinge sind gifft
allain die dosis macht
das ein ding kein gifft ist.»

Sowohl in der Medizin als auch in der Ernährung ist 3 × 1 nicht gleich 1 × 3. Die eine Sichtweise ist ganz auf die Endsumme fixiert; die andere sieht darin einen Prozeß. Es geht beim Zucker um die Dosis. Vielleicht immer wieder in kleinen Mengen; niemals jedoch nach der Wachstumsformel «mehr, mehr, mehr».

Eine Geschichte stets neuer Fronten

Zuckerrohr wächst in feuchtwarmem, tropischen Klima, bei einer jährlichen Niederschlagsmenge von 120 bis 140 cm und einer mittleren Jahrestemperatur von 23 bis 38°C. Im Aussehen ähnelt das Rohr dem Mais. Die Vermehrung wird normalerweise mit Stecklingen vorgenommen. Je nach Sorte und Klima kann das bis zu 6 m hohe und 5 cm dicke Rohr nach einer Reifezeit von 9 bis 13 Monaten geschnitten werden. Sein Saft enthält durchschnittlich 12 bis 14% kristallisationsfähigen Zucker. Da nach jeder Ernte der Zuckergehalt der nachwachsenden Pflanzen nachläßt, steckt ein Pflanzer nach zwei oder drei Ernten neue Stecklinge.

Als Heimat des wilden Zuckerrohrs *Saccharum spontaneum* wird heute Melanesien angenommen. Erste Züchtungen könnten auf Neuguinea vorgenommen worden sein.

Anfänglich wurde das Rohr nicht gepreßt; man kaute oder lutschte es. Captain Cook, der «Entdecker», beobachtete diesen alltäglichen Vorgang noch im letzten Jahrhundert. Im indonesischen Raum begannen die Menschen, aus dem Saft süße Getränke herzustellen.

Vor ungefähr 8000 Jahren fand das Rohr über die indonesische Landbrücke den Weg nach Bengalen.

Im Laufe der Zeit, und von Kultur zu Kultur, versuchten die Menschen das Rohr ihrem Geschmack anzupassen und zu verbessern. Die heutige Pflanzengenetik zeigt, daß der «Wildling» *Saccharum robustum* (von Borneo bis zu den Neuen Hebriden verstreut) bereits eine Kreuzung zwischen ähnlichen Wildpflanzen ist. Das wohl ältere *Saccharum spontaneum* kennt eine Vielzahl Sorten und ist von Afrika bis zu den Salomoninseln, von Japan bis Indien (dort mit der größten Dichte und Vielfalt) verbreitet.

Die moderne Forschung hat erwiesen, daß einzelne Pflanzen nicht auf einen einzigen Ursprungsort zurückzuführen sind. Die Heimat des Zuckerrohrs kann also genausogut Afrika wie die Salomoninseln sein. Die Kulturgeschichte des Rohrzuckers verläuft anders als die Gen-Geschichte. Der süße Saft spielte im indonesischen Raum eine wichtige Rolle. Als das Zuckerrohr in die Ebene des Hindus und Ganges gelangte, wurde es rasch zu einem wichtigen Faktor der Agrokultur. Durch ständiges Kreuzen entwickelte man das *Saccharum barbari* (das kreolische Rohr der Karibik ist ein Abkömmling davon), um Pflanzen mit süßerem Saft und weniger Fasern zu erhalten. Die erste datierbare Nachricht über den Zuckerrohranbau in Indien stammt von einem General Alexanders des Großen, der berichtet, daß in Indien «ein Schilf ohne Hilfe der Bienen Honig» hervorbringe.

Indische Quellen bezeugen seit dem 2. Jahrhundert vor Chr., daß Zuckerrohr sehr intensiv kultiviert wurde und sich verschiedene Gesetze mit Besteuerung, Verkauf und Diebstahl von Zuckerrohr und Zucker befaßten. In dieser Zeit wurde auch ein Verfahren zur Verfestigung des süßen Produktes entwikkelt. Wahrscheinlich wurde das Rohr in Mörsern zerstampft und der Saft über dem Feuer eingedickt. Die Masse wurde in Jute abgefüllt, gepreßt und getrocknet. So erhielt man den *Shakar*, ein gutes weißes Zuckerpulver. Eine weitere Variante war der Zuckerfladen.

Die Perser verfeinerten die Zuckerkultur und entwickelten Zucker zu einem kostbaren Handelsprodukt. Sie fanden eine Methode, den Zucker durch wiederholtes Kochen zu kristallisieren. So entstand der persische Zuckerhut. Der Zucker wurde länger haltbar und besser transportierbar.

Im Mittelmeerraum war der Zucker bis ins 7. Jahrhundert nach Chr. nur als exotisches Produkt bekannt. Erst durch die islamische Eroberung wurde er verbreitet.

Unter islamischer Herrschaft breitete sich in Persien der Zuckerrohranbau vom Euphrat- und Tigris-Delta bis an die Nordflanke des Hindukusch aus. In Syrien, im Jordantal und um Damaskus entstanden im 7. Jahrhundert blühende Zuckerrohrkulturen. Den größten Aufschwung erlebte der Zuckeranbau in Ägypten, wo er entlang des Nils von Alexandria bis Assuan dank Wasser und reichlich vorhandenem Düngerschlamm bestens gedieh. Zuckergebäck wurde rasch ein wichtiger Teil der islamisch-ägyptischen Kultur.

Wie bereits im persischen Sassanidenreich wurde unter den ersten arabischen Kalifen Zucker zu einer bedeutenden Einnahmequelle. Die Kalifen erhoben eine massive Zuckersteuer.

Zucker war etwas Kostspieliges und ein Luxus des Adels. Er war Symbol des Reichtums und des Wohlstands. So ließ zum Beispiel ein Kalif eine Miniatur-Moschee aus Zucker bauen. Schon damals brauchte Geld, wer den kapitalintensiven Zuckerrohranbau betreiben wollte. Selbst an den Ufern des Nils mußten Bewässerungsanlagen geschaffen und andauernd unterhalten werden. Der Boden mußte gepflegt, gehackt und gejätet werden. Weil der Setzling sehr schädlings- und pilzanfällig war, mußten Methoden zur Verhinderung größerer Schäden gefunden werden. Zur Erntezeit sollte das Rohr rasch geschnitten und verarbeitet werden, da mit jedem Tag der Zuckergehalt abnahm. Für die Arbeiten benötigte man viele Arbeitskräfte. Schon die alte ägyptische Zuckerproduktion wies Merkmale auf, die später die gesamte Zuckerrohrindustrie charakterisieren sollten:

- Der Zuckeranbau ist sehr kapitalintensiv und setzt deshalb kapitalkräftige Unternehmer voraus.
- Der Zuckeranbau ist sehr arbeitsintensiv und erfordert billige Arbeits-

kräfte, wenn sich die Investition bezahlt machen soll.

- Der Zuckeranbau erfordert eine Koordination zwischen Landwirtschaft (Farmanbau) und handwerklich-industrieller Verarbeitung (Fabrik) und bildet somit die Brücke zwischen Landwirtschaft und Industrialisierung.
- Da diese Koordination mit vielen vereinzelten Kleinbauern nicht möglich ist, tendiert der Unternehmer zum gut organisierbaren, voll auslastbaren Großbetrieb.
- Zucker stand am Anfang des Managerberufs im Sinne von Koordination und Planung.
- Zucker ist ein so verlockendes Prestigeobjekt, daß sein Anbau sehr rasch die Vernachlässigung der eigentlichen Ernährungsgrundlage, des Nahrungsmittelanbaus, bewirkt, den Fremdeinkauf (Import) von Lebensmitteln bedingt, so daß die durch den Zucker erworbenen Einkünfte wieder aufgezehrt werden.
- Zucker wird zum profitablen Handelsprodukt und damit bald zum Spekulationsobjekt.
- In allen Gesellschaften, in denen er eingeführt wurde, hat er in kurzer Zeit das soziale Gefälle vergrößert, soziale Spannungen verschärft.
- Zucker wird rasch zu einem Produkt im Dreieck zwischen Produzent, Landarbeiter und oberer Schicht (Abnehmer); Land-Fürstenhof-Markt; oder: Der Hof schröpft den Produzenten und dieser seine Arbeiter.

Von Syrien und Ägypten aus verbreitete sich das Zuckerrohr nach Tunesien, Marokko und Spanien. Seit dem neunten Jahrhundert ist dort der Anbau bezeugt. Sizilien und Zypern als Produktionsgebiete wurden für den Zuckermarkt europäischer Fürstenhöfe bedeutsam. Die Kreuzzüge brachten die Lateiner und Germanen zum ersten Mal mit dem Zucker in Kontakt. Die Oberschicht wurde sofort süchtig. Die Handelsmetropole Venedig schaltete sich in den Handel ein und schloß feste Absatzverträge mit den Herrschern Zyperns und Siziliens. Die rege Nachfrage beförderte die abendländische Zuckertechnologie. Die notwendigen Erfahrungen für die kommende Zeit der *conquista* wurden gesammelt.

Die abendländische Konkurrenz brachte die Zuckerindustrie in Syrien und Ägypten in Bedrängnis. Als die Mamelucken im Niltal im dreizehnten Jahrhundert an die Macht kamen und die Kontrolle der Zuckerproduktion übernahmen, gerieten die aus der alten Herrschaft verbliebenen finanzkräftigen Unternehmer rasch in die Klemme, denn die neue Oberschicht wurde sowohl steuerlich wie auch durch die Bereitstellung von Fronarbeitern begünstigt. Die staatlich garantierte Existenz führte zu minimalem Einsatz in den Plantagen. Der Feldererertrag fiel, da die Böden durch das Rohr sehr schnell ausgelaugt waren. Mehr Land hätte bebaut werden müssen, mit mehr Arbeitskräften. Für solche Arbeiter benötigte man wiederum mehr Aufseher, die ihrerseits etwas vom Zucker abhaben wollten. Der Zerfall war unaufhaltbar. Und so übernahmen im dreizehnten Jahrhundert die Venezianer die Kontrolle über die zypriche Zuckerwirtschaft. Sie kauften nicht nur ganze Ernten auf, sondern ließen die Verarbeitung in eigenen Raffinerien in Venedig vornehmen. Umgekehrt exportierte Venedig Zucker für die mameluckische Oberschicht nach Ägypten. Die venezianische Raffinade gelangte auf dem Landweg über Regensburg und Augsburg nach Deutschland und bis in die Niederlande. Im dreizehnten Jahrhundert entstanden Apotheken, in den venezianischer Zucker weiterverkauft wurde: als Heilmittel und Luxusgut. Auch Genua und Florenz stiegen in diesen vielversprechenden Markt ein. Es entwickelten sich die ersten großen Handelshäuser. Auch von Marseille aus wurde im dreizehnten Jahrhundert Zucker über ganz Frankreich und bis nach England verkauft. An Fürstenhöfen wurde Zukker sogar als Zahlungsmittel eingesetzt. Im Zuge solcher Transaktionen entstanden parallel zu den Handelshäusern die Banken. Beide ließen entweder Zuckerplantagen aufkaufen oder von Adeligen pachten. Auch im Waffenhandel wurde Zucker wichtig. Der Tausch von Zucker gegen Waffen blühte. So hat die Ravensburger Handelsgesellschaft 1460 für etwa 3 kg eine ganze Ritterrüstung vermittelt. Teurer waren Gewehre. Zucker wurde immer mehr zum Machtfaktor. Sein Besitz und Konsum waren mit der herrschenden Schicht verknüpft und verliehen sozialen Status, Prestige, Geld und Kaufkraft, Waffen und Macht. Der gewöhnliche Bürger hatte vom Zucker – außer an einigen Festen, wo es ihm erlaubt war, sein Brot in Melasse zu tauchen – lediglich Vorstellungen und Träume.

Um 1400 begannen die Portugiesen die Zuckerindustrie unter ihre Kontrolle zu bringen. 1350 hatten sie Madeira im Atlantischen Ozean entdeckt. Bald darauf wurde aus Sizilien Zuckerrohr eingeführt. In der zweiten Hälfte des 15. Jahrhunderts war Madeira bereits der größte Zuckerexporteur. 1496 folgte der Überproduktion ein plötzlicher Preissturz. Daraufhin kam es zur ersten Intervention auf dem Zuckermarkt: Der portugiesische König ordnete eine Exportbeschränkung und eine Kontingentierung an. Dreißig Jahre später setzten Schädlinge der madeirischen Zuckerkultur ein jähes Ende.

Eine weitere Kolonie erlebte jetzt ihre Blütezeit: Auf Sao Tomé wurden aus Spanien verjagte Juden gezwungen, eine Zuckerwirtschaft aufzubauen. Auf den Plantagen wurden Sklaven eingesetzt. Ähnlich wurde auf den Kanarischen Inseln vorgegangen. Mit Sklaven konnten die Portugiesen günstiger als in den Mittelmeergegenden produzieren. Zudem begünstigte das wärmere Klima die Produktion. Doch auch auf diesen Inseln wurde die Zuckerwirtschaft schnell beendet, nachdem Kolumbus 1494 Zuckerrohrstecklinge nach Westindien mitgenommen hatte. Hier konnte auf kostspielige Bewässerung verzichtet werden, und das tropische Klima ermöglichte wesentlich höhere Erträge. Ferner gab es dort – damals noch – genügend Brennholz.

Im Mittelmeerraum war die Zuckerwirtschaft nicht zuletzt deshalb zum Erliegen gekommen, weil die Böden in kurzer Zeit ausgelaugt, die Wälder abgeholzt waren, das Grundwasser und die Erträge immer rascher sanken, so daß um 1500 die Erträge die Kosten nicht mehr deckten.

Die Abfolge stellt sich also wie folgt dar:

- Zucker zerstört immer mehr Land und bildet so einen weiteren Antrieb für Eroberung und Kolonialismus.

- Zucker beansprucht das beste Land.
- Für die lokale Bevölkerung bleibt immer weniger Boden zur Nahrungsmittelproduktion.
- Selbst wenn die Kolonialisten weiter- und abzogen, hinterließen sie ausgelaugte Böden und abgeholzte Flächen, wo sich das Grundwasser gesenkt hatte.
- Zuckerrohr hinterließ überall nach einer bestimmten Zeit notwendigerweise Unterentwicklung, Verarmung und Verelendung.

Die sozialen Folgen des Zuckerrohrs:

- Spaltung der Gesellschaften
- Zerstörung der Umwelt
- Erniedrigung der Menschen
- Aufbau einer Kriegswirtschaft zur Sicherung der Anbaugebiete und Handelswege
- dauernde Bedrohung der Souveränität eines Staates.

Bereits im 18. Jahrhundert gab es Menschen, die sich über diesen ebenso erfolgreichen wie folgenreichen Stoff Gedanken machten. Die Preussen reagierten äußerst optimistisch, als 1747 der Chemiker Andreas Sigismund Marggraf entdeckte, daß Runkelrüben «wirklichen» Zucker enthalten. 1761 stellte er Friedrich dem Großen selbsthergestellten Zucker in Form kleiner Hüte vor, und dieser sprach überglücklich von einem wichtigen Beitrag an die Menschheit.

Marggrafs Amtsnachfolger und Schüler, Franz Carl Achard, bat 1799 König Friedrich Wilhelm III., ihm ein Gut zum Rübenanbau zu schenken und das Privileg zur Zuckerfabrikation zu verleihen. Tatsächlich erhielt er kurz darauf eine königliche Donation zum Erwerb der Güter Ober- und Unter-Cunern in Niederschlesien. 1802 wurde die erste rübenverarbeitende Zuckerfabrik mit voller Kampagnearbeit (192 Arbeitstage) in Cunern eröffnet. Die Rübenausbeute ergab 4 bis 4,5 % Rohzucker und etwa 3 % Rohsirup. Pro Jahr wurden 300 t Rüben verarbeitet.

Moritz Freiherr von Koppy baute nach Achards Plänen als erster Unternehmer in der Rübenzuckerindustrie eine eigene Zuckerfabrik in Krayn (Schlesien). 1810 veröffentlichte er die erste ökonomische Studie über die Rübenzukkerproduktion unter dem Titel *Die Runkelrüben-Zucker-Fabrikation in ökonomischer und staatswirtschaftlicher Hinsicht*. Was Achard in wissenschaftlicher Hinsicht, das ist Koppy in der Volkswirtschaft des Zuckers. Koppy, der einen vorbildlichen Betrieb führte, erkannte schon damals, daß die Runkelrübe entweder nur im Krieg oder aber in enger Zusammenarbeit mit dem Staat bestehen kann. In jener Zeit wurde offen diskutiert, ob der Anbau von Zucker kriegswirtschaftlich nicht die gleiche Bedeutung wie die Produktion von Waffen erhalten sollte. Beide seien strategisch wichtig und daher unter ein Staatsmonopol zu stellen.

Mit der Entdeckung der gleichen Verwendbarkeit von Rohr und Rübe begann ein Zuckerkrieg, der nun bereits 180 Jahre andauert. Der Kampf ähnelt einem Heils- oder Glaubenskrieg, obwohl der Zucker aus beiden Rohprodukten chemisch absolut identisch ist. Als Achard 1801 seine Rübenzuckerfabrik zu bauen begann, setzte sowohl Spionage wie auch Abwerbung ein. Um ihren Zuckermarkt besorgt, boten die Engländer Achard 200000 Taler, damals ein Riesenvermögen, damit er seine Zuckerversuche einstelle. Aber Achard war zu sehr Patriot und Humanist: Rübenzucker bedeutete für ihn Preußen, Humanität, neue Freiheitsideale, weg vom geldgierigen britischen Merkantilismus, Souveränität aufgrund einer modernisierten Landwirtschaft, Unabhängigkeit von Importen. Außerdem war er überzeugt, die Rübe könne nach der Französischen Revolution zum Symbol des neuen Standes werden. Während der Rohrzucker aus den Kolonien das Symbol des Adels war, stand gleichzeitig der Rübenzucker als ein Symbol des Fleißes und des wohlverdienten Ertrags – ein Abbild des kleinen Bürgers. Bis dahin war Zucker teuer. Nun sollte er ein Volksgut werden. Niemals zuvor war in der Geschichte (sieht man vom Gold ab) soviel Hoffnung in ein Produkt gesetzt worden. Die Träume des Barock schienen sich zu erfüllen: süß, opulent, lebens- und genußfreudig.

Aber auch der Rübenzucker wurde vom Adel bevorzugt. Bald war er das Produkt landwirtschaftlicher Betriebe, die Junkern, also adeligen Gutsbesitzern, gehörten. Ähnlich war es in Frankreich, Rußland, Polen und Österreich. Erst nach dem Zweiten Weltkrieg ging die Rübenverarbeitung vollends in die Hände von Technokraten über.

Die Regierung oder der Staat haben bis heute ein waches Auge über dem Zucker. In diesem Sinn ist Zucker nie «demokratisiert» worden, sondern stets ein Köder und Lenkmittel des Staates geblieben. Ein französischer Zyniker schrieb im *Canard*: «Warum wollt ihr Bomben? Revolutionen werden mit *Bonmots und Bonbons* gemacht!» Gemeint waren Slogans und Zucker. 1806 ließ Napoelon per Dekret das Festland durch die Kontinentalsperre von England isolieren. Möglich geworden war es – und nachweislich hatte Napoleon dies vorher erkunden lassen –, weil der dadurch entstehende Zuckermangel jetzt durch den Anbau von Rübenzucker auf dem Kontinent aufgefangen werden konnte. Zucker war bereits ein *kriegswirtschaftliches Produkt* geworden. Die steigenden Preise begünstigten darauf in Europa die Gründung von Zuckerfabriken. Als 1813/14 die Kontinentalsperre aufgehoben wurde, fielen die Zuckerpreise ins Bodenlose. In Deutschland kam die Rübenzuckerindustrie zum Erliegen. In Frankreich hingegen sicherte der Staat durch Schutzzölle das Überleben der Industrie.

1834 wurde der deutsche Zollverein begründet. 1835 erkämpfte sich das landwirtschaftliche Gewerbe als Lobby den Zollschutz für heimischen Zucker. Es begann der alte Streit zwischen Protektionisten und Freihändlern. Die Lobby argumentierte überzeugend, Rübenzucker habe kriegswirtschaftliche Bedeutung, und Selbstversorgung mit Zucker sei von enormer Wichtigkeit. Der Zuckeranbau bedürfe auf jeden Fall des Schutzes. Die Lobby verwies darauf, der Rohrzucker sei nur dank der Monopole stark.

1839 wird ein Handelsvertrag zwischen Holland und Deutschland geschlossen. Nach der Senkung des Einfuhrzolls wird Deutschland mit holländischem Zucker überschwemmt. Der Verfall inländischer Zuckerpreise führt zur Schließung vieler Zuckerfabriken. Proteste der Vorstände mitteldeutscher Zuckerfabriken beim Finanzminister bewirken einen Kompromiß. Da der Minister den Rückgang des Geldes aus den Zolleinnahmen fürchtet, legt er den Rübenzuckerbauern eine Steuer auf.

Seit Rohr und Rübe im Wettstreit liegen, hat es noch nie einen freien Markt gegeben. Protektionisten und Monopolisten lagen ständig im Streit mit Fiskalisten und Liberalen. Immer wieder mußte die Rübe «wettbewerbsfähig» gemacht werden, und so kam es zur permanenten Verfälschung des Wettbewerbs zwischen Rohr und Rübe durch staatlich regulierte Preise, Steuern, Zölle, Anbauquoten, Ausfuhrsubventionen etc.

Wo es Krieg gibt, gibt es auch Friedensverhandlungen. Im Bereich des Zukkers sind dies die Versuche, regionale und internationale Abkommen zu schließen. 1864 treffen sich Belgien, Frankreich, Großbritannien und Holland zu einer europäischen Konferenz. Deutschland bleibt schmollend fern. Konferenzthema: Die Eindämmung der Prämien für Exportzucker, um sich nicht gegenseitig mit subventioniertem Zucker die Volkswirtschaften zu ruinieren. Die Pariser Konvention war gleichsam ein Vorläufer der späteren EG-Zuckerverordnung. Aber zwischen Konferenzbeschlüssen und den Taten, die darauf folgen, klafft schon seit jeher ein Abgrund. Schon damals gab es im Inland eine Zuckerüberproduktion: Die Zollmauern konnten nicht gelockert, sondern der Export mußte angeheizt werden. Es kam zur Zuckerinflation, da schon um 1865 die «Produktion schneller als der Verbrauch gesteigert wurde». Lange hatte sich das Volk nach Zucker gesehnt. Nun war er da, relativ billig sogar, und um des nationalen Wachstums willen sollte sich das Volk satt essen.

Bismarck jedoch hatte eine geniale Idee. Der Zucker sollte zum Motor der Entwicklung werden, um den Agrarstaat in eine Industrienation zu verwandeln. Bismarck förderte die Gründung von Zuckerfabriken, so daß es 1884/85 zum absoluten Höchststand in Deutschland kommt: 408 Fabriken und 57 Raffinerien werden in Deutschland in Betrieb genommen.

Diese Ideen widersprachen jedoch – besonders auch in den USA – denen der Internationalisten und Imperialisten. Die Zeit des Kolonialismus brach erneut an. 1881/82 wurde in Berlin die Welt des Zuckers neu aufgeteilt. Der Rohrzukker erlangte seinen früheren Status größtenteils zurück. Auch in Deutschland stellte man sich die Frage, ob denn nun heimischer Rübenzucker noch vertretbar oder der Anbau gar lohnend sei. Die Welt wird verzuckert: England bezieht Indien ein, Holland Indonesien, die Amerikaner trachten nach den Philippinen, Hawaii, Java und Kuba. Als einzige Kolonialmacht ist Frankreich zurückhaltend. Hier sind die Bauern stärker als die Kolonialwarenhändler! Der einheimische Zucker soll durch die Kolonien nicht zu sehr zu Schaden kommen. Selbst die karibischen Kolonien sollen vornehmlich für die Rum- und Likörproduktion produzieren.

Mitten in diesem Zucker-Run kommt es 1888 zur Londoner Konferenz der zuckererzeugenden Staaten zur Abschaffung der Ausfuhrprämien. Die Konferenz scheitert. Seither lösen sich die Konferenzen in stetem Rhythmus ab.

Stets ging es um Preise, nie jedoch um die Arbeiter und selten um die Umwelt. Daß Zuckerrohr den Boden schnell auslaugt und ihn in kurzer Zeit erschöpft, wußte man schon seit der persischen und ägyptischen Erfahrung. Die

Rübe dagegen wurde als sehr umweltfreundlich gepriesen. Sie konnte es nur als Zwischenfrucht sein. Nicht jedoch im Anbau als Monokultur, die sich jetzt mehr und mehr durchsetzte. Die schlimmsten Umweltverschmutzungen bei der Rübe aber stammten von den Fabriken und Raffinerien. 1900 schreibt Meyers Konversations-Lexikon: «Eine Fabrik, welche 4000 Zentner Rüben verarbeitet, liefert soviel Abwasser wie eine Stadt mit 20000 Einwohnern und nach dem Gehalt dieses Abwassers an schädlichen Stoffen soviel wie eine Stadt von 50000 Einwohnern.» In beiden Weltkriegen ging der Zuckerrübenanbau zurück. Import von Rohrzucker wurde schwierig, der künstliche Süßstoff *Saccharin* trat seinen Siegeszug an. Seit 1879 lebt die Zuckerindustrie in einer neuen Konstellation: Vorher haben sich Rohr und Rüben gnadenlos bekämpft, seither schließen Vertreter beider Produktionsweisen je nach Lage ein Zweckbündnis, um einen neuen Feind vom Hals zu halten. Nach 1879 fand die dritte Zuckerrevolution statt. Mit dem Saccharin hat sich die Süßstoffindustrie vom Land unabhängig gemacht. In Zukunft sind nicht nur die zuckerproduzierenden Länder in der Dritten Welt, sondern die Zucker-Landwirtschaften weltweit bedroht. Die Chemie macht alle Zuckerproduzenten zittern.

Die großen Zucker-Transnationalen beweisen, daß hier auch heute große Umschichtungen stattfinden, denn Unternehmen wie *Tate & Lyle*, *Amstar* und *Great Western* sind längst voll in der Süßstoffindustrie engagiert. Die Frage lautet nur noch: Was wird aus dem Rohrzucker? Gasohol für Autos (wie in Brasilien)? Papier? Baumaterial? Und wird die Zuckerrübe wie früher wieder zum besten Futtermittel? Anstatt bloß über den Preis, müßte über die Probleme der Bauern und Arbeiter diskutiert werden. Stimmt es wirklich, wie von der Süßstoffindustrie behauptet, daß eine faire Entlohnung den Zucker unrentabel macht, dann müßte die Wahl eigentlich klar sein: Zucker wäre demnach ein Produkt, das in einer «gerechten Weltwirtschaftsordnung» gar keinen Platz hätte. Die Behauptung, Zucker sei heute billig und «menschlich», stimmt immer noch nicht, denn noch immer kleben zuviel Schweiß und Blut am süßen Stoff. Angesichts der sozialen, ökologischen, wirtschaftlichen und politischen Probleme bleibt der Zucker weiter ein fragwürdiges Produkt, im wahrsten Sinne des Wortes ein Zersetzer und Zerstörer.

Das programmierte Baby

Wenn es wirklich stimmt, daß «der menschliche Körper physiologisch nicht den geringsten Bedarf an Zucker» hat (Yudkin, Kieffer und andere), wie konnte dann Zucker zu einem derart allmächtigen Bedürfnis im Alltag werden? Amerikanische, britische und französische Ethnologen haben im Rahmen ihrer Forschungstätigkeit versucht, dieser Geschmacksperversion nachzugehen. Sie alle kommen zum Schluß, daß dieses Bedürfnis angelernt ist. Bei Völkern, die traditionell keinen Zucker direkt zu sich nahmen, löste er binnen kürzester Zeit Süchtigkeit aus. Der jamaikanische Arzt G. Forster ist daher der Überzeugung, daß die Indianer in Westindien – soweit sie durch die Kolonisatoren nicht direkt umgebracht wurden – von deren Zucker vergiftet wurden. «Ihr Organismus besaß wohl überhaupt keine Toleranz gegenüber diesem neuen Produkt. Aber sie müssen es bald lieben gelernt haben, und schon nach zwei Generationen war der Untergang programmiert ...» Wenn Zucker auch nicht die einzige Ursache war, so ist er doch am Untergang von Völkern mitschuldig.

Totalitär

Der amerikanische Verhaltensforscher Daniel Katz sieht die «industrielle Zukkerrevolution» als «das erfolgreichste Unternehmen in der menschlichen Dressur». Für das Gut Zucker wurden nicht bloß ganze Kontinente umgeschichtet, Bevölkerungsstrukturen, die Ökonomie und die Ökologie verändert, sondern sogar der Mensch von innen her umgekrempelt.

Etwas an und für sich Unnötiges wird fortan zur Lebensnotwendigkeit. Für den Kommunikationswissenschaftler Irving L. Janis kann nur eine Werbung, die «ähnliche Dispositionen wie der Zucker schafft», erfolgreich sein. Er sagt es ganz kühl: «Eine solche Werbung muß total sein.»

Als Folge dieser wissenschaftlichen Einsichten sucht die Werbung immer gezielter, bereits bei Kindern den Zuckerkonsum zu fördern. Nach Ansicht des amerikanischen Wirtschaftsjournalisten Lester Brown ist die Präsenz des Zuckers inzwischen derart allumfassend, daß nicht einmal mehr wissenschaftlich und unabhängig abgeklärt werden kann, ob der Zucker bereits zu einer physiologischen Notwendigkeit und der neue Süß-Hunger zum menschlichen Erbgut geworden ist. Die Frage, ob der Mensch zuckersüchtig ist oder nicht, sei eine philosophische. Brown: «Vielleicht hat sich in den letzten 150 Jahren der Mensch derart verändert, daß sich auch sein Körper der neuen Essensweise angepaßt hat. Was einst etwas Überflüssiges war, wurde zur Notwendigkeit.»

Kolonial

Engagierten muß diese Sicht als fatalistisch erscheinen. Sie sehen dies als Kolonisierung des Westens bis auf Herz und Nieren und fordern eine Entkolonisierung des Zuckers. Die Dritte-Welt-Spezialistin und langjährige Sekretärin bei *Erklärung von Bern*, Anne-Marie Holenstein, sagte bei einem Seminar der *International Peace Research Association* (IPRA) 1978: «Im Grunde wird mit dem Zucker immer noch ein Teil des Kolonialsystems – mindestens im Bereich der Ernährung – aufrechterhalten. So wie ganze Völker ihre Kolonisatoren heimgeschickt haben, müssen wir wohl unserem Kolonisator Zucker zurufen: ‹Go home!›»

Daß Zucker über ein erobertes Gebiet wie ein Kolonialist herrscht, impliziert auch die Feststellung von Eugénie Holliger, Beauftragte für Konsumentenfragen des *Migros-Genossenschafts-Bundes*, die in einem äußerst aufschlußreichen Referat sagte: « ... daß der Zuckerkonsum zu einem wesentlichen Teil unfreiwillig ist, daß der Mensch auf ihn konditioniert wird und daß Produktion und Marketing in diesem Bereich ihre Aufgabe, dem Verbraucher eine freie, bewußte Konsumwahl zu ermöglichen, nicht erfüllt haben.»

Süchtig

Hinter dem Zucker muß eine besondere Macht stehen, die verhinderte, daß er mit Alkohol und Tabak auf eine Ebene gestellt wurde. Viele sind der Überzeugung, alle drei haben etwa gleich viel Recht auf den Anspruch, ein Nahrungsmittel zu sein.

Alle drei sind Genußmittel, und auch solche gehören zum menschlichen Leben. Alle drei können auch als Drogen gelten. Alle drei machen süchtig. Die Zuckerlobby aber hat es verstanden, die juristisch-medizinische Festlegung Sucht-Kriterien so zu steuern, daß er, nach den stark psychiatrisch bestimmten Kriterien, nicht direkt erfaßt wird. Er erfüllt aber drei Sucht-Kriterien:

- Er bewirkt, daß Menschen immer mehr und mehr davon wollen und benötigen.
- Sein Konsum verschafft ein gewisses Lustgefühl und ist somit auch ein Frustrationsersatz.
- Er scheint heute insgesamt physisch notwendig geworden zu sein, und ein plötzlicher Entzug wäre kaum noch möglich.

Bei Tierversuchen in den USA wurden eindeutig Suchtsymptome und -mechanismen nachgewiesen. Üblicherweise werden von Tierversuchen Rückschlüsse auf Menschen gezogen (etwa bei den Krebstests mit Saccharin bei Ratten), nur bei diesen Suchtversuchen untersagte die amerikanische Lebensmittel- und Arzneimittelbehörde FDA Rückschlüsse auf Menschen.

Ob nun Zucker medizinisch zu den Suchtmitteln gehört, lohnt sich nicht zu debattieren; sicher ist, daß heute eine Abhängigkeit vom Süßkonsum besteht und daß die Werbung permanent die Trommel rührt. Das Schlimme an diesem «vivere dolceamente» (italienische Werbung in Anlehnung an Mussolinis Slogan «vivere pericolosamente») ist die gnadenlose Verführung der Kinder.

Freiheitssymbol

In den USA stellte 1978 die Handelskommission (FTC) in einem 340seitigen Bericht fest:

- Kinder sitzen durchschnittlich vier Stunden pro Tag vor dem Fernseher.
- Sie konsumieren somit jährlich rund 20000 Werbespots.
- Davon beziehen sich zwei Drittel auf Süßwaren.
- Davon wenden sich wiederum über 85 % an Kinder.

Die öffentlichen Hearings der FTC mit Vertretern der Konsumentenbewegung, der Industrie und Wissenschaft ließen die Wellen hochgehen. Einige Konsumentenvertreter, Wissenschaftler und Zahnärzte verlangten eine gesetzliche Einschränkung der Zuckerwerbung wie bei Tabak und Alkohol.

Die Industrie konterte prompt, indem sie die Wissenschaftler lächerlich machte. Der Präsident der *Kellogg Co.*, des Giganten im Frühstücksflocken-Geschäft, fragte offen und laut: «Was haben Wissenschaftler bei einem solchen Hearing zu suchen? Sie gehören an die Universität und in die Forschung. Das hier ist Politik. Wissenschaftler, die hier auftreten, werden zu Predigern und Priestern. Das können wir niemals zulassen.» Im Verlauf seiner Rede verwies er sogar auf den Beitrag des Zuckers zur Freiheit des Menschen: «Nichts, aber auch gar nichts ist wissenschaftlich gesichert. Alles bewegt sich um Wenn und Aber. Die Grundlagen für ein allfälliges Verbot der Zuckerwerbung sind keineswegs gesichert, und daher wäre ein solches Verbot ein Schlag ins Gesicht der Freiheit.»

Der Vizepräsident von *General Mills Co.*, ebenfalls mächtig im Frühstücksmarkt und Konfektgeschäft, strich den Beitrag seiner Firma an das «Glück und Wohlergehen der Kinder» durch die Produkte seines Unternehmens heraus.

Es gehe doch nicht um ein Problem des Zuckers, sondern der Kalorien. Gerade deshalb habe seine Firma soviel Gewicht auf kalorienarme Produkte gelegt. «Ein Verbot wird daher einen Verlust an Lebensfreude bedeuten und mehr Schaden als Nutzen verursachen.»

Robert W. Harkins, Vizepräsident der *Grocers Manufacturers of America*, bemerkte zynisch: «Wenn die Werbung für gesüßte Produkte Herzkrankheiten, Dickleibigkeit, Diabetes, Überreizung, Fehlernährung und Zahnkaries verursachen soll, ja, noch mehr, wenn sie sogar zur emotionalen Spannung zwischen Eltern und Kindern beiträgt, dann müßte zuerst ein neues nationales Essen gekocht werden. Das ist doch Unsinn; unlogisch, unwissenschaftlich und unmenschlich.»

Auch er hält ein Verbot der Zuckerwerbung direkt an Kinder für eine «Bevormundung der Souveränität».

Michael Jacobson vom *Zentrum der Wissenschaft im öffentlichen Interesse*, Washington, erwiderte: «In einer Welt, in der die Ressourcen drastisch schwinden und Armut massiv zunimmt, ist es unmoralisch, unseren Kindern tausendmal im Jahr zu sagen: Kauft, kauft, kauft – mehr, mehr, und dies und das auch noch!»

Die geheimen Erzieher und stillen Eroberer

Kein Hinweis half, daß Kinder leicht beinflußbar, hilflos und völlig machtlos sind und daß gerade deshalb die Werbung sie nicht mißbrauchen sollte. Ehrenkodexe nützen in Amerika nichts. Die Werbung ist dort außerordentlich aggressiv.

Deshalb haben Konsumenten Schutz durch die Gesetzgebung verlangt. Ohne Erfolg. Die Werbung stürzt sich seither noch gewaltsamer auf die Kinder. Drei große, stark auf Kinder ausgerichtete Firmen, *Kellogg*, *Quaker Oats* und *Procter & Gamble* (neben Waschpulver starke Marktanteile an Chips, Crips, etc.), liefern sich gegenwärtig eine der größten Werbeschlachten der Geschichte: Jede will die Kinder für sich erobern. Da der Verkauf von Schokoladentafeln und -stengelchen leicht zurückging, haben die großen Hersteller von Zuckerwerk *Hershey*, *M & M Mars* und *McIntosh* ihre Werbeetats gesteigert. Täglich jedoch wetteifern die zehn meistverkauften Kaugummis *Freshen-Up*, *Spearmint*, *Wrigley Doublemint*, *Wrigley Spearmint*, *Wrigley Juicy Fruit*, *Bubble Yum*, *Dentyne Cinnamon*, *Carefree Bubble Gum*, *Freshen-Up Cinnamon*, *Trident Cinnamon* und *Trident Original* um die Plätze in der Verkaufsrangliste, die von der Werbung monatlich veröffentlicht wird. Das Kind «fährt» im Rennen mit, rollt mit der süßen Welle ...

Ganz ähnlich in Großbritannien. Drei große Firmen beherrschen über 80 % des britischen Markts.

Sie wissen, wie sie ihr Volk, das sie zum größten Süßwaren-Konsumenten der Welt dressiert haben, beim Zuckerschlecken halten. *Cadbury*, *Mars* und *Rowntree Mackintosh* behandeln Kinder nur bis zum achten Lebensjahr als Kinder.

Danach werden sie von den Firmen-Werbern in die Kategorie der Erwachsenen eingereiht. Getreu dem einstigen Werbeslogan: «Zum Gentleman gehört die Schokolade» oder «Wer erwachsen sein will, braucht Süßes» wird das Kind auf seine Zukunft hin angesprochen.

Auch die Preisstruktur ist in England den Kindern angepaßt. Daher bedeutet 1 % Mehrwertsteuererhöhung bereits «die Krise des Süßwarenmarktes» (*Sunday Times*). In solchen Momenten stehen diese Firmen national gegen Steuererhöhung ein und profilieren sich als Kämpfer für Volkspreise. Geschickte Werbung: Die Leute merken nicht, daß sie ihre «Steuer» längst der Schokoladenindustrie abliefern: «A Mars a day helps you work, rest – and pay.»

Graham Greene hat die drei englischen Süßwarenkonzerne «die geheimen Erzieher der britischen Nation» genannt. Eine ganze Nation verzuckert: Seit 1960 hat der Konsum von Konfekt (Candy, Bars, Ice-Cream, Cookies etc.) alle vier Jahre jeweils um 20 % zugenommen.

Die Entwicklung des Zuckerkonsums

Die Weltbevölkerung hat sich seit 1800 etwa verfünffacht. Die Zuckerproduktion ist gleichzeitig um mehr als das 200fache gesteigert worden. Der Anbau von Zuckerrohr und Zuckerrüben ist vom Volumen her heute größer als die landwirtschaftliche Produktion aller anderen Pflanzenarten.

Zuckerverbrauch in Deutschland (und ab 1950 in der BRD) pro Kopf und Jahr:

1825	2 kg	1950	28 kg
1850	3 kg	1960	30 kg
1880	8 kg	1970	34 kg
1914	18 kg	1980	36 kg
1939	26 kg		

Jeder Bundesbürger verzehrt laut offizieller Statistik, die diese Zahlen direkt von der Zuckerindustrie bezieht, gut 100 g Zucker pro Tag. Hierin ist jedoch der in importierten Produkten «verpackte» Zucker nicht enthalten. Deshalb geht man davon aus, daß der Westeuropäer auf einen Jahresdurchschnitt von 50 kg kommt.

Zuckerverbrauch pro Kopf und Jahr Extremwerte auf den einzelnen Kontinenten (1980):

in Asien	8,5 kg	*in Mittelamerika*	40,4 kg
Nepal und Birma	1,4 kg	Haiti	12,9 kg
Israel	50,2 kg	Costa Rica	56,0 kg
in Afrika	14,2 kg	*in Nordamerika*	41,0 kg
Ghana	3,9 kg	*in Europa*	40,3 kg
Südafrika	41,0 kg	Albanien	22,0 kg
in Südamerika	42,7 kg	Island	50,4 kg
Bolivien	30,6 kg		
Brasilien	52,8 kg		

Nach einer Statistik (Gordian 74/2) war der Zuckerverbrauch pro Kopf und Jahr 1972/73 am höchsten in folgenden Ländern:

Irland	69,1 kg	Dänemark	53,4 kg
Bulgarien	66,4 kg	England	52,3 kg
Israel	64,7 kg	Island	50,3 kg
Australien	55,3 kg	USA	50,3 kg
Costa Rica	54,3 kg	Schweiz	50,0 kg
Kuba	53,8 kg		

Die Zuckerindustrie unterscheidet zwischen Haushalts- und Verarbeitungszucker. Der Trend läuft deutlich in Richtung Fabrikzucker, d. h., immer mehr Produkten wird Zukker beigemischt. In der Bundesrepublik lag das Verhältnis zwischen Haushalts- und Verarbeitungszucker 1957/58 bei 55:45; 1981/82 bei 30:70.

Ernährungswissenschaftler stellen fest: Bei zunehmendem Wohlstand nimmt der Mensch den Zucker eher in indirekter oder verarbeiteter Form (Kuchen, Eis, Desserts, Konfekt) zu sich. In ärmeren Gegenden oder Bevölkerungskreisen leben die Menschen mehr mit «reinem» Zucker, mit dem sie sehr oft Kaffee, Tee oder auch Milch (über)-süßen.

Wachstum ist heute nur noch im Ausland möglich.

Und so beginnt eine Schokoladen-Kolonisation. *Cadbury* z. B. meldete am 11. März 1983, daß sie ihren Umsatz in Afrika in zehn Jahren um 56% gesteigert habe. Afrika sei «der süße Markt der Zukunft». Bleibe nur noch ein Problem: «Wie billiger produzieren, damit auch Kinder sich mehr Schokolade und Süßigkeiten leisten können.» Das Geheimnis des «Penny-Bar» sei für Afrika noch nicht gefunden. Auch hier möchten diese Firmen über das Kind die Zukunft erobern.

Programmierte Süße

Der Erfolg der Eroberung hängt jedoch nicht nur von der Werbung, sondern auch von der Logistik der Produkte ab. Die Abfolge der Produkte muß stimmen, die Angebotspalette muß in den Alltag passen. In den von der amerikanischen Süßwarenindustrie finanzierten Forschungsprojekten lautet die Frage: Wie muß bereits die Babynahrung gesüßt sein, und welche Geschmacksbeigaben müssen in der Babynahrung enthalten sein, damit das Kind genau zu dieser und keiner anderen *Candy*-Art und zu bestimmten *Corn-flakes* zum Frühstück heranwächst? Wie soll der Kaugummi gesüßt sein und mit welchen Süßstoffen, damit das Kind auch Lust auf andere Süßigkeiten entwickelt? Denn dies alles darf nicht dem Zufall überlassen bleiben. Die Süßwarenindustrie glaubt ja an die Machbarkeit als Prinzip und somit an die Programmierbarkeit des Konsumenten.

In den ersten Lebensmonaten wird das Kind wohlkalkuliert mit bestimmten Zuckersorten und geplant «veredelten» Kohlenhydraten abgefüttert. Beweis genug, daß diese Wissenschaft und Industrie an die Zuckersucht glauben. Soll der Mensch sein Leben lang zuckersüchtig bleiben, kann der Einstieg nicht früh genug beginnen.

Schon glaubte die Industrie, der Mutter das Stillen des Babys abgewöhnt zu haben, als die Kampagne gegen Babymilch einsetzte. Die Muttermilch ist von ihrer Zusammensetzung her für den Säugling bis zu sechs Monaten eine vollständige Nahrung. Eine subtile Werbung aber ließ die Mütter glauben, sie seien besonders großzügig mit ihren Kindern, wenn sie ihnen künstliche Nahrungsmittel verabreichten.

Mehr und mehr Mütter wechselten, zum Teil aus Bequemlichkeit, aber auch aus falsch verstandener Güte, auf Büchsenmilch über. Eine Zeitlang suggerierte die Firmenwerbung, gesüßte Kondensmilch sei nicht nur geeignet, sondern auch gesund für Babys und Kinder. Gesüßte Kondensmilch aber ist gefährlich, weil sie zu einem großen Teil aus Zucker, der weder Proteine, Vitamine noch Mineralstoffe enthält, besteht. Der zu niedrige Fettgehalt kann das zentrale Nervensystem negativ beeinflussen. Zu wenig Vitamin B_1 (vor allem Aneurin oder Thiamin) verursacht langfristig Mangelerscheinungen und kann sogar die Jugend-Diabetes mitverursachen. In allen Entwicklungsländern sind wegen zu geringer Auswahl an Lebensmitteln die Gefahren doppelt so groß.

Lutsch Dich krank!

Der Lutscher für das Baby hat gewiß seine Funktion, aber so wie er heute meist angewendet wird, ist er zu einem sehr gefährlichen «Leiter» für Zuckerkonsum geworden. Um das Kind zu beruhigen, süßen viele Mütter ihn mit Sirup oder reinem Zucker. Anstatt zu kauen, lutscht das Kind weiter, auch wenn es älter wird. Die unzureichende Betätigung von Kiefer und Kaumuskeln beeinträchtigen die Verdauung. Zudem gewöhnt sich das Kind nicht an den Verzehr härterer kohlenhydrat- und fasernhaltiger Produkte. Statt eines Apfels wird dann ein Fruchtbonbon gelutscht. «Lutsch Dich gesund!» ermutigt die Bonbon-Werbung Kinder und Konsumenten. Auch die Eis-Hersteller fordern zum vermehrten Lutschen auf. So spricht die Industrie vom «Schweizer mit Lutschreserven» (*Handelszeitung*, 12. 8. 1982). So versucht denn *Dr. Oetker Tiefkühlkost GmbH*, die Eiskrem «vom Mini-Lutscher zum hochwertigen Snack» aufzustilisieren. Eiskrem sei deutlich auf dem Weg von der reinen Erfrischung zur «Süßware», zum Artikel mit hoher Genußerwartung. Die besondere Betonung des Genußwertes, der besonderen Rezeptur und der Qualität bei der Konzeption der Neueinführungen seien eine Antwort auf diesen Trend, so zu lesen in der *Lebensmittel Praxis* vom 17. 3. 1978.

Was gut und gesund ist, bestimmen heute weitgehend die Hersteller industrieller Fertigprodukte; glaubt man ihrer Werbung, dann ist Kindertee «angenehm und erfrischend», löscht den Durst, fördert die Verdauung, behebt Blähungen und «sorgt sowohl für Zufriedenheit als auch für ungestörte Nachtruhe». Ärzte sehen das anders. Sowohl der Gießener Professor Wetzel als auch Dr. Pieper von der Universitätszahnklinik Göttingen haben auf die verheerenden Folgen von Zuckertee bei Kleinkindern hingewiesen. Da er zu fast 90 % aus Zucker besteht, entspricht er keinem physiologischen Bedürfnis.

Der Schweizer Kinderarzt Kai Kabus schreibt in der *Schweizerischen Ärztezeitung* ebenso radikal, dieser unnötige Zuckertee führe beim Kind zu Fettansatz und stelle eine Kariesgefahr dar. Der Werbeslogan «Kindertee sorgt für Zufriedenheit und ungestörte Nachtruhe» macht nach Ansicht von Kabus deutlich, daß das Kind die Flasche nicht in erster Linie bekommt, weil es durstig und hungrig ist, sondern damit es ruhig sein soll. Zucker wird also schon früh zur Beruhigung im sozialen (und damit politischen) Sinn.

Der Schweizer Kinderarzt lehnt die Flasche als «Problemlöser» ab. Er befürchtet, daß die frühe Gewöhnung an die Flasche später zur Gewöhnung an den Genuß alkoholischer Getränke führen kann. Er stellt eine erstaunliche Übereinstimmung zwischen Bierreklamen und Werbetexten für Kindertees fest.

Viel direkter ist der Übergang von der Teeflasche zu den vielen Süßwassern, Soft Drinks oder gezuckerten Erfrischungsgetränken. Für viel Geld ersteht der Konsument nichts anderes als ein paar Prozent Fruchtsaft mit sehr viel angesäuerter Zuckerlösung, so die Schweizerische Stiftung für Konsumentenschutz. Sie glaubt, daß zum fast gleichen Preis ein echter Fruchtsaft erhältlich sein könnte, der außer den natürlichen Vitaminen, Mineralstoffen, Aminosäuren und Bioflavonoiden nicht mehr an Kalorien enthält als die künstlich hergestellten Tafelgetränke und Limonaden. Leider lieben Kinder und Jugendliche diese Getränke besonders.

Kaugummi erobert die Welt

Die Werbung der größten Kaugummifirma der Welt, *Wrigley*, führt ihr Produkt auf die Maya in Mittelamerika zurück. Die kauten vor fast 2000 Jahren die Rinde des im Urwald wachsenden Sapotillbaumes. Der Saft hieß *Chicle*. 1891 stieg der amerikanische Selfmademan William Wrigley vom Straßenverkäufer zum Kaugummihersteller auf. Heute kauen allein in der Bundesrepublik zwölf Millionen Kinder und 25 Millionen Erwachsene. Etwa 10 Mark gibt jeder Deutsche jährlich für Kaugummi aus. Mit Kaugummi erzielt der Handel heute fast ebensoviel Umsatz wie mit allen Kartoffelfertigprodukten zusammen. Kaugummi ist nach Marktanalytikern ein «Impulsartikel» und verdient daher die Aufmerksamkeit besonderer Plazierung. 70% kaufen ihn am Ende eines Einkaufs an der Ladenkasse. Die Hersteller empfehlen den Sortimentern folgende Werbeansätze: «Der einzelne Kaugummi hat nur wenig Kalorien. Kaugummi hilft Durstgefühle lindern. Kaugummi ist ein energetisches Regulativ, das heißt, Kaugummi wirkt ausgleichend auf den Spannungshaushalt von Körper und Geist. Kaugummi gibt für lange Zeit frischen Atem.» (*Lebensmittel Praxis*, 4.8.1978)

«Im Kaugummi- und Kaubonbon-Markt stecken noch erhebliche Wachstumsreserven. Neue Trends wie zuckerlos, mit Spritzeffekt als Bubbelei oder ‹mit Zimtgeschmack› werden systematisch aufgebaut, bringen große Umsatzerfolge.» (*SB-Warenhaus* 3/78)

Systematischer noch als früher wird der Kindermarkt zum Erwachsenenmarkt umgestaltet. Den Markt beherrschen bei uns *Wrigley* (ca. 60%), *OK Pinneberg* (Grace-Tochter) und *Maple Leaf* (General-Food-Tochter).

Um den Umsatz bei Kindern anzukurbeln, wird mit dem Kaugummi auch gleich noch der Comic verkauft: körperliche und geistige Nahrung raffiniert gemischt. Ein stimulierendes Kaufelement sind auch die beliebten Klebebilder in Kaugummi-Packungen. Genau wie Coca-Cola hat auch die Kaugummi-Industrie eine neue Jugendkultur geschaffen.

Kaugummis wie überhaupt Süßwaren werden in den Läden in der Nähe der Kasse so plaziert, daß sie für Kinder leicht greifbar sind. Impulsiv greifen die Kinder danach. Die Mütter wagen keine öffentliche Auseinandersetzung mit den Kindern, und so zahlen sie – oftmals zähneknirschend, aber hilflos. Die Industrie spekuliert mit der Mutterliebe – der Zucker wird zu einem Erziehungsproblem.

Zucker im Notvorrat

In der Broschüre *Kluger Rat – Notvorrat* des Delegierten für wirtschaftliche Kriegsvorsorge im Eidgenössischen Volkswirtschaftsdepartement der Schweiz heißt es: «Die sinnvollste Basis eines Notvorrates besteht aus Grundnahrungsmitteln, die preisgünstig und ergiebig sind: Zucker, Reis, Teigwaren, Öl und Fett» und «als Mindestmenge pro Person gelten 2 kg Zucker, 2 kg Reis ...»

Die Ernährungsexpertin Verena Krieger kommentiert diese Empfehlungen im *Tages Anzeiger* (23.10.1981): «Zugegeben, die Richtlinien entsprechen weitverbreiteten Eßgewohnheiten: Zucker, Fett und Stärke (Weißmehl, Weißreis etc.) können bis zu 70% unserer Nahrung ausmachen. Die moderne Ernährungsforschung hat aber längst aufgezeigt, daß der menschliche Körper in seiner ganzen Entwicklungsgeschichte kaum je einer größeren Dauerstrapaze ausgesetzt war als heute. In unseren Breitengraden gibt es denn auch immer mehr unterernährte Fettleibige, Herztote, Krebskranke und Diabetiker ...

Um so bedauerlicher ist es, daß bei dieser Gelegenheit überholte Ernährungsansichten zementiert werden ... Es scheint, daß in der Schweiz falsche Prioritäten gesetzt werden. Man steckt zwar 39 Millionen Franken in eine umstrittene Katastrophennahrung, unternimmt aber kaum etwas, um die Opfer zu verhüten, die falsche Eßgewohnheiten tagtäglich fordern.»

Die Zuckerwirtschaft aber bezeichnet solche Mahnungen als «unfaire Angriffe». Sie beklagte sich in der *Lebensmittel-Zeitung* über die «rapide zugenommenen Angriffe gegen Süßwaren, Bier, Erfrischungsgetränke, Marmelade, Süßspeisen, bestimmte Arten von Backwaren, Kartoffelchips, Weizenmehl, kurz alles Zuckerhaltige, Kalorienreiche, industriell Hergestellte». Daher lud der Vorsitzende der Bundesvereinigung der deutschen Ernährungsindustrie, Dr. Arend Oetker, die Unternehmer seiner Branche zu einem der Öffentlichkeit nicht zugänglichen Symposium ein. Als Mitwirkende an der Tagung konnte er die Professoren H.-D. Cremer für den Ernährungsbereich und R. Naujoks für den zahnmedizinischen Bereich gewinnen. Diese Tagung sollte 1978 «klare Richtlinien für das weitere Vorgehen im Jahre 1979 erarbeiten». Ähnliche Tagungen fanden auch in der Schweiz und in Frankreich statt. Auf-

Wer lutscht am meisten Eis (pro Kopf und Jahr)?
(Nach *Nestlé Info* 3/1982)

USA	25 l
Schweden	12,5 l
Schweiz	7,9 l
Dänemark	7,9 l
Irland	7,5 l
Deutschland	6,6 l
Niederlande	5,9 l
Österreich	5,7 l
Belgien	5,6 l
Großbritannien	5,2 l
Italien	5,1 l

Welch ein verheißungsvoller Markt, bis wir alle im Lutschen die USA aufgeholt haben!

Wer ißt am meisten Schokolade (pro Kopf und Jahr)?
(Nach *Office international du cacao et du chocolat* 1980)

Schweiz	10,2 kg
Deutschland	7,2 kg
England	6,6 kg
Belgien	6,3 kg
Österreich	6,2 kg
Schweden	5,8 kg
Niederlande	5,0 kg
Irland	5,0 kg
Frankreich	4,9 kg
Dänemark	4,7 kg
USA	3,9 kg
Italien	1,0 kg

Da besteht noch ein großer Aufholbedarf! Was die Schweizer können, soll auch den anderen gegönnt sein!
PS: Der Schweizer vernaschte 1981 bereits 12 kg.

grund der Resultate kann nun ja die große Zuckerwerbeagentur *Thompson* (Frankfurt) die neue Strategie – wissenschaftlich untermauert – entwerfen ...

Die Welt ist weitgehend für den Zucker erobert; der Mensch von der Wiege bis zur Bahre programmiert. Aber die Kolonisierten lehnen sich ab und zu auf. Das schadet dem Markt. Müssen wir uns mit dem Zucker abfinden? Ist er zum Grundstoff des Lebens geworden? Haben neue Programme keine Chance? Bleibt alles auf ewig zucker-programmiert?

Krank durch Zucker

Die billigere Herstellung und dadurch ermöglichte «Demokratisierung» des Zuckers haben unsere Eßgewohnheiten so drastisch verändert, daß man sich fragen muß: Hatte der menschliche Körper überhaupt genug Zeit, sich anzupassen?

Die Zunahme bestimmter Krankheiten parallel zum wachsenden Zuckerkonsum verpflichtet die Wissenschaft, nach Zusammenhängen zu forschen. Dieses Studium bringt die Forschung aber in einige Ungelegenheiten. Die Ernährungswissenschaft ist noch sehr jung und steht vor unzähligen Geheimnissen. Begreiflich, daß sie unangenehmen Fragen eher ausweicht. Zucker ist ein Machtfaktor, und Forscher lassen sich nicht gerne in die emotionale Auseinandersetzung mit Interessengruppen ein. Campbell, Cohen und Yudkin, drei Forscher, die es dennoch wagten, wurden zeitlebens verketzert und zum Teil offen boykottiert. Nach eigener Aussage wurden sie zu wichtigen wissenschaftlichen Konferenzen nicht eingeladen. Wenn sie aber hin und wieder dennoch referieren durften, wurden ihre Beiträge in den anschließend veröffentlichten Symposiumsberichten nicht abgedruckt. Sogar ihre Studenten bekamen es zu spüren: Mehreren wurde die Habilitation verweigert. Nur so ist es zu begreifen, warum die Forschung in diesem Bereich noch im «Mittelalter» steckt, wir von vielen Zusammenhängen zu wenig wissen, um klare Aussagen treffen zu können.

Eindeutigkeit, wie sie sich ein Naturwissenschaftler wünscht, wird sich nie herstellen lassen: So ehrlich und bescheiden sind alle drei Forscher. Deshalb müßten eigentlich Gegenfragen und Testserien gegen die als bereits gesichert angenommenen oder auch bloß geglaubten Aussagen erlaubt sein.

Im Bereich des Zuckers scheint sich ein Glaubenskrieg abzuspielen. So hat zum Beispiel die amerikanische Zuckerlobby einem Universitätsinstitut mit einer Schadenersatzklage in Höhe von 19 Millionen Dollar gedroht, falls es eine Studie zum Beweis der Gesundheitsschädlichkeit von Zucker fortsetze und Zwischenresultate veröffentliche. Dabei ging es um die Erforschung der Koronarthrombose oder Herzkranzgefäßerkrankung.

1953 hatte Dr. Ancel Keys als erster geäußert, falsche Ernährung könne eine Ursache dieser modernen Krankheit sein; vor allem dem Konsum von Fett hatte er besondere Bedeutung beigemessen. Eine erste Generation von Forschern fand heraus, daß nicht alle Fette gleich sind, daß es «unzuträgliche» und «zuträgliche Fette» gibt. Eine zweite Forschergeneration nahm sich die Kohlenhydrate vor und machte sich konkret an gewisse Stoffe heran, darunter auch an den Zucker. Der englische Ernährungswissenschaftler Prof. John Yudkin übertrug 1957 als erster Keys' These auf den Zucker. Aber als amerikanische Forscher seine Aussagen testen wollten, schritt die Zuckerindustrie ein. Sie verstand es immer wieder, wichtige Forschung mit allen Mitteln zu hintertreiben.

Seriöse Forscher (allen voran Yudkin, Campbell und Cohen) haben immer mit Nachdruck betont: «Außer bei eindeutigem Gift gibt es im Bereich der Ernährung keine Monokausalität: immer sind mehrere Faktoren mit-ursächlich oder mit-konditionierend an der Entstehung von Krankheiten beteiligt» (Cohen). Oder Yudkin: «Mir wurde oft vorgeworfen, ich behaupte, Zucker sei *die* Ursache von Koronarerkrankungen. Deshalb muß ich noch einmal wiederholen, was ich immer gesagt und geschrieben habe: mehrere Faktoren sind an der Entstehung beteiligt ...»

Dr. Campbell auf Zuckerspuren

Dr. George Campbell lebt und forscht in Südafrika. Im Staat der Apartheid ist es fast selbstverständlich, eine Krankheitsursache immer zuerst auf ihren rassischen Ursprung hin zu untersuchen. So stellte Campbell fest, daß Diabetes bei Schwarzen nur selten auftritt. Mit der Fragestellung, welche Rolle die Rasse bei der Genese der Diabetes spielt, geriet er in eine Sackgasse.

Beim nächsten Forschungsschritt studierte er die Unterschiede zwischen Stadt und Land. Einige Zeitlang hielt er die Diabetes für eine von der Verstädterung ausgelöste Krankheit. Doch auch diese Ansicht korrigierte er schließlich wieder und glaubte, einen direkten Zusammenhang mit der Ernährungsweise herstellen zu können. Auf diesem Wege stieß er auf den Zucker, anfänglich nicht ohne große Schwierigkeiten. Die 2019 Zuckerrohrschneider, die er im Gebiet von Natal untersuchte, kauten tagtäglich riesige Mengen Zuckerrohr, doch Campbell fand keinen Fall von Diabetes unter ihnen. Unter den schwarzen Stadtbewohnern stellte er hingegen eine Diabetes-Rate von 2 bis 3 % fest. Hier wurde ebenfalls viel Zucker und sehr süß gegessen. Wo lag der Unterschied?

Weitere Forschungen brachten ihn zum Schluß: «Wer im südlichen Afrika aufsteigt, der wechselt von Zuckerrohr auf Weißzucker, von Maisbrei auf Weißbrot, von Wasser auf Coke über.» Und: «Wenn sich die sozialen Bedingungen ändern, ändern sich als erstes die Ernährungsgewohnheiten, sowohl was die Menge als auch was die Zusammensetzung angeht. Ein nicht mehr rückgängig zu machender Schritt in Richtung eines massiven Konsums von raffinierten Kohlenhydraten, besonders von weißem und braunem Zucker, Weißbrot und der ganzen Palette zuckergesüßter Nahrungsmittel wird gemacht.» Campbell erforschte, mit anderen zusammen, die unterschiedlichen Folgen des Zuckerrohrkauens und des Konsumierens von raffiniertem Zukker.

Er und andere sind heute überzeugt, daß der Chromgehalt entscheidend ist. Dr. Mertz vom amerikanischen Institut für Ernährungswissenschaft in

Washington wies nach: «Zuckerrohr enthält die höchsten Mengen an Chrom, die je in einem von mir analysierten Nahrungsmittel gefunden wurden, während unser raffinierter Zucker dessen fast völlig beraubt ist.»

Die Indizien häufen sich, daß der Organismus diesen Chromfaktor als sogenannten Glucosetoleranzfaktor (ähnlich einem Vitamin in kleinen Mengen) zur Verhütung einer Zuckerkrankheit benötigt. Somit wirkt sich in diesem Zusammenhang nicht die Saccharose an sich, sondern das Fehlen von Begleitstoffen schädlich aus.

Campbells Fachgebiet ist die Erforschung der Diabetes. Bei den zuckerkauenden *Cutters* stellte er jedoch andere Symptome fest, die anzeigten, daß der einseitige Zuckerrohrgenuß ebenfalls gefährliche Auswirkungen auf Wachstum und Entwicklung des Menschen haben kann. So beobachtete er, daß die Zukkerrohrschneider im Körperwuchs vergleichsweise stark zurückgeblieben waren.

Ähnliche Beobachtungen werden heute in Brasilien gemacht (vgl. S. 157).

Die Forschung führte Campbell immer wieder zu den großen Zusammenhängen zwischen sozialem Umfeld und Eßgewohnheiten, zur Überzeugung, Afrika werde heute mit Zucker vergiftet. «Clevere Geschäftsleute nutzen soziale Gegebenheiten sehr geschickt aus. Zucker ist viel mehr als nur Nahrungs- und Genußmittel, er ist ein Ersatz für nicht empfangene Liebe und Zuneigung; deshalb haben Werbeleute und Geschäftsmänner es leicht, mit Zucker über schwere Zeiten hinwegzutäuschen.» Zucker und Weißbrot stehen für: weiß, rein, stark und Macht. Während in Afrika immer mehr – auf fast magische Weise – Zucker gegessen wird, degeneriert die Bevölkerung ... «Im Zucker sehe ich eine schlimmere Gefahr als den bereits schlimm genug gewesenen Kolonialismus» (Campbell in einem Gespräch 1978).

Dr. Cohen: Von Jemen nach Jerusalem

Mit einem Team hat Dr. Aharon M. Cohen zwischen 1958 und 1959 in Israel 16000 Menschen auf Diabetes untersucht. Dabei stieß er auf Neueinwanderer aus Jemen: Von etwa 5000 untersuchten Jemeniten, die erst seit kurzem im Land waren, wies kein einziger Spuren von Zuckerkrankheit auf. Unter den alteingesessenen Jemeniten in Jerusalem hingegen stellte er zu seinem großen Erstaunen denselben Prozentsatz an Diabetes fest wie beim Rest der Bevölkerung. Die Erforschung der Eßgewohnheiten ergab, daß die Jemeniten zu Hause keinen Zucker aßen. Ihre Kost war einfach und nicht industriell bearbeitet. In Israel, dem erträumten «Land von Milch und Honig», war dieser «Honig» in Form raffinierten Zuckers reichlich vorhanden. Die untersuchten, in Jerusalem ansässigen Jemeniten nahmen 30 bis 40% ihrer Kohlenhydrate als Zucker zu sich. Cohen stellte anschließend Versuche mit Ratten an: Die einen erhielten «jemenitische», die anderen westliche Nahrung. Die Versuchsreihe mit Kohlenhydraten in Form von Stärke entwickelte keine Diabetes. Die auf Zucker gesetzte Reihe entwickelte den erwarteten Prozentsatz an Zuckerkrankheit.

Cohen schreibt: «Diabetes kann verhütet werden, wenn man Stoffwechselstörungen verhütet. Wenn man unseren Tieren Stärke füttert und *keinen*

Zucker, treten auch die Stoffwechselveränderungen nicht auf; es gibt keine Komplikationen, weder in den Nieren noch in der Retina» (Cohen hat vor allem die Nieren und die Netzhaut der Augen bei Diabetikern studiert). Er schlägt vor, den Zuckerverbrauch auf etwa 5 % des Kohlenhydrat-Verzehrs zu beschränken, was eine Verminderung unseres Zuckerkonsums um 90 % bedeuten würden. Nach Cohen ist das möglich, denn «Zucker ist nicht etwas, das zur gleichen Zeit wie der Mensch erfunden wurde».

Cohen stellte bei seinen unlängst eingewanderten Jemeniten auch keine Herzkranzgefäßerkrankungen fest. Die Kost in Jemen war reich an tierischen Fetten und Butter, jedoch sehr zuckerarm gewesen. In Israel wurden die Jemeniten relativ rasch «zuckersüchtig» und aßen im Durchschnitt bald 45 kg pro Kopf und Jahr. Auch dieses Verhältnis übertrug Cohen im Test auf Ratten und stellte Störungen im Hormonhaushalt des Körpers und Koronarerkrankungen fest.

Dr. Yudkin und die Geheimnisse des Zuckerstoffwechsels

Der heute emeritierte Professor John Yudkin beschäftigt sich seit über vier Jahrzehnten mit den Problemen der ungesunden Ernährungsweise in unserer westlichen Gesellschaft. Als Biochemiker und Ernährungsphysiologe ging er am ernährungswissenschaftlichen Institut des Queen Elizabeth College der Londoner Universität den Wirkungen des Zuckerkonsums nach. Neben seinen Vorlesungen und wissenschaftlichen Beiträgen verlegte er seine Tätigkeit immer mehr in die Öffentlichkeit. Das nahmen ihm viele Kollegen übel, denn das Popularisieren wissenschaftlicher Ergebnisse galt ihnen als verdächtig.

Zu Beginn seiner Argumentation in Artikeln und Gesprächen verweist Yudkin stets auf die Zuckermenge, die jeder von uns konsumiert. Der Durchschnitt betrage etwa ein Kilogramm pro Woche. «Und nun schauen sie mich voll Erstaunen an und antworten: ‹Soviel esse ich nie!› Dann antworte ich ihnen: ‹Dann müssen andere viel mehr konsumieren, denn dies sind die statistischen Zahlen.› Wir kommen heute fast auf einen Durchschnitt von 50 kg.»

Für Yudkin ist der Zucker «mitverantwortlich für etwa 50 verschiedene Krankheiten ... Ich würde sie Zivilisations- oder Wohlstandskrankheiten nennen». Und: «Je mehr der Mensch seine Nahrung selbst herstellt, um so ungesünder wird sie.» Nach Yudkin hat die moderne Nahrungsmittelindustrie von der Komplexität des menschlichen Stoffwechsels «minimal wenig begriffen», und sie «hüpft von Punkt zu Punkt ... vom Ganzen hat sie keine Ahnung mehr». Er geißelt Einseitigkeit: «Zuerst waren Proteine Mode, dann waren die Kalorien an der Reihe. Einmal dies, dann jenes. Eine gesunde Nahrung setzt sich jedoch aus annähernd fünfzig Grundelementen zusammen.»

Je reiner der Zucker im Verlauf der Geschichte wurde, desto mehr aß der Mensch davon. Während der Zuckerverbrauch stieg, wurden immer weniger stärkehaltige Nahrungsmittel, weniger Brot, Reis, Kartoffeln oder Maniok, gegessen. Der Zuckeranteil nahm proportional mit dem Wohlstand zu. Und so kommt es denn zu den «Krankheiten des Fortschritts» oder den sogenannten «Zivilisationskrankheiten». Nach Yudkin gehen alle auf die schlechte Ernährung durch Überfluß oder Einseitigkeit zurück. Wesentlichstes Glied dieser

Einseitigkeit ist für ihn der Zucker. Zucker sei aber nicht nur wegen des erhöhten Kaloriengehalts gefährlich. Yudkin beobachtete nämlich, daß er im Organismus besondere Wirkungen hervorruft, die nur ihm eigen sind. «Und deshalb ist es falsch zu glauben, wir könnten das eine Kohlenhydrat, nämlich Zucker, anstelle des anderen Kohlenhydrates, nämlich Stärke, essen und der Körper würde beide in exakt der gleichen Weise verarbeiten.»

Unzählige Tierversuche bewiesen Yudkin, daß Stärke und Zucker höchst unterschiedliche Wirkungen auslösen:

- Der Zucker reduziert im gesamten Organismus der Versuchstiere die Wachstumsrate.
- Er verkürzt die Lebensspanne.
- Er beschleunigt das Entstehen von Proteinmangel, da er der Proteinverwertung ins Gehege kommt.
- Er verstärkt die Fettablagerung.
- Er erhöht die Konzentration von Cholesterin und Triglyzerid im Blut.
- Er schafft die Voraussetzung für Diabetes, indem er die Glucosetoleranz reduziert.
- In bestimmten Konstellationen erhöht er im Blut die Konzentration an Insulin, in anderen schwächt er sie ab.
- Er verstärkt die Konzentration des Nebennierenrinden-Hormons im Blut.
- Er verursacht eine Vergrößerung der Leber, aber nicht indem er die einzelnen Zellen der Leber ausdehnt, sondern ihre Teilung fördert.
- Er erhöht die Menge des Leberfettes.
- Er vergrößert den Nierenumfang und ruft krankhafte Veränderungen an der Niere hervor.
- Und natürlich: Zucker verursacht Zahnkaries.
- Er ruft in Zusammenhang mit Diabetes Kurzsichtigkeit hervor.
- Er führt Arteriosklerose herbei.
- Er verändert die Aktivität vieler Enzyme in der Leber und im Fettgewebe.
- Er verringert die Fähigkeit des Körpers, sich Protein nutzbar zu machen.
- Er läßt die Aktivität und den Säuregrad des Magensaftes ansteigen.

Zucker bewirkt diese Turbulenzen, die ihrerseits zu Krankheiten führen müssen. Die wichtigsten im Zusammenhang mit Zucker sind nach Yudkin:

- Fettsucht
- Kreislauferkrankungen
- Diabetes
- Karies

Sowohl bei der Diabetes als auch bei der Fettsucht spielt das Insulin eine wichtige Rolle. Zu hohe Zuckereinnahme läßt die Gewebe gebenüber Insulin unempfindlich oder passiv werden. «Kann sein, daß der Insulinspiegel bei manchen Leuten, wenn sie Zucker essen, deshalb steigt, weil die Gewebe die Glucose nicht mehr richtig verarbeiten können. Das heißt: Das Ansteigen des Insulinspiegels ist eine Kompensation für die Unfähigkeit der Gewebe, die Glucose zu verarbeiten.»

Ebenfalls eng miteinander verbunden sind koronare Herzkrankheiten (Arteriosklerose) und ein zu hoher Blutdruck (Hypertonie). *Stoffwechselmäßig* besteht ein Zusammenhang zwischen Kochsalzaufnahme und Saccharosekonsum, indem der Zucker auch den Bedarf nach Salz verstärkt und die Niere unter Einfluß von Zucker mehr Salz konsumiert – das fördert Hypertonie.

Diese Stoffwechsel-Kombinationen könnten vermehrt werden – Yudkin hat sich in seiner Forschung darauf konzentriert. Überall traf er immer wieder – wie er sagt – «offen oder versteckt» auf den Zucker. Für ihn ist deshalb, auch wenn noch lange nicht alle Zusammenhänge klar sind, Zucker einer der großen Risikofaktoren im menschlichen Leben: «Wir leben heute mit einer Krebspsychose und ahnen gar nicht mehr, daß es vielleicht Schlimmeres gibt. Für mich ist der Zucker gefährlicher ... Jedes neue Nahrungsmittel würde sofort verboten, hätte es auch nur die Hälfte der Wirkungen, wie sie Zucker aufweist!»

Fördert Zucker Brustkrebs?

Der hohe Zucker- und Süßigkeitenkonsum in den Industrienationen wird von britischen Wissenschaftlern neuerdings verdächtigt, ein nahrungsbedingter *Mitverursacher von Brustkrebs* zu sein. Die Brustkrebshäufigkeit – die Schweiz steht neben Kanada hinter Großbritannien, Holland, Irland und Dänemark damit an fünfter Stelle – korreliert verblüffend mit dem jeweiligen jährlichen Zuckerkonsum pro Kopf der Bevölkerung. Als Bindeglied zwischen dem Brustkrebs und dem Zucker sehen sie das Hormon *Insulin* aus der Bauspeicheldrüse, das sozusagen den durch die Nahrung aufgenommenen Zucker an die verschiedenen Organe «verteilt». Dabei werden Organe wie das Hirn, die ohne Zucker nicht funktionieren können, bevorzugt, für andere Organe wie die weibliche Brust dagegen bleibt nur in Luxuszeiten oder beim Stillen etwas übrig. Fließt der Zucker dann nicht in die Milchproduktion, so steht er für Zell- und auch Krebszellwachstum zur Verfügung. Zukker scheint demnach ein milder krebserzeugender Faktor zu sein. Übrigens stellt Übergewicht auch für andere Krebsarten einen Risikofaktor dar (*New Scientist*, Bd. 97, S. 648).

Zucker und Zahn

Der Zahn der Zeit nagt an allem; am Zahn selbst nagt jedoch am meisten der Zucker. In archäologischen Grabungen werden viele Zähne gefunden. Zähne gehören zu den resistentesten und härtesten Teilen des menschlichen Körpers. Sie können in der Erde Jahrmillionen überleben. Je näher die Geschichte an unsere Zeit heranrückt, um so weniger sind die Zähne der Aufgabe ihres kurzen Lebens gewachsen. Funde aus der europäischen Steinzeit bezeugen, daß damals etwa 3% der Zähne Defekte aufwiesen. Einige davon stammen bereits von Karies, sagt die Forschung. In unserer Zeit sind die Proportionen umgekehrt. Nach David Scott, dem Direktor des amerikanischen Nationalen Zahnforschungsinstituts, sind 98 % der Zähne der US-Bevölkerung kariös, geschädigt und von Zerfall bedroht. Der Verband der Deutschen Zahnärzte nimmt an, daß 90 % der deutschen Bevölkerung von Karies befallen sind. Von den Schweizern heißt es gar, sie seien «ein Volk von Zahnkranken», denn nach der Weltgesundheitsorganisation (1977) «leiden von 6 Millionen Einwohnern der Schweiz rund 5,99 Millionen an faulen Zähnen, krankem Zahnfleisch oder Schädigungen am Zahnhalteapparat». Wie konnte es soweit kommen? Was führte zu einer derartigen Degeneration?

Karies wird gemeinhin als «Zivilisationskrankheit» bezeichnet. Dieses Wort klagt zwar an, läßt jedoch alles offen. Beginnt jemand, diese «Zivilisation» konkret und im einzelnen zu untersuchen oder gar an den Pranger zu stellen, dann ist der Teufel los, weil er dann industriellen und finanziellen Kreisen auf die Zehen tritt. Wir leben in einer Zeit, wo sich der Mensch selbst täuscht und es aus Furcht sogar so will. Er lebt mit lauter Sprachtabus.

Im «Allgemeinen» läßt die Gesellschaft ihren Menschen relativ freie Hand, aber im «Konkreten» werden sie sofort alle Gerichte am Hals haben. Kämpft jemand ohne Rücksichtnahmen (und dafür braucht er auch sichere finanzielle Polster!), wird er bald zum Querulanten abgestempelt. In den USA sind in den letzten 50 Jahren etwa 100 Geschäftsschädigungsklagen gegen Personen eingereicht worden, die behaupteten: «Karies wird vom Zucker verursacht.»

Keine Wurzelbehandlung – bloß Putzsucht

So rennen wir denn mit geradezu «donquixotischer» Groteske immer neuen Windmühlen nach. Statt der Wurzelbehandlung suchen wir immer neue Oberflächentherapien: «Die perfekte Zahnbürste», Fluor-Zahnpasta, Fluor-Gelees, zuckerfreie Kaugummis, zahnschonende Schokolade, den periodischen Besuch beim Zahnarzt oder die regelmäßige Entfernung des Zahnsteins. Ersatzstoffe, deren Nebenwirkungen man nicht kennt, werden probiert, propagiert, dann wieder verworfen ... Der Mensch hat den Zucker so liebgewonnen, daß er sich permanent selbst belügt; es zwar weiß, aber es auf keinen Fall wahrhaben will, daß dieser Zucker ihn langsam zersetzt – ihn sowie seinen Zahn.

Ich bin genau zwei Dutzend Aufklärungsschriften über «unsere Zähne» nachgegangen. Man spürt bei jeder die Furcht im Nacken. In keiner wird der Zucker klipp und klar als Hauptursache der Zahnfäulnis genannt. Es wird darum herumgeredet.

So werden diese Schriften statt zu Aufklärungs- zu Werbeschriften. Geradezu zynisch wirkt es, wenn in drei solcher Broschüren wörtlich steht: «Es fehlt die nötige Aufklärung und die nötige Einsicht», aber dann nicht vom Zukker, sondern von Zähneputzen, Mundhygiene, Fluortabletten usw. geredet wird. So wie es einen auch anekeln kann, wenn Zahnärzte am Fernsehen im Namen der Wissenschaft mit souveräner Einseitigkeit für eine bestimmte Zahnpasta einstehen.

Diese Schriften sind Meisterwerke der Suggestion. Eindeutige Schlußfolgerungen werden umgangen, es wird suggeriert oder insinuiert. So beginnt eine *Arbeitseinheit für die Unterstufe*, die von der schweizerischen Stiftung Pro Juventute in Zusammenarbeit mit der Schweizerischen Zahnärztegesellschaft herausgegeben wurde, mit der Behauptung des Zürcher Professors Dr. Stoppany, daß vor 30 Jahren noch keine 2 % der Kinder ihre Zähne putzten. Nun sei es besser geworden. Die Wirkung sei erfreulich: Die Karies nehme ab. Also: Alles hängt am Zähneputzen, und die schweizerische Putzwut muß selbst auf die Mundhöhle übergreifen.

In sieben solcher Schriften (vier davon in Zusammenarbeit mit der Industrie – etwa der *Albert-Roussel Pharma GmbH*, Wiesbaden – herausgegeben) wird das Entstehen der Karies mit den an den Zähnen haftengebliebenen Speiseresten erklärt. Im Verlauf der weiteren Ausführungen wird als Beispiel solcher Überreste auch der Genuß von Süßigkeiten erwähnt, versteckt und beiläufig, und erst ganz am Schluß heißt es: «... sowie eine bessere Ernährung, die weitgehend auf Zucker verzichtet.» Kein wissenschaftliches, sondern politisches Problem. Die Ursache der Zahnkaries oder Zahnfäule, der häufigsten Krankheit in den Industrieländern, ist heute gut bekannt. Der amerikanische Zahnarzt T. Byrne in Chicago sagte bereits 1965 in einer öffentlichen Vorlesung:

> «Wohl kaum eine Zivilisationskrankheit ist so gründlich erforscht wie die Karies, denn bloß um andere Ursachen als Zucker zu finden, hat die Zucker- und Süßwarenindustrie Millionen in die Forschung gesteckt. Zu 99 % ist es sonnenklar: Ohne Zucker keine Karies. Alles dreht sich um dieses eine Rest-Prozent. Und genau wegen dieser winzigen Unsicherheit dürfen wir den Mörder nicht nennen. Ich sage Ihnen, kein einziger hätte bis heute in den USA hingerichtet werden dürfen, würden wir es immer so genau nehmen und so strikt auslegen. In keinem Prozeß waren die Indizien jemals so klar ...
>
> Kurz und gut, es gibt zwei Aspekte in der Karies-Zucker-Kontroverse. Erstens, die exakte Wissenschaft kann erst dann definitiv über erwiesene Kausalität sprechen, wenn alle, ja, alle Fälle ohne Ausnahme erfaßt und eindeutig sind. Nur gibt es diese Art von Kausalität im menschlichen und sozialen Bereich nie. Im Grunde müßten dann alle Menschen – inklusive der Forscher – an ein und demselben Grund bereits tot sein, wenn naturwissenschaftlich bewiesen sein will, daß dies und nur dies der Grund war. In diesem Sinn kann jeder das Spiel mit der Zucker-Kausalität treiben. Und die Wirtschaft beherrscht dies meisterhaft.
>
> Zweitens. Das Problem der Karies ist längst kein wissenschaftliches mehr. Es ist politisch-wirtschaftlicher Natur. Lobbies mit viel Wortklauberei (was ich eben in Punkt 1 sagte), die zur Juristerei wird, damit zu Druck und Erpressung, bewirken diese sogenannte Vorsicht, die nichts anderes als Verschleierung ist.
>
> Der Wissenschaftler sollte dieses Spiel nicht mehr länger mitmachen ... Sonst wird er mißbraucht. Genauso wie politische, koloniale und imperiale Mächte Religion (denken Sie bloß an Mission) stets mißbraucht haben.»

Der kariesauslösende Mechanismus ist einfach: Zucker und andere kohlenhydrathaltige Nahrungsmittel werden durch Bakterien im Mund zu organischen Säuren vergärt, welche den Zahnschmelz und anschließend das Zahnbein demineralisieren und auflösen. Durch zuckerfreie Ernährung und strikt angewendete Mundhygiene läßt sich Zahnkaries fast vollständig vermeiden.

In der Mundhöhle halten sich Milliarden von Mikroorganismen auf, die sich vorwiegend von Zucker und bestimmten Speiseresten ernähren. Die Mikroorganismen vermehren sich sehr rasch und bilden einen Belag, die sogenannte Plaque, auf den Zähnen. Darin wimmelt es von Bakterien, die Zucker in Milchsäure umwandeln, die den Zahnschmelz angreift und allmählich Löcher in den Zahn frißt. Wiederholt sich diese Ansäuerung und die damit verbundene Entkalkung etwa 20mal, so läßt sich bereits ein kariöser Frühschaden feststellen.

In einer Schrift der deutschen Zuckerlobby (*Eine Standortbestimmung auf der Basis wissenschaftlicher Erkenntnisse*) wird suggeriert, daß die Bakterien verantwortlich sind: Erst 1954 erklärte der Amerikaner Orland die Entstehung der Karies, indem er an Ratten nachwies, daß ohne Bakterien keine Karies auftritt. «Sind diese Bakterien vorhanden, so können sie aus vergärbaren Speisen Säure bilden, die dann den Zahn schädigen.» Das Wort «Zucker» ist umgangen – der Stoff wird freigesprochen ...

Eine letzte Gruppe von suggestiven Argumenten befaßt sich mit Fluor. Vor allem in der Schweiz wird auf das Vorbild einzelner Gemeinden hingewiesen, die ihrem Trinkwasser Fluor zusetzen. Dabei wird ein Rückgang von Karies festgestellt. Daß Fluor entscheidend sei, wird schon durch die Reihenfolge der Empfehlungen insinuiert: Zuerst soll das Trinkwasser fluoridiert werden, dann kommt das Salz an die Reihe. «Weitere vorbeugende Maßnahmen: die tägliche Reinigung der Zähne mit Fluorzahnpasta und das wöchentliche Bürsten mit Fluorgelee.»

Der enge Zusammenhang zwischen Zucker und Karies konnte in den letzten hundert Jahren an mehreren Beispielen offensichtlich gemacht werden. Patienten, die aufgrund einer angeborenen Stoffwechselstörung (*Fructose-Intoleranz*) Zucker meiden müssen, weisen ein ganz oder fast kariesfreies Gebiß auf, obschon sie ohne Einschränkung stärkehaltige Lebensmittel wie Brot, Kartoffeln und Reis zu sich nehmen.

Als «der größte Feldtest aller Zeiten» wird der von Dr. Mikkel Hindhede aus Jütland für das Dänische Königreich 1916 ausgearbeitete Notstandsplan bezeichnet. Im Krieg blockierten die Engländer die dänischen Häfen, und so fehlten etwa 2 Millionen Tonnen Futtermittel für die Schweine. Hindhede entschied in seinem Ernährungsplan, den Schweinebestand um 80% zu vermindern, um mit den freigewordenen Futtermitteln den Menschen direkt zu ernähren. Dabei beharrte der Bauern-Arzt auf dem Konsum von grobem Brot, Gerstengrütze und mehr Kartoffeln. Zucker wurde auf ein Minimum reduziert. Nur mit Früchten, Beeren und Honig sollte gesüßt werden. Die Zuckerrübe ließ er als Zuckerersatz nicht gelten: Sie okkupiere Äcker für kostbares Getreide, und Zucker in reiner Form sei nicht lebensnotwendig. Die Folgen dieser rigorosen Ernährung waren sehr heilsam: Weniger Herzinfarkte, weniger Kreislauferkrankungen waren zu verzeichnen. Weniger Menschen starben (die Sterblichkeit nahm um 17% im darauffolgenden Jahr ab), und die Zahnkaries fiel auf wenige Prozentpunkte zurück. Das Beispiel zeigt, wie gesunde Ernährung zu einer erhöhten Lebenserwartung beitragen kann.

Die Schweiz machte im Zweiten Weltkrieg eine ähnliche Erfahrung. Im Stab der Kriegsernährungskommission arbeitete auch der Kariesforscher Dr. Adolf Roos. Er bewirkte, daß die tägliche Zuckerration von 100 g auf 40 g pro Kopf reduziert wurde. Roos verfolgte die Auswirkungen und stellte fest, daß in Zürich, Basel und Bern ab 1941 die Karies der Schulkinder schrittweise abnahm.

Das Schweizer Beispiel bewegte denn auch Dr. Johann Georg Schnitzer zu seiner *Aktion Mönchsweiler* im Schwarzwald. Die Versuche von Dr. Roos zeigten ihm, daß «das dunkle Kriegsbrot, der vermehrte Konsum von Gemüsen und Früchten und die Verknappung von Zucker und Zuckerwaren die Ursachen der festgestellten günstigen Beschaffenheit der jugendlichen Zähne und deren Resistenz gegen Karies» waren. Er war schon längst der Überzeugung gewesen, daß Zucker und Weißmehl zu faulen Zähnen führten und daß «eine gesunde Ernährung die Karies stoppen» kann. Im Schwarzwalddorf Mönchsweiler hatte er die einmalige Chance, die Leute zu gewinnen; auch die äußeren Einflüsse waren noch relativ milde. Er ließ mit Einverständnis der Eltern Zukker in der Schule verbieten. In seiner *Aktion Mönchsweiler* gingen die Bewohner auf Vollkornbrot über und deckten den Süßigkeitsbedarf mit Früchten. Bis 1967 konnte Schnitzer die Aktion systematisch durchführen. Das Ergebnis nach 5 Jahren:

- keine Karies mehr bei der Altersgruppe 1 bis 3 Jahre,
- 86,5 % kariesfrei bei den 3- bis 6jährigen,
- 31 % Karies-Rückgang bei der Altersgruppe 6 bis 10,
- 36,5 % Rückgang bei den 10- bis 14jährigen.

Um die Versuche weiterzuführen, hätte Schnitzer öffentliche Hilfe gebraucht. Statt Hilfe bekam es Schnitzer mit den Gerichten zu tun. Er wurde als Spinner, Fanatiker, Rückständiger, Industriefeind etc. hingestellt. Ein Gericht nannte die *Aktion Mönchsweiler* gar «unerlaubt angewandte Wissenschaft».

Ein anderes Gericht hingegen sprach ihn der unwissenschaftlichen Quacksalberei und damit der Schädigung des guten Rufes des Ärztestandes schuldig.

Der bekannte Zürcher Arzt Ralph Bircher, der Erfinder des «Birchermüslis», begann bereits in den dreißiger Jahren Ausschau nach zuckerunberührten Ländern und Gegenden zu halten. Er studierte einzelne Himalayavölker, die den Zucker nicht kannten und wo es weder Krebs noch Karies gab. Besonders populär waren die Studien über die Hunzas auf der Karakorum-Hochebene.

Als bestes Untersuchungsbeispiel gilt die südatlantische Insel *Tristan da Cunha*. Schon früh haben Forscher festgestellt, daß bis ins hohe Alter hinein die Gebisse der dortigen Bevölkerung voll und ganz gesund sind. «Die alimentären Voraussetzungen zur Ausbildung der Zivilisationskrankheit Zahnkaries waren einfach nicht gegeben», heißt es in einem Bericht. Noch um 1930 lebten die Menschen von Fischfang und der Aufzucht von Schafen und Kühen. Seevögel lieferten Eier. In Gärten hielten sie Rüben, Kohl, Kartoffeln und Zwiebeln. Es gab kein Brot. Zucker und Weißmehl waren Luxusgüter, die sich damals erst eine Handvoll Regierungsbeamte leisten konnten. 1932 führten britische Zahnärzte auf der Insel eine gründliche Untersuchung durch. Lediglich 1,8 % der Bevölkerung hatten kariöse Zähne. Die nächste Untersuchung erfolgte 1952. Inzwischen hatten sich die Eßgewohnheiten drastisch verändert. Pro Person wurden nun im Jahr 30 kg Zucker und 45 kg Weißmehl konsumiert. 50 % der Zähne waren bereits kariös.

1961 war der Zuckerkonsum gar schon auf 50 kg pro Person angestiegen. Nur noch 2 % der Bevölkerung waren kariesfrei. 1982 hieß es schlicht, einfach und traurig: «Heute haben sich auf Tristan sowohl die Ernährung als auch die Inzidenz von Zahnkaries vollständig dem westlichen ‹Vorbild› angeglichen.»

Die Bakterienart, die auf kariösen Zähnen anzutreffen ist, wird *streptococcus mutans* genannt. Sie produziert ein Enzym, das Pyruvinsäure (ein Abbauprodukt verschiedener Zucker) zu Milchsäure umwandelt. Um zu leben und sich zu vermehren, brauchen diese Bakterien Zucker, der ihnen heute dank unserer Ernährungsart in reichen Mengen zur Verfügung steht. Ohne Zucker kann sich die genannte Bakterienart der Streptokokken nicht entwickeln. Da die *Eskimos* überhaupt keinen Zucker konsumieren, waren sie ideale Forschungsobjekte. Trotz mangelhafter Mundhygiene leiden sie nicht an Karies.

All diese Beispiele (es gibt noch weit mehr Material) weisen eindrücklich auf den Zusammenhang zwischen Zucker und Karies hin. Andere formulieren ihn differenzierter als Zusammenhang zwischen Karies und raffinierten Produkten (also Zucker undWeißmehl oder behandeltem Reis) oder als Zusammenhang zwischen dem Vorkommen von Karies und dem «besseren Essen mit kariogenen Kohlenwasserstoffen (Zucker, Weißmehl, Honig)». So erfolgte zwischen dem 16. und dem 19. Jahrhundert eine rapide Zunahme der Karies, als Zucker von einem teuren Gewürz zu einem billigen «Nahrungsmittel» wurde.

Übrigens ist auch die *Zahnhygiene* nicht eine neue «Errungenschaft». Archäologie und Ethnologie lehren uns, daß viele Völker Zahnhölzer benutzten. Solche *sticks* sind in fast allen Kulturen bekannt gewesen: besonders die *sticks* vom Zahnbürstenbaum (salvadora persica), vom Neem- (oder Nim-)Baum (azadirachta indica) oder aus den Fagara-Hölzern in Afrika. Heute werden die in ihnen enthaltenen Stoffe wissenschaftlich erforscht, identifiziert und in Zahnpasten umzusetzen versucht: Salvadorin, Saponin, Tannin, Faragonin etc. Zahnhygiene sollte nicht einfach auf Kariesverhütung reduziert werden, Hygiene hat auch andere Funktionen. Die vielen Mundwaschungen im Islam werden wohl kaum bloß wegen der Kariesverhütung unternommen.

Der Fluor-Kreuzzug

Die Emotionen um Fluor schlagen seit 1950 immer wieder hoch. Viele sind voller Skepsis und wollen nicht begreifen, daß aus einem Gift im Handumdrehen ein notwendiger Nährstoff werden soll. Man schöpft Verdacht und vermutet geschickte Manipulationen: Warum soll die Karies mit einem sehr dubiosen Element bekämpft werden, und warum soll nicht ehrlicherweise auf mäßigen Zuckerkonsum verwiesen werden? Zudem liest und hört man, wie Fluorausscheidungen im Umfeld von Aluminiumwerken Bäume töten und der Natur großen Schaden zufügen. Das führt zur Frage, warum ausgerechnet Fluor für die menschlichen Zähne nützlich sein soll.

Die Geschichte schafft nicht unbedingt Vertrauen. Anfang des Jahrhunderts traten in Colorado Springs (USA) gelbe und braune Flecken im Zahnschmelz auf. Auch ein großer Zahnärztekongreß 1908 wußte keinen Rat. Der Kariesforscher McKay zeichnete alle Meldungen auf eine Landkarte ein. Zufällig wußte er, daß in einem betroffenen Gebiet in Arizona der Fluorgehalt des Wassers hoch war. Er untersuchte das Wasser in den anderen betroffenen Gebieten von Colorado und Arkansas und fand auch dort viel Fluor im Wasser. Man gab Ratten Wasser aus Arizona, und sie bekamen fleckige Zähne. Es wurde bald festgestellt, daß Quellwasser mit Fluor wahrscheinlich die Ursache für ein niedriges Kariesvorkommen sein könnte. Die Forschung wies nach, daß Fluor die Zahnsubstanz härtet. Daraus wurde der Schluß gezogen, daß Fluor in der richtigen Dosierung die Kariesanfälligkeit der Zähne mindern kann.

Als Ende der vierziger Jahre die Aluminium- und Stahlindustrie der USA auf großen unabsetzbaren Fluorverbindungen saß, beauftragte sie das Mellon-Institut in Pittsburgh mit einer Studie für Vorschläge zur industriellen Verwendung von Fluor. Gerald G. Cox, der Verantwortliche, kannte die Untersuchungen über die Zusammenhänge von Fluor und Karies. Er schlug daher den Einsatz von Fluor als Beitrag zur Zahngesundheit vor. Cox hatte gute Beziehungen zum Nationalen Forschungsrat (NRC), und da das Food and Nutrition Board ein Teil des NRC ist, war hier leicht etwas zu mischeln.

In den USA ist das nicht ungewöhnlich, da es als selbstverständlich gilt, daß die Wirtschaft der angewandte Teil der Wissenschaft ist und umgekehrt die Wissenschaft von der Wirtschaft lebt. So sitzen denn auch in all den verschiedenen *Boards* Vertreter der Wissenschaft und Wirtschaft zu gleichen Teilen.

Um 1950 war der Bürger noch wenig skeptisch gegenüber solch politischen Wissenschaftsinstitutionen. Der Glaube an Wissenschaft und Fortschritt (und Fortschritt gab es nur durch die Wirtschaft) war ungebrochen. So überrascht es also nicht, daß Oscar Ewing, der das Fluorprojekt durchboxte, gleichzeitig Anwalt einer Aluminium Company und Direktor des Wohlfahrtsministeriums und innerhalb dieses Ressorts auch Leiter des Nationalen Gesundheitsdienstes war.

Die «Entdeckung» wurde in Presse und Fachjournalen dramatisch aufgebauscht, und Hoffnungen auf total gesunde Zähne in kürzester Zeit wurden geweckt. Die Weltgesundheitsorganisation WHO konnte in kurzer Zeit auch gewonnen werden. Die Zuckerlobbies – von den Bauern und Zuckerbäckern bis zu den Brokern und Generaldirektoren – standen Spalier beim siegreichen Einzug von Fluor in den Heilmittelmarkt und in die Zahnpasta.

Ich dramatisiere nicht. «Die Art und Weise, wie es in Amerika zur Trinkwasser-Fluoridierung kam, ist in der Geschichte der Medizin ohne Parallele», mußte sogar die konservative Zeitung *National Observer* zugestehen, als die Verfilzung 15 Jahre später durchsickerte. Die Glaubwürdigkeit von Fluor ist schon daher angeschlagen.

Aber die Verfilzung ist global. In der Bundesrepublik wurde Ähnliches festgestellt. Und wenn es auch jeder weiß – gesagt darf es nicht werden, daß Universitätsprofessoren für eine der größten Werbeagenturen Europas, die *Thompson AG*, Texte zur Verfügung stellten. «Dieser Agentur sind u. a. auch der *IME-Pressedienst*, der *Edu-med-Pressedienst*, der *Deutsche Medizinische Informationsdienst* (der mit dem Verein für Zahnhygiene der Fluorzahnpasten- und Präparate-Hersteller und der ORCA zusammenarbeitet), das *action team Wirtschaft & Gesellschaft* u. a. m. zuzuordnen», schreibt der kritische Forscher Rudolf Ziegelbecker, Mathematiker und Statistiker am Grazer Institut für Umweltforschung, der die gesamte Fluorforschung unter die Lupe nahm und dabei mehrere statistische Forschungsdaten als «glatten Schwindel» aufdeckte. Was Ziegelbecker bei uns in Europa alles «entdeckte», sollte eigentlich ausreichen, die gesamte universitäre Wissenschaft zum Nachdenken zu bringen, mit ihren Koryphäen, die Gutachten (natürlich gegen gute Bezahlung) produzieren und dabei nicht nur die Studenten sträflich vernachlässigen, sondern auch die kritische Distanz der Wissenschaft längst verraten haben. Seit 1953 gibt es die Europäische Arbeitsgemeinschaft für Fluorforschung und Zahnkariesprophylaxe (ORCA). Sie hat sich auf fast missionarische Art für die Fluorwissenschaft eingesetzt. Dahinter jedoch verbirgt sich eine Interessengruppe von Fluorherstellern und Süßwarenproduzenten (etwa *Zyma-Blaes AG*, Hauptlieferant von Fluor; *Alcoa, Alcan, Alusuisse, Coca-Cola etc.)*. Mit ORCA arbeitet die *Fédération Dentaire Internationale* (FDI) eng zusammen. Deren Direktor, Dr. J. E. Ahlberg, arbeitet offen mit Dentalindustrien zusammen. Ein weiteres prominentes Mitglied der FDI, zugleich im europäischen Vorstand, Dr. Th. Aggeryd, wurde durch die Firma *Medicodent* bekannt. Diese zahnärztliche Dienstleistungsfirma ist wiederum mit mindestens vierzehn Aktiengesellschaften und Vereinigungen liiert. Die FDI ist eine beratende Organisation der Weltgesundheitsorganisation WHO. Die Regierungen der Mitgliedsländer haben Empfehlungen an die WHO über die Präsidenten der Nationalkomitees der FDI (z. B. betreffend Fluoridierung) weiterzugeben. Doch die Verfilzung geht bereits bis in die WHO hinein. Als Beispiel: Der Vorsitzende des Fluor-Experten-Komitees, Prof. Yngve Ericsson, besitzt mehrere Fluorzahnpasten– Patente.

Wenn man weiß, daß maßgebliche FDI-Funktionäre, welche die Regierungen ihrer Länder vertreten sollten, mit zahlreichen Firmen auf dem Dentalgebiet eng verflochten sind, daß gewichtige FDI-Mitglieder auch in der ORCA dabei sind, daß prominente Fluorexperten in der Werbung der Zucker- und Fluorindustrie eine bedeutende Rolle spielen – dann können ihre Fluorempfehlungen nicht mehr als neutral angesehen werden.

Diesen Hintergrund muß man kennen, um die emotionalen Reaktionen vieler Menschen zu begreifen.

Fluor vermochte sich auch nach 30 Jahren die notwendige Glaubwürdigkeit nicht zu verschaffen. Dazu bräuchte es mehr Wissenschaftlichkeit, mehr Objektivität, mehr Distanz, mehr Toleranz und weniger finanzielle Interessen.

Rudolf Ziegelbecker ist alle größeren, zum Thema Fluor und Kariesverhütung im In- und Ausland erschienenen Arbeiten durchgegangen. Er stößt überall auf «krasse Fehler» und schreibt, «daß die zahnärztlich behaupteten Fluoridierungserfolge einer mathematisch-statistischen Nachprüfung nicht standhalten und es sich dabei um Scheinerfolge (Fehler in der Planung, Durchführung, Auswertung, Interpretation, statistische Artefakte) handelt und Kariesreduktionen, die in Wirklichkeit andere Ursachen hatten, fälschlich den Fluoriden zugeschrieben wurden».

Ziegelbecker forderte 1978, daß die *Fédération Dentaire Internationale* (FDI) die Empfehlung zur Trinkwasserfluoridierung zurückziehe, denn eine Massenmedikation könne «einen ungeheuren gesundheitlichen und finanziellen Schaden» anrichten.

Nach Ziegelbecker kann es eine optimale (und allgemeingültige) Fluoridkonzentration gar nicht geben, da der individuelle Zustand der Gewebe ebenso wie die Giftempfindlichkeit verschieden sind und schwanken, da die ebenfalls schwankende Giftaufnahme von Fluor aus anderen Quellen unbekannt ist.

Ziegelbecker gaben die Erfahrungen von Graz zum Nachdenken Anlaß. In dieser Stadt wurde 1957 die Abgabe von Fluortabletten in den Volksschulen, 1964 in den Kindergärten eingeführt und 1973 wieder eingestellt. Die Auswertung der 1946 bis 1979 amtlich erhobenen Befunde zeigte, daß die Karies vor Beginn der Tablettenaktion rückläufig, während der Aktion steigend und nach Absetzen wieder rückläufig war. Die Zahngesundheit, so Ziegelbecker, wurde durch die Fluortablettenaktion nicht verbessert.

Einige Länder haben einen wahren Fluor-Krieg erlebt: Japan, Holland, in den letzten Jahren in bestimmten Gegenden der USA. Lange Zeit ging es um die Kontroverse, ob Fluor ein Gift sei oder nicht. Heute ist die Zeit für mehr Sachlichkeit gekommen.

Aber auch die enge Mundhöhlenperspektive sollte verlassen werden. Der Zahn ist wichtig, aber hier geht es ja nicht nur um ihn. Wichtiger ist, daß nicht beständig mehr Gift in die Umwelt dringt und daß das Wasser möglichst sauber bleibt und nicht durch zusätzliche Chemisierung noch mehr zum gesundheitlichen Risikofaktor wird.

1978 haben etwa 50 weltweit renommierte Wissenschaftler eine Erklärung unterzeichnet, um von der öffentlichen Beschimpfung zur wissenschaftlichen Wahrheit zurückzufinden, denn «je leidenschaftlicher Teilwissen vertreten wird, um so näher liegt der Irrtum». «Im Interesse der Gesundheit unserer Bevölkerung – insbesondere unserer Kinder.»

- Die Unschädlichkeit der Fluoride ist nicht bewiesen!
- Die karieshemmende Wirkung der Fluoride ist statistisch nicht gesichert!
- Wissenschaftliche Arbeiten erhärten den Verdacht, daß Fluoride – auch in den empfohlenen Dosen – zu ernsthaften Gesundheitsschäden führen können.
- Kollektivmedikationen ohne individuelle ärztliche Überwachung widersprechen der ärztlichen Sorgfaltspflicht. Zwangsweise Medikation wie die Trinkwasserfluoridierung ist rechtswidrig.
- Vor der Anwendung der Fluoride muß – insbesondere unter Berücksichtigung der toxischen Gesamtsituation – nachdrücklich gewarnt werden!

  (Dem fügte Prof. Dr. Wellenstein, Freiburg, hinzu: «Unser Körper ist allein schon durch polychlorierte Biphenyle [PCB] und Pflanzenschutzmittelrückstände alarmierend hoch belastet. Er verträgt keine zusätzlichen Fremdstoffe!»)

Andere weisen mit Nachdruck auf den wissenschaftlichen und finanziellen Aufwand für ein fragwürdiges Ersatzprodukt hin und fordern, daß endlich wieder mehr Maß im Konsum von Zucker gefordert wird. Man soll Karies nicht entstehen lassen, dann braucht man sie nicht zu heilen. Karies ist keine Fluormangelkrankheit, sondern das Ergebnis einer Fehlernährung. Einfachstes Mittel ist daher Verzicht und eine neue Lebensweise.

Knelleckens Kampf gegen den Zucker

Es gibt in der neuesten Zeit ein eindrückliches Beispiel dafür, wie sachliche Fragen auf Persönliches abgewälzt werden. Die Sündenböcke landen dann entweder vor Gericht oder gar im Gefängnis, woraufhin das eigentliche Problem wieder mit dem Schleier des Schweigens zugedeckt wird. Dr. Eduard Knellecken, Sprecher der *Kassen-Zahnärztlichen Vereinigung Nordrhein* (KZV), Düsseldorf, begann um 1977 eine aufklärerische Aktivität gegen den Zucker zu entwickeln, die die Vertreter dieser Industrie erschreckte. Knellecken konnte die KZV Nordrhein überzeugen, eine massive Aufklärungskampagne zu beginnen. Ein Informationsdienst trug Forschungsresultate im Bereich Zucker und anderer zahnschädigender Produkte zusammen und popularisierte sie. Wie die Zuckerindustrie ging die KZV auch mit Inseraten vor. Knellecken selbst schrieb unermüdlich Briefe, Anfragen und Erwiderungen an Politiker, Wissenschaftler, Funktionäre und Lobbyisten. Er lehrte viele das Fürchten.

In einem offenen Brief an die Süßwaren- und Zuckerindustrie machte er folgende Vorschläge:

- Auf die Verpackung aller Schokoladen und anderer Süßwaren, die Zucker enthalten, sollte eine Zahnbürste – deutlich sichtbar – aufgedruckt werden.
- Kaugummi- und Bonbon sollten in möglichst heiterer Form zumindest einen deutlichen Hinweis auf die Notwendigkeit der Zahnpflege nach dem Verzehr tragen.
- Besonders aggressiver Zucker und Süßwaren sollten als Zeichen ihrer Zerstörungskraft einen kariösen Zahn tragen.
- Die Industrie sollte außerdem auf dem Wege der Selbstkontrolle ihre Werbeaussagen prüfen; die Produzenten und der Handel sollten auf irreführende Werbung (wie etwa «Ein Stück Schokolade macht schlank» oder «Süße Sachen – Freude machen») verzichten.

Die Kassen-Zahnärztliche Vereinigung Nordrhein forderte zudem eine Bonbonsteuer, um nach dem Beispiel der Tabak-, Alkohol- oder Mineralölsteuer Konsumenten zu belasten und sie damit an den sozialen Folgekosten zu beteiligen.

Ferner wurde ein Verbot des Verkaufs von Süßigkeiten an allen Schulen gefordert.

In großen Zeitungen und Magazinen begannen Inserate vor dem «Kariesverursacher Nummer eins» zu warnen. Da hieß es: «An alle jungen Mütter! Tun Sie lieber keinen Zucker in den Babybrei!» Oder: «Je früher Sie Ihr Kind an Industriezucker gewöhnen, desto schwerer wird es ihm fallen, später ein normales Leben zu führen.»

Der KZV standen jährlich rund 3,5 Millionen DM zur Verfügung. Dieses Geld weckte den Neid. Hier setzte denn auch die Lobby heuchlerisch, aber geschickt ein. Sie provozierte den Volkszorn, weil auf Kosten der Bevölkerung das «wichtigste Volksnahrungsmittel» diffamiert werde. «Mit ständig eskalierender Unsachlichkeit und mit Millionenaufwand agitiert die KZV Nordrhein, Düsseldorf, in Anzeigen, Pressemitteilungen und Publikationen gegen Zucker und zuckerhaltige Nahrungsmittel, Konservennahrung, Feinmehle, Wurst u. a. m. Viele Nahrungsmittel werden als krankheitsverursachend, ihre Hersteller als Krankheitsanbieter verunglimpft.» So beginnt eine Stellungnahme des Bundesverbandes der Deutschen Süßwarenindustrie. Verschiedene Organisationen der Ernährungswirtschaft, an ihrer Spitze die Bundesvereinigung der Ernährungsindustrie, der Bauernverband, der Raiffeisenverband, die Centrale Marketinggesellschaft der deutschen Agrarwirtschaft, die Wirtschaftliche Vereinigung Zucker und die Arbeitsgemeinschaft Zucker, mächtig flankiert von Eisherstellern, Konditoreien, Bäckereien, Getränkeindustrie und selbst der besorgten Gewerkschaft Nahrung, Genuß und Gaststätten, entschlossen sich zu einem gemeinsamen Vorgehen gegen «derartige Praktiken.»

Die *Lebensmittel-Zeitung* publizierte am 2. 6. 1978 ein Editorial, in dem u. a. stand:

«Es fragt sich nur, ob man uns erst über den Umweg aufwendiger Behandlung Geld aus der Tasche ziehen soll, um Millionen zusammenzubringen, mit denen man uns dann die Leviten liest. Das Engagement in Ehren. Aber seine Finanzierung ist auch dann noch eine Entmündung des Bürgers, wenn sie einem guten Zweck dient ...» Die Lobby ging vor Gericht – wie üblich, denn eine Lobby vermag ja nicht mit Wissen, sondern bloß mit Paragraphen umzugehen.

Gleichzeitig wurde eifrig in der Biographie von Knellecken nachgeforscht. Und man wurde fündig: Er war anscheinend in zweifelhafte Finanzpraktiken verwickelt, besaß nicht gemeldete Wohnungen in Kanada und war somit der Steuerhinterziehung überführt. Er hatte Pech gehabt. Sein Fall konnte zu den Akten gelegt werden. Er war erledigt, und somit war auch wieder der Zucker in voller Würde rehabilitiert. Die KZV Nordrhein schwieg wieder. Das Zuckerlobby hingegen wirbt weiter mit Millionen.

Josef Ertl, der damalige Bundesminister für Ernährung, Landwirtschaft und Forsten, hatte am 12. April 1978 in einem Brief an Knellecken den Zucker und die Freiheit echt liberal verteidigt: «Wir sollten ein freies Land bleiben, in dem sich die Interessengruppen eigenverantwortlich an bestimmte Spielregeln halten, Schädliches vermeiden, sich Normen auferlegen, und in dem nicht nur das getan oder unterlassen wird, was der Staat verordnet. Ich möchte, daß freie verantwortungs- und gesundheitsbewußte Bürger selbst bestimmen, was sie und ihre Kinder essen oder trinken dürfen.»

Sehr schön. Aber warum hat die Aufklärung es so schwer? Wenn Zucker so süß ist, warum ist seine Umwelt so bitter?

Die Schweizer sind Weltmeister im Schokolade-Konsum. Für die 18 schweizerischen Schokolade-Fabrikanten (die bekanntesten: *Lindt & Sprüngli*, *Suchard* und *Tobler* – beide nun *Jacobs Suchard AG* – und *Nestlé*) ist zwar leider 1982 der nationale Jahreskonsum auf 9,9 kg pro Kopf gesunken, aber die Schweizer halten immer noch die Spitze mit 2,5 kg vor den im zweiten Rang liegenden Deutschen und Belgiern. Dazu genießt der Schweizer jährlich noch 7 l Eis, 5 kg gezuckerte Backwaren und 3 kg Bonbons und Kaugummi. Kein Wunder, daß die Karies in der Schweiz grassiert und das Land den inoffiziellen Weltrekord hält.
Aber auch wissenschaftlich hält die Schweiz einen Weltrekord. Auf dem Gebiet der Kinderzahnprophylaxe gilt die Schweiz als das führende Land der Welt. Das Zahnärztliche Institut der Universität Zürich wurde unter Prof. Hans Rudolf Mühlemann und Prof. Thomas Marthaler weltbekannt. Dieses Institut hat die Plaque-pH-Telemetrie entwickelt. Wenn der pH-Wert im Zahnbelag nach Genuß einer bestimmten Süßigkeit innerhalb von 30 Minuten unter 5,7 absinkt, ist diese Substanz kariesfördernd. Damit wurde es möglich, zwischen «zuckerfrei» und «zahnschonend» zu unterscheiden, denn diese Wissenschaftler gehen davon aus, daß mit «zuckerfrei» nur die Saccharose erfaßt wird, daß aber auch Fruchtzucker, Malzzucker und Stärke die Zähne gefährden. Die pH-Telemetrie zeige klar, daß «zuckerfrei» nicht immer «zahnschonend» sei. So haben die zahnärztlichen Institute der Schweiz zusammen mit der Interkantonalen Kontrollstelle für Heilmittel ein Güte-Signet für «zahnschonend» entwickelt. Das Signet ist bereits auf einigen Verpackungen zu finden – ebenfalls eine Weltneuheit.
Da der Schweizer kaum auf seine «Schoggi» verzichten wird, hat die Wissenschaft in der Schweiz immer wieder pragmatische Auswege zusammen mit der Industrie gesucht. So hat das Zahnärztliche Institut Zürich in Kooperation mit der Halba AG eine zahnfreundliche Schokolade entwickelt.

II Barone, Firmen, Lobbies

Der ideale Kitt des Agrobusiness

Agrobusiness ist heute ein wirtschaftliches Geflecht, das alles, was auch nur irgendwie mit Landwirtschaft und Ernährung einen Zusammenhang hat, zu umfassen sucht: von der Produktion der notwendigen Maschinen bis zur Verteilung der Produkte, von der internationalen Entwicklungsagentur bis zum Tiefkühllagerungsnetz, vom Import bis zum Export, von der Farm bis zur Fabrik, von der Handelsfirma bis zur Universität. Agrobusiness ist geographisch überall, transnational. Agrobusiness reicht in alle Bereiche hinein. Agrobusiness ist total:

Das Agrobusiness umfaßt längst nicht mehr nur den Primärbereich, sondern auch die sekundären (Verarbeitung) und tertiären (Dienstleistungen) Sektoren der Wirtschaft. Ein Agrobusiness-Betrieb besitzt meistens selbst Land oder Plantagen oder ist über eine Bank an deren Besitz beteiligt. Er begann meistens mit der Verarbeitung landwirtschaftlicher Produkte und suchte zunächst Verbindung zur Produktion eines Produktes (Dünger, Insektizide, Pestizide, Additive ...). Um das System besser zu kontrollieren, stieg er in die Forschung (Universität) und das Management ein. Es ist deshalb außerordentlich schwierig, eine Firma mit der Bezeichnung «Agrobusiness» zu versehen. Viele Übergänge sind fließend, so daß die gleiche Firma je nach Betrachtungsweise zum Agrobusiness und gleichzeitig sogar zum Rüstungssektor gehören kann. «Agrobusiness» – das ist weniger die einzelne Firma als vielmehr das System. Zur totalen Kontrolle sowohl der Rohstoffe und ihrer Verarbeitung als auch der Produktion und der Vermarktung wird ein eng vernetztes System aufgebaut.

Wirtschaftlich ist daher das Agrobusiness sowohl *vertikal* als auch *horizontal* verzahnt. Es wird darauf achten, nicht nur immer mehr Firmen auf der gleichen Ebene der wirtschaftlichen Aktivität (horizontal) zu kontrollieren, sondern ebenso darauf, Verbindungen zu Banken, Zulieferfirmen, Transport, Hotellerie und Supermärkten (vertikal) herzustellen. Die horizontale und vertikale Strukturierung ist häufig so verästelt und perfekt, daß der Kern des Unternehmens kaum noch zu bestimmen ist. Agrobusiness ist bereits so total, daß es unsere Lebensgewohnheiten bestimmt: von der Hamburger- und Wienerwald-Kultur bis zu Eiskrem und Kaugummi. Wer für einen neuen Lebensstil plädiert, ist gezwungen, das Agrobusiness mit seiner stillen Macht zu studieren und zu unterwandern. Es geht nicht um die Verketzerung von Personen und einzelner Firmen, sondern um dieses System, das uns gewollt oder ungeplant heimlich erobert und kolonisiert. Es geht nicht gegen Mr. Nestlé, sondern gegen den *Anonymus Incorporated.* Mit ihren vielen Verbindungen und Vernetzungen werden solche Firmenkonglomerate zu einem politischen Faktor. Sudan ist dafür ein gutes Beispiel (s. S. 127ff.). Selbst wenn sich das Agrobusiness unpolitisch gibt, produziert es doch dauernd Sachzwänge durch Wissenschaft und Beratungen, mit Gutachten und «feasibility studies» (= sich erkunden, was wirtschaftlich möglich wäre). Eine Schlußfolgerung ist dann zum Beispiel: «Der Kleinbetrieb rentiert sich nicht mehr.» Das hat Konsequenzen:

- Landpreise steigen,
- Großfarmen werden monokulturell bewirtschaftet,
- Vorschriften werden erlassen, die so geartet sind, daß nur eine Großfirma (meist verbunden mit einer chemischen Industrie) sie erfüllen kann,
- neue Konsumentengesetze werden vom Agrobusiness erzwungen und/oder zu seinem Nutzen erlassen,
- durch Beratung der Weltbank und von Entwicklungsbanken werden neue Normen aufgestellt, die kleine Firmen nie erfüllen können.

Das Agrobusiness bestimmt daher heute die Landwirtschaftspolitik. Und wenn es in den USA wie in den europäischen Staaten immer wieder heißt: «Die Bauern sind die größte Lobby!», ist das Augenwischerei und ein Für-dumm-Verkaufen der Bauern.

Die Agrargeschichte zeigt, daß Zucker das landwirtschaftliche Produkt war, durch das sich das Agrobusiness herauskristallisiert hat. Die ersten Agrobusiness-Unternehmen waren dem Zucker entsprungen: *Tate & Lyle, Amstar, HVA*. Zucker war der ideale Kitt, um jeden Ort der Welt, alle Bereiche der Wirtschaft, horizontal und vertikal zu durchdringen.

Tate & Lyle

Tate & Lyle (s. S. 71) begründete ein eigenes Zuckerreich im Rahmen des britischen Kolonialismus. Die Firma ist heute in allen Bereichen, die irgend etwas mit Zucker zu tun haben, tätig. Sie besitzt Plantagen und Zuckerfabriken. Von der Beratung bis zur Ausführung ist sie überall in den Entwicklungsländern präsent. Sie beherrscht die Zuckerforschung und die Zuckertechnologie. Sie stellt Chemikalien und Bewässerungsanlagen für Rohrzuckerplantagen her.

Booker McConnell Ltd.

Im UNCTAD-Bericht TD/BC.2/197 (1978) wird *Booker McConnell Ltd.* als Typ vertikaler Verflechtung beschrieben und wie folgt charakterisiert: «Die industrielle Tätigkeit der Firma umfaßt sowohl die Zuckerfabrikation als auch Maschinen- und Schiffsbau. Doch stammen mehr als 50% der Jahresumsätze aus dem Handel mit Nahrungsmitteln, Zucker, Obst, Alkohol, Chemikalien sowie Transport- und Landwirtschaftsgerät.»

BOOKER MCCONNELL: die verschiedenen Zweige am 1.4.1982
(Wo keine Prozentzahlen angegeben sind, sind die Firmen in vollem Besitz der Muttergesellschaft)

Engineering:	*Fletcher* and Stewart Sutcliffe Wild
	Plenty
	SPP Group
	Hero Equipamentos Industriais, Brasilien
Lebensmittelvertrieb:	BBW Cash & Carry
	BBW Delivered Trade
	Booker Belmont Retail
	Booker Wine Agencies
	Parrish & Fenn (80 %)
Handel / Vertrieb von Gesundheitsgütern:	Booker Health Foods
	Booker Pharmaceuticals
	American Dietaids Co. (USA; 70 %)
Handel mit Spirituosen:	United Rum Merchants
	Tia Maria (51 %)
	Estate Industries (Jamaika; 51 %)
	Booker McConnell (Overseas Trading)
	Bookers Sugar Co.
	Minvielle & Chastanet (St. Lucia; 73 %)
Reedereien:	Booker Line
	Coe Metcalf Shipping
Landwirtschaftliche Unternehmen:	Ibec (USA; 45 %)
	Arbor Acres Farm (Ibec-Tochter)
	Nicholas Turkey (Ibec-Tochter)
	Breeding Farms (Ibec-Tochter)
	Booker Agriculture International: BAI
Autorenrechte:	Agatha Christie (64 %)
Service companies:	Booker McConnell Services
	Bookers Pensions

BBW Cash & Carry ist einer der drei größten Lebensmittel-Supermärkte in Großbritannien: 135 Cash & Carry-Läden. Booker ist der Größte im britischen Diät-Lebensmittel-Vertrieb mit 159 Geschäften in Großbritannien und 32 Geschäften in Kanada.

BOOKER AGRICULTURE INTERNATIONAL, LONDON (BAI)

Tochter von Booker McConnell PLC.
Spezialisiert auf Zucker: Studien, Analysen, Planung, Ausführung, Überwachung und Management von Zuckerrohrprojekten.

In welchen Entwicklungsländern stand BAI mit Rat und Tat seit 1970 bei?

IN AFRIKA

* Angola:	1970 und 1972 Planung zweier Projekte
* Äthiopien:	1976 für die Regierung eine nationale Planung
* Ghana:	1971 verlangt Weltbank eine Finanz- und Marktstudie der zwei Zuckerfabriken in Atsutsuare und Komenda
* Kenia:	Mumias Sugar Estate gehört BAI: ein Vorzeigeprojekt Chemelil Sugar Co.: ebenfalls in BAI-Besitz. Beide Projekte haben BAI-Management und Beratung Zwischen 1970 und 1978 5 Feasibility-Studien
* Lesotho:	Studie zur Verbesserung ausgelaugter Böden
* Madagaskar:	Dienstleistungs- und Management-Verträge
* Malawi:	Studie: Wie kann Malawi zum Zuckerexporteur werden? Weitere grundlegende Arbeiten zur Bewässerung, Reis- und Kassawa-Verbesserung
* Nigeria:	Seit 1970 ununterbrochen Aufträge zur Entwicklung von landwirtschaftlichen Großprojekten. Planung und Management von mehreren Zuckerbetrieben in Händen der NAPAC (Nigerian Agricultural Promotions Co.): im Tschad-Bekken, am Kano-Fluß und im Kaduna-Delta. Managed auch Savannah Sugar Co.
* Senegal:	Management von Richard Toll Estate, Zuckerfarm und -fabrik
* Somalia:	Plante und überwachte den Bau des Zukkergebiets am Juba-Fluß (Middle Juba

	Scheme): 6000 ha bewässerter Zuckerrohranbau, mit Mühle von einer Kapazität von 50000 t jährlich. BAI hält Management
* Swaziland:	Führte 1972 die Studien und Planung einer Zuckerfabrik durch
* Tansania:	Grundlagenstudien für Kagera Zusammen mit T & L für Weltbank eine Gesamtanalyse und die Planung von Kilombero und Mtibwa
* Uganda:	Wurde 1976 als Consultant beigezogen
* Zambia:	1974 eine Abklärung über Lake-Bangweulu-Projekt Andere Beratung im Bereich von Kaffee, Weizen und Soja.

IN ZENTRALAMERIKA UND KARIBIK

* Guyana:	Technische Beratung der Regierung; Management der Zuckerbetriebe; Vermarktung des Zuckers 1975 Besitz verstaatlicht, aber Beratung bleibt
* St. Kitts:	Ähnliche Position wie in Guyana

IN ASIEN

* Papua-Neuguinea:	Entwickelt das Ramu-Zuckerprojekt
* Sri Lanka:	Ende 1981 ein Vertrag mit der Regierung, um im Moneragala-Distrikt den Aufbau von Zuckerplantagen und Zuckermühlen zu prüfen. BAI freut sich im Jahresbericht 1981 über «die Möglichkeiten eines Großprojekts».

Booker McConnell ist auf dem Gebiet des Zuckers allmächtig in Großbritannien, Südafrika, den USA, der Karibik und im Fernen Osten. Ursprünglich konzentrierten sich *Booker McConnell* auf die Produktion und Vermarktung von Zucker. Der Konzern hat jedoch zwei Töchter, die mit ihrem aggressiven Know-how die Totalität der Zuckerwirtschaft umfassen:

1. Die *Booker Agriculture International Ltd.* (BAI) hat zwar immer noch Zukker als ihr Schwergewicht, aber sie ist längst in vielen anderen landwirtschaftlichen Bereichen der Tropenländer aktiv.
2. Ihre Schwester ist *Fletcher and Stewart*, vorwiegend als Ingenieur- und Bauunternehmen tätig. Sie liefert ganze Zuckerfabriken schlüsselfertig. In den letzten 20 Jahren verwirklichte sie Projekte in aller Welt.

HVA

Zu jeder Kolonialmacht gehörte eine Zuckerfirma. So auch zu den Holländern in Indonesien. Es war die Firma *Verenigde HVA-Maatschappijen N.V.*, Amsterdam, mit vielen Tochterunternehmen wie etwa *HVA-Enco*, die Bauten jeglicher Art im Bereich landwirtschaftlicher Verarbeitung entwirft und verwirklicht.

HVA ist in der Dritten Welt folgendermaßen vertreten:
(Zusammengestellt nach dem Geschäftsbericht 1976)

Z = Zucker
P = Palmöl
NM = Nahrungsmittelbereich
G = Gartenkulturen
T = Tee
V = Viehzucht
A = Abaca

Länder	Studien	Beratung	Management
AFRIKA			
Äthiopien	Z	Z	Z, NM, G, T
Burundi			T
Elfenbeinküste	Z	NM	
Ghana	Z, NM		Z
Guinea	Z		
Guinea-Bissau	Z	NM	
Kenia	Z, NM		T
Marokko	Z		
Mauretanien	Z		
Nigeria	Z		
Obervolta	G	G	
Sudan	Z, NM	Z, NM	
Tansania	Z, NM		Z
Uganda	Z		
ASIEN			
Bangladesh	Z		
Indonesien	Z	Z, T, NM	NM, A
Jemen	Z		
Saudi-Arabien	Z, NM		
SÜDAMERIKA			
Argentinien			T
Brasilien			P, NM
Costa Rica	P		
Dominikanische Republik	Z		
Ekuador	Z, P		

Länder	Studien	Beratung	Management
El Salvador		Z	V, A
Honduras	P		
Jamaika	Z		
Mexiko	Z		
Peru	Z	Z	
Surinam	Z, NM, P	NM	NM, P
Trinidad/Tobago	Z		
Venezuela	P		

Die Tee- und Abaca-Projekte zusammen mit H. G. Th. Crone BV.

Zitat aus dem Jahresbericht 1976: «HVA-International ist nun eine der größten Institutionen, die Management und Beratung im Bereich der Zuckerrohr-Industrie anbietet.» Vor allem rühmt sie sich der guten Zusammenarbeit mit der holländischen Regierung und der Weltbank. «Die holländische Regierung zieht uns für alle wichtigen landwirtschaftlichen Projekte bei. Wir sind stolz, so aktiv zur Entwicklung der Dritte-Welt-Länder beizutragen.»

Auch *Frankreich* hat seine Zuckerfirmen. Es spezialisierte sich auf Rübenzukker, steht bis heute im Westen an führender Stelle. Weil die Zuckerlobby innenpolitisch so stark ist, hat sich Frankreich innerhalb der EG und mit ihr stets gegen ein internationales Zuckerabkommen gewehrt. Aber auch hier ist es eigentlich falsch, von Ländern, Völkern oder gar Bauern zu sprechen. Es sind die wenigen Firmen, die ihre Interessen vertreten. In Frankreich sind das etwa *Béghin Say, Générale Sucrière, Societé Bazancourt* oder *Societé Lillers*. Und hinter den Zuckerfirmen steht heute «le roi du sucre», Maurice Varsano (s. S. 77ff.).

Auch die *USA* kennen ihre Zuckermagnaten, *SuCrest* und *Amstar* kontrollierten einst den Zucker der Philippinen (s. S. 112ff.).

Amstar Corporation

1884 schloß sich die amerikanische Rohrzuckerindustrie zu einem Trust zusammen. Name: *American Sugar Refining Co.* Sie deckt sich weitgehend mit *American Sugar Co.* oder der späteren *Amstar Co.* Die Firma besaß lange Zeit das Monopol des Rohrzuckerimports, den sie in den USA in verschiedenen Raffinerien verarbeitete und dann verkaufte.

Was in diesem Jahrhundert die Erdölfirmen sind, waren im ausgehenden 19. und beginnenden 20. Jahrhundert die Zuckerfirmen. Amstars politischer Einfluß war groß. Sie verkörperte «die Universalität der USA», ihre «imperiale Größe», war gegen Isolationismus, trat für Freihandel ein, beanspruchte jedoch auf nationaler Ebene Schutz. Die Firma unterstützte die Lobby, die für die Annexion der Philippinen, von Kuba, Puerto Rico und Hawaii eintrat, um so die von den amerikanischen Farmern immer wieder beantragte Schließung der Grenzen zum Schutz der eigenen Landwirtschaft zu umgehen. Die Firma ist auf den Philippinen groß und reich geworden. Heute gibt es eine große philippinische Beteiligung an Amstar. Die Ossorio-Familie hält 11 % der Aktien.

1982 kontrollierte Amstar noch 15 % des gesamten amerikanischen Zuckermarktes. Das bedeutet das größte Paket, das in Händen einer einzelnen Firma ist. Gefolgt von *Great Western United*, die heute im Besitz der Hunt-Familie in Dallas, Texas, ist. Andere Große: *Gulf & Western, SuCrest, California & Hawaiian Sugar Co.* (mit den «Großen Fünf»: Amfac Inc., Alexander & Baldwin, C. Brewer & Co. Ltd., Theo. H. Davies und Castle & Cook Inc.). 1979 beherrschte Amstar sogar einen Viertel des US-Zuckermarktes. Seither hat sie sich diversifiziert.

Ursprünglich war Amstar nur im Rohrzuckergeschäft. Heute ist sie die einzige Firma, die sowohl Rohr als auch Rübe raffiniert und gleichzeitig im HFCS-Geschäft (Mais-Sirup) ist. So besitzt sie drei Abteilungen:

- *American Sugar:* raffiniert Rohrzucker in fünf großen Mühlen (Boston, New York, Philadelphia, Baltimore und New Orleans) zu DOMINO-Zucker.
- *Spreckles Sugar:* verarbeitet Rüben. Eine Zeitlang rückte sie neben Great Western United an die zweite Stelle.
- *Dimmitt Corp.* (Texas): stellt Isoglucose unter dem Namen AMEROSE her. Zwei Betriebe. Im Geschäft auch mit anderen Süßstoffen.

Inzwischen hat sich die Firma verbreitert und *Amstar Electronics Corp.* (militärische Überwachung, Kurzwellen-Technik etc.), *Amstar Technical Products* (Werkzeuge) und *Amstar Financial Corp.* gegründet. Amstar ist heute auch im Versicherungsgeschäft (Beteiligungen bei *American Century Trust* und *Diamond Shamrock*). Sie hat mehrere Firmen gekauft, darunter *Norlin Technology* und Baufirmen.

Gulf & Western Industries, Inc., New York, N. Y.

G + W ist das vielseitigste Firmen-Konglomerat der Welt. G + W, die familiär einfach «die Gesellschaft» genannt wird, hat in nur 15 Jahren (1955 bis 1970) 100 Firmen in allen nur möglichen Bereichen aufgekauft. Kein anderes Unternehmen hat jemals zuvor die Diversifikation so weit vorangetrieben. Nach der *Fortune*-Liste der 500 größten amerikanischen Unternehmen stand G + W auf Rang 61. Das Finanzjahr 1982, das Ende Juli '82 zu Ende ging, brachte Gesamteinnahmen von 5,3 Milliarden Dollar und einen Gewinn von 199 Millionen Dollar.

Der Begründer dieses Imperiums war der österreichische Immigrant Charles J. Bluhdorn, der am 18. Februar 1983 erst 56jährig an Herzversagen starb. Er war das Herz dieses gigantischen Unternehmens. Sein Tod löste Bestürzung aus, denn niemand weiß, wie es ohne das Genie Mr. Bluhdorn weitergehen kann. Das *Wall Street Journal* schrieb am 21. 2. 1983: «Es ist völlig unklar, wie Gulf & Western ohne Mr. Bluhdorn seine Investitionen handhaben wird.» Bluhdorn besaß nämlich selbst etwa 25 % des Aktienkapitals. Er sah sich humorvoll als die «Fortsetzung des k. u. k.-Reichs der Habsburger in den USA» oder «wie der österreichische Kaiser während der Blütezeit eines Vielvölkerreichs». (Stand: 1. Juli 1983. Der neue starke Mann, Martin S. Davis, dem Bluhdorns Witwe voll vertraut, hat als erste Tat «de-investiert» und für ca. 200 Millionen Dollar verkauft, u. a. *Consolidated Cigar*, *Bank of New York Co.* [8,4 % Anteil], *Amoskeag Co.* [5,8 %], *Fieldcrest Mills* [5,11 %] etc. [*Wall Street Journal*, 2. 6. 83].)

Ein solches Reich, sagte Bluhdorn, kann ohne Land nicht überleben. «Die Zeit der Kolonien ist zwar vorbei, aber es muß neue Formen geben», sagte er, kurz bevor er 1966 riesige Zuckerrohrplantagen in der Dominikanischen Republik kaufte. Bluhdorn pflegte auch zu sagen: «Ohne Zucker kann niemand ein Imperium zusammenhalten.»

Rückhalt und Stolz der G + W wurden in den letzten Jahren mehr und mehr die vielfältigen Aktivitäten in der *Dominikanischen Republik*. Hier beherrscht «die Gesellschaft» den Zucker, den Fremdenverkehr, die Viehzucht und Landwirtschaft, den Tabak- und Alkoholhandel, den Zement und das Papier, Banken und Vergnügungsindustrie, Düngemittel und Kosmetika. «La Golf» (so nennt die einheimische Bevölkerung das Unternehmen) bestimmt dort inzwischen den Lauf der Geschicke. Das wichtigste Machtmittel war und ist der Rohrzucker.

Es ist vielleicht symbolisch, daß Mr. Bluhdorn seinen tödlichen Herzinfarkt auf dem Rückflug von der Dominikanischen Republik nach New York erlitt.

G + W umfaßt beinahe alle Lebensbereiche: Bekleidung, Ernährung, Energie, Autoersatzteile, Klimaanlagen, Versicherung, Filme (Paramount Pictures), Bücher (Simon & Schuster), die *Miss-Universe*-Schönheitsveranstaltung ... Wichtige Positionen hält G + W im Bereich des Zuckers, Zinks und Papiers und gehörte bis zum 1. 6. 83 zu den weltgrößten Zigarren- und Pfeifentabakherstellern (Consolidated Cigar Corp.). G + W ist auch sehr aktiv in Europa, insbesondere in Belgien, Frankreich, Großbritannien, der Bundesrepublik, Holland, Spanien und Italien.

G + W ist ein augenfälliges Beispiel für die Vernetztheit der Zuckerwirtschaft. G + W besitzt etwa 300 über die Welt verstreute Tochterfirmen. Etwa ein Dutzend haben direkt mit Zucker zu tun; aber auch in diesem Bereich ist die Bandbreite sehr weit von der *Christman & Co.*, der Zuckerbörsenfirma in New York, bis zur *The Schrafft Candy Co.*, der Bonbonfabrik.

G + W ist mit gut einem Viertel (26,14 %) an der hawaiischen Rohrzuckerfirma *Amfac* beteiligt. Diese wiederum besitzt 30 % des Anteils an der *California & Hawaii Sugar Co.* (C & W). Bei C & W treffen sich ebenfalls die hawaiischen und philippinischen Handels- und Brokerfirmen *Theo H. Davies & Co. Ltd.* und *Jardine Matheson (MK) Ltd.* (eine der ältesten britischen Handelsfirmen im Fernen Osten, an der wiederum das Londoner Zuckerhaus und Rohstoff-Börsenspekulationsunternehmen *Jardine, Gill & Duffus Ltd.* mitbeteiligt ist).

Lange Zeit bildete die C & W ein richtiges Koordinationsnetz der Londoner und New Yorker Zuckerhandelsfirmen. Diese Glanzzeit ist vorbei. Gulf & Western hat die Macht übernommen, um sie kurze Zeit später gegenüber einem weiteren Neuankömmling im Zuckergeschäft zu verteidigen: *Nelson Bunker Hunt*. G + W blieb Sieger. Mit dem Tode von Bluhdorn dürfte es bald zu neuen Konstellationen auf dem internationalen und amerikanischen Zuckermarkt kommen.

Eine Zuckerversion von «Dallas»

Kurz nach Aufkündigung der Sugar Act, also Einfuhr- und Preisregelungen für den Zuckermarkt, durch die amerikanische Regierung im Jahre 1974 kaufte der Großindustrielle und Silberspekulant aus Dallas, Texas, Nelson Bunker Hunt die größte Rübenzuckerraffinerie, die *Great Western Sugar Company*, eine traditionsreiche Zuckerfirma in Colorado.

Seit Jahren kränkelte die einst mächtige Firma, die immer wieder im Clinch mit *Amstar* lag, dahin. Die Börse zeigte sich von Hunts Kauf überrascht.

Hunt: «Aus allem läßt sich etwas machen ... Der Zuckerindustrie fehlt es an freiem Unternehmergeist. Zu lange hatte sie ein Brett vor dem Kopf. Zu lange war sie durch das Zuckergesetz (Sugar Act) geschützt und protektioniert» (alle Zitate aus *Wall Street Journal*).

Hunt setzte an die Spitze der Firma den aggressiven G. Michael Boswell, kurz «Mike» genannt, der bereit war, «alle Lösungen durchzuspielen» und «den Bogen bis zum Letzten zu spannen». Bald verkündete er ein Programm, das die Rübenbauern erboste. Neue Verträge, harter Wettbewerb, Gesundschrumpfung, Verkleinerung und Angriffslust auf allen Ebenen. Das Tandem Boswell-Hunt wurde von den Produzenten als «unbarmherzig und gnadenlos» bezeichnet. Hunt: «Ich nenne das praktisch-pragmatisch.» Und: «Der Zucker hat die Bauern verdorben. Geschäft ist Geschäft und nicht ein Zuckerschlekken.»

Fortune, das Business-Magazin, nannte Hunt «den Sturm im Zuckerkessel». Genauso plötzlich und überraschend kauft er eine andere große Zuckerfirma: *Godchaux-Henderson*, die das Zuckerrohr in Louisiana raffinierte. Die vier großen Anbaugebiete (Rohrzucker) in den USA sind neben Louisiana Texas, Florida und Hawaii. Louisiana befand sich in Schwierigkeiten, da die Produktion dort am teuersten und die Einrichtungen (incl. Mühle) veraltet waren. Was würde Hunt tun?

Er brauchte seinen Anteil am Zuckerrohrgeschäft, um in den profitableren Zuckerhandel an der Börse einsteigen zu können. Als die Bauern seine Verträge nicht annahmen, schloß Hunt kurz darauf Langzeitverträge mit den Philippinen und mit Panama ab. Mit Panama ging er auf einen sonderbaren Tausch ein: Zucker gegen Silber. Den amerikanischen Rüben- und Rohrbauern bliebt nichts anderes, als die Verträge in letzter Sekunde doch zu unterzeichnen.

Nachdem sich Hunt sein Zuckerreich aufgebaut hatte, trat er nun selbst für den Schutz der «amerikanischen» Zuckerindustrie ein und setzte Carter und seine Administration hart unter Druck, um einen neuen Sugar Act zu erlassen. Doch im Dallas-Stil ging voller Intrigen die Geschichte weiter.

Die einst mächtigen Rübenzuckerbauern von Colorado suchten Boswell auf ihre Seite zu ziehen und Hunt auszubooten. Boswell spielte mit, trickste seinen Boss an der Börse aus und erwarb zusammen mit den Großbauern wieder die Aktienmehrheit.

Das *Wall Street Journal* aber zweifelte, ob Boswell und die Bauern wirklich einen Sieg davongetragen hatten. Hunt hatte nämlich erreicht, was er wollte: ein Bein im Zuckerbörsengeschäft. Der weitere Umgang mit den selbstbewußten Zuckerbauern hätte ihm zu viele Sorgen bereitet.

Das *Wall Street Journal* ist überzeugt, Hunt habe die Aktien von *Great Western Sugar Company* mit Wollust steigen gesehen und habe mit dem Börsenspiel mehr Geld gemacht, als ihm der Besitz der Gesellschaft je einbringen konnte.

Auch Boswell blieb nicht lange am Zucker kleben. Zusammen mit einem hochrangigen Hunt-Angestellten, David E. Crandall, trieb er das gleiche Spiel nochmals und warf zusammen mit den anderen Aktionären Hunt aus der Sunshine Mining, dem größten Silberproduzenten in den USA, heraus. Seit Mitte 1979 sind Boswell und Crandall die neuen Vorsitzenden des Silberminenkonzerns.

Die Intrigen gehen weiter. Besitzer und Manager wechseln im Eiltempo, dennoch blüht das Zuckergeschäft, das heute an der Börse spekulativ und aggressiv ausgetragen wird. Das süße Produkt lockt stets neue Zuckerbarone an, wie eh und je. Hinter den heißen Börsengefechten steckt ihre bitterkalte Berechnung, die eherne Konstante der Zuckerwirtschaft.

Geheimnisse der Börse

Termingeschäfte an der Zuckerbörse in London und New York haben in den letzten zwei Jahrzehnten ein riesiges Ausmaß angenommen. Hier werden Anteile längst vor der Ernte und dann auch noch unterwegs, selbst auf dem Meer gekauft und verkauft, wechseln bis zu zwanzigmal auf Papier den Besitzer, bis sie schließlich ihr eigentliches Ziel erreichen.

Dieses Spekulationsspiel ist zum Poker der großen Agrofirmen geworden. Die Beteiligung an einem Handels- oder Brokerhaus ist offensichtlich das höchste Glück des Agrobusiness, wie die Geschichte von Nelson B. Hunt zeigt. Trotz der großen und lang andauernden Zuckerkrise wollte jede Firma an der Zuckerbörse vertreten sein.

Wie die Jahresberichte zeigen, wirft dieses Geschäft die größten Erträge ab. Enorme Profite erlauben den Ausbau der Macht. Der gesamte Rohstoffhandel hat sich durch die Warenterminbörse vollends verwandelt. Preisgestaltung entsteht durch Gerüchte, gezielte Fehlinformation, Katastrophen (der Börsenspekulant braucht sie und freut sich ihrer sogar) und bewußtes Hoch- oder Tief-Setzen (Haussiers und Baissiers) – kurz durch Spekulation. Ein transnationales Unternehmen ist da im Vorteil, denn es hat Filialen in aller Welt, kann Anteile verschieben, kann Katastrophen voll nutzen, indem es am anderen Ort um so mehr gewinnt.

Zum Börsengeschäft kommt daher noch das Versicherungsgeschäft. Diese Art von Börse hat den Zucker noch geheimnisvoller gemacht, und der Trend zur Verschleierung und zum *Top-secret* nimmt zu. Firmen haben sozusagen ein Zucker-Spionagenetz über die ganze Welt gezogen. Schätzungen und Analysen von *Czarnikow* oder *F. O. Licht* werden gehütet wie Militärgeheimnisse. So nähert sich der Zucker mehr und mehr den militärischen Sicherheitssystemen, dem Krieg und dem Totalitarismus. Agrobusiness wird zur permanenten Kriegsvorsorge.

Die New Yorker Zuckerbörse

Zucker wird auf dem *New York Coffee and Sugar Exchange* gehandelt. Mitgliedschaft ist – im Gegensatz zu der Londoner Börse – nur Firmen oder Gesellschaften möglich. Es gibt etwa 175 Mitglieder: sowohl Zuckerraffinerien als auch Broker- und Investitionsfirmen. 40 Mitgliedsfirmen sind im Ausland basiert. Elf sind auch Mitglied der Londoner Börse.

Hier einige der wichtigsten Firmen der New Yorker Zuckerbörse (wo bekannt, werden auch andere Beziehungen angeführt):

Acli Sugar Ltd.:	Abteilung von A. C. Leon Israel, Rohstoffhandel.
Bache & Co.:	230 Büros in 19 Ländern; eine der größten Investitionsberaterfirmen.
Cargill Inc.:	groß und bestens bekannt im Getreidehandel.
Christman & Co.:	der Börsenarm des Giganten Gulf & Western.
C. Czarnikow Ltd.:	am längsten im Spekulationsgeschäft, mit großer Erfahrung; eigene Büros zur Analyse und Prognose. Britische Maklerfirma, die wiederum in vielen anderen Firmen beteiligt ist ...
Czarnikow-Rionda Co. Inc.:	gehört zusammen mit Christman und Amerop zu den Mächtigsten im Geschäft. Wichtig für die philippinischen Märkte.
Farr Man & Co.:	Arm von Tate & Lyle.
M. Golodetz & Co.:	US-Firma, die vom Metallhandel kommt und heute den 6. Rang unter den internationalen Zuckerhandelsunternehmen einnimmt.
W. R. Grace & Co.:	Agrobusiness-Unternehmen mit Chemikalien und Dünger. Auch im Tanker-Geschäft (Zuckertransporte).
Merrill Lynch, Pierce, Fenner & Smith Inc.:	eine der größten Rohstoffbroker-Gesellschaften überhaupt.
Philip Brothers Ltd.:	Nr. 1 im Metallhandel, Nr. 3 im Zuckerhandel (nach Sucden mit 3 Mio. t und Tate & Lyle mit knapp 3 Mio. t) mit 2 Mio. t Anteilen an Zucker.
Woodhouse, Drake and Carey Inc.:	brit. Firma, die vom Kaffee und Kakao herkommt und heute den 5. Rang unter den internationalen Zuckerhandelsunternehmen belegt.
Westway Trading Corporation oder AMEROP:	die US-Tochter von Sucre & Denrées. Zusammen mit brit. Tochter Comfin setzen sie 3 Mio. t Zucker jährlich um, «the biggest» genannt.

Natürlich sind auch die fünf gigantischen Handelsfirmen Japans vertreten, die den fernöstlichen Markt dominieren und sich immer mehr an allem mitbeteiligen: an Plantagen, Raffinerien, Verarbeitung, Beratung und Neubauten (vgl. Sudan: Nissho-Iwai). Diese fünf Handelshäuser heißen:

C. Itoh, Marubeni, Mitsubishi, Mitsui, Nissho-Iwai

Die Londoner Zuckerbörse

Der London Sugar Terminal Market gilt als würdiges Herrenhaus, im alten Stil, ein kolonialer Tempel, exklusiv. Die Mitgliedschaft ist auf 30 Personen beschränkt, und ein Platz ist für Insider fast so wichtig wie für einen Kultur-Franzosen die Mitgliedschaft in der Académie française. Diese 30 Nobelherren vertraten Ende 1980 21 internationale Handels- und Broker-Firmen. Bis Ende 1979 waren alle Auserwählten Briten. Nicht einmal der Größte im Zuckermarkt, Maurice Varsano, hatte es gewagt, einen Nichtengländer zu portieren. So war denn der erste Ausländer Lucien Renier, der im Herbst 1979 den vielbegehrten freigewordenen J.-H.-Rayner-Sitz erhielt. Renier vertrat die neue Gesellschaft Jean Lion SN, einen energischen Neukömmling im französischen Zuckermarkt. Jean Lion war mit der Rayner-Gruppe über die von Arabern kontrollierte Edward-Bates-Handelsbank und ihrem Rohstoffbrokerarm SNW Commodities verbunden gewesen. Über diese Verbindung hatte Hunt mit Sunshine Mining seinen Börsensitz in New York erhalten. Da der hehre Vertreter einen Bezug zu einem Verkaufshaus haben muß, mußte nach dem Verkauf der Rayner-Gruppe und ihrem Verschwinden im Zuckerhandel der Platz freigegeben werden (FT 19. 9. 1979). Renier sah das kommen und konzentrierte sich auf die Neugründung einer Zuckerhandelsfirma, die Jean Lion SN hieß.

Einige wichtige Firmen, die vertreten sind oder werden:

E. D. & F. Man Ltd.: besitzt das Privileg, 4 Vertreter zu entsenden. Ihre Adresse verrät sofort ihre Verbindung: Diese ist nämlich mit Tate & Lyle identisch. Die Büros befinden sich im T-&-L-Hauptsitz in London. T & L hat einen Marktanteil von fast 30%.

C. Czarnikow Ltd.: ist mit einem Kontingent von 3 Mann beehrt. Es ist eines der ältesten Zuckerhäuser und verfügt über einen Marktanteil von jährlich 0,8 Mio. t Zucker. Was T & L in der Karibik und heute in Afrika ist, das ist und war Czarnikow in Asien – mit einem großen Unterschied: Es blieb immer ein Handelshaus. 1980 kaufte es alle Handelsfirmen von HVA, Amsterdam: Mirandolle, Voûte & Co., Cantzlaar & Schalkwijk BV.

Woodhouse, Drake & Carey Ltd.: hat ebenfalls 3 Sitze. Ist ein altes britisches Kolonialhandelshaus und wurde an Kaffee und Kakao groß.

M. Golodetz Ltd.: ist eine US Firma mit 2 Sitzen.

Jardine, Gill & Duffus (UK) Ltd.: Jardine Matheson Co., Hongkong, ist das älteste und größte britische Handelshaus (151jährig) und vermarktet philippinischen und hawaiischen Zucker. Gill & Duffus ist ein ebenso ehrwürdiges Kolonialwarenunternehmen und hat mit Kakao sein Glück (Vermögen) gemacht. Kaffee und Kautschuk folgten, heute Getreide und Zucker. 1982 machte sich die *Gill & Duffus Group* vom Hongkonger Bein frei. Der Zucker hatte sie inzwischen so gestärkt, daß sie die alten Beziehungen nicht mehr nötig hatte. Im Rohstoffhandel brauchte man die Plantagen nicht mehr, denn das Agrobusiness hatte ein anderes Flechtwerk aufgezogen und hatte alle landwirtschaftlichen Produkte auf andere Weise neu und eng verbunden:

mit und über Dünger, Chemikalien, Maschinen, Transport- und Kommunikationswesen etc.
So war es ebenfalls nicht erstaunlich und eher ein Zeichen der Zeit, als ab 1981 die traditionsreiche Zuckerbörsenfirma von Tate & Lyle E. D. & F. Man mit einer Erdölgesellschaft zusammenspannte und beide gemeinsam als *Premier Man* in die Öl-Spekulation einstiegen. So sind sich heute *Premier Consolidated Oilfields* (Interessen in der Nordsee, USA, Australien, Trinidad und Italien) und *Tate & Lyle* «verbunden».

A. C. Israel, Woodhouse Co. (Sugar) Ltd.: Die Namen verraten immer wieder Verbindungen. A. C. Israel ist ein mächtiger Rohstoffhändler. Um auch an die Zuckerbörse zu gelangen, gründete er in den USA seine eigene Zuckerhandelsfirma Acli Sugar Ltd. Für die Londoner Börse verband er sich mit dem britischen Handelshaus Woodhouse, das dadurch zu seinen bereits 3 Sitzen indirekt einen 4. erhält und so mit Man Ltd. gleichziehen kann.

Comfin Co. Ltd.: ist das Londoner Börsenhaus von Sucres & Denrées. Daß der heute mächtigste Zuckerbaron bloß über einen Sitz verfügt, zeigt, daß die Sitzverteilung an der Londoner Börse noch immer alte, koloniale Verhältnisse widerspiegelt. So ist auch die Börse wie das Parlament kein Repräsentant wahrer Machtverhältnisse – oder doch?

Nur schon eine undetaillierte Börsenzusammenstellung zeigt auf dem Sektor Zucker das Zusammenspiel von Großgrundbesitzern mit ihren Plantagen (ob kolonial oder heute direkt oder indirekt transnational), internationalen Unternehmen und Börsenspekulation. Das Ganze ist ein scheinheiliger Markt, immer mehr ein Spiel des Agrobusiness.

Aus den einstmals kolonialen Zuckerfirmen sind längst breit diversifizierte Unternehmen oder transnationale Firmen geworden. Der Zucker eroberte zuerst die Landwirtschaft und verwandelte diese nach und nach in das Agrobusiness. Dies war jedoch nur möglich, weil aus den Bauern «Landwirte», aus vielfältig angepaßten Agrarkulturen Land-Wirtschaften wurden. Das Denken in Zusammenhängen ging verloren.

Geld begann das Leben zu beherrschen. Alles wurde zum «Business». Zukker war die Grundlage der Kolonial- und Sklavenwirtschaft. Zucker half den Neokolonialismus verzuckern. Zucker war der Pate der modernen Landwirtschaft, die einer neuen Kolonialisierung ausgesetzt ist: dem Agrobusiness. Wir alle sind in diesem Zuckersystem gefangen. Agrobusiness ist das Abbild unserer heutigen Welt.

Tate & Lyle – Der Süße entsprang Stärke

Tate & Lyle PLC, London (kurz: T&L), ist nach dem eigenen Jahresbericht 1976 «die größte unabhängige Zuckerfabrik der Welt», die heute – stets laut Eigenwerbung – zu «einer Welt-Kraft in der Nahrungsmittelproduktion» und zu «einer wichtigen Stimme in der Entwicklung armer Länder» geworden ist. T&L wirbt mit «Partnerschaft, Zusammenarbeit und Vertrauen». «T&L investiert in die Zukunft.» «T&L kämpft gegen den Hunger».

Und da nach dem adeligen Vorsitzenden die Entwicklung der Welt am Zukker hängt, hat Herr Zuckerwürfel (*Mr. Cube*), das weltweit bekannte Symbol der Firma, eine wichtige Rolle zu spielen. T&L will den Entwicklungsländern das Süße, aus dem Stärke (und unvermeidlich Macht) entspringt, bringen. Das ist das Image, das in der aktiven Werbung der letzten Jahre (besonders seit 1978, der Zeit der «heilsamen Umstrukturierung») gepflegt wird.

Tate & Lyles Vergangenheit ist jedoch eine konservativ-koloniale. Für den jamaikanischen Historiker George Beckford steht der T-&-L-Zuckerwürfel beinahe als Symbol für die englische Kolonialgeschichte dieses Jahrhunderts. In seiner Doktorarbeit an der amerikanischen Stanford-Universität heißt es: «In konzentrierter Form – wirklich in diesem einen Würfelzucker – können die moderne britische Kolonialgeschichte, ihr Vorgehen, ihre Methoden und Strategien, ihre Vorder- und Hintergründe, sowohl ihre Höhepunkte als auch ihre Krisen, vor allem aber ihr dauerndes Doppelspiel gesehen und dargestellt werden.»

Die Ursprünge gehen bis ins frühe 19. Jahrhundert zurück. Zwei Familien spekulierten mit Zucker, kamen sich immer wieder in die Quere, und so verbanden sie sich schließlich 1921. Eine Form von Absprache sozusagen: Diese Tradition ist im Zuckerbereich bis heute lebendig. Aus dieser Verbindung entsprang ihre Stärke in der Karibik, die ihr erstes Tätigkeitsfeld außerhalb Englands war. Mit der industriellen Revolution waren die Besitzer von Zuckerrohrland in Schwierigkeiten geraten. In dieser Krise kauften die Herren Tate und Lyle Zuckerplantagen in den britischen Kolonien Trinidad, Jamaika und Belize.

Tate und Lyle (noch heute befinden sich im 16köpfigen Direktorium zur Hälfte ihre Nachkommen) ließen sich nicht wie frühere Plantagenbesitzer im betreffenden Gebiet nieder. Sie standen daher nicht direkt an der Front und im Risiko. Es war die Methode der in der britischen Kolonialpolitik stets kunstvoll angewendeten «indirect rule»: Mittelsmänner, Angestellte, Verbündete, feste Verträge oder scheinbar garantierte Abnahmeverpflichtungen kennzeichnen diese indirekte, aber straffe Führung. Tate und Lyle saßen im sicheren Abseits und übten Druck auf die Manager aus. Diese wiederum gaben den Druck weiter. Jeder saß in der Hierarchie zwischen den Stühlen; jeder hatte die Schlinge um den Hals!

Dieses Geschäftsgebaren machte die neue Firma stark im wirtschaftlichen Bereich und mächtig im politischen. Ein Mr. Tate schrieb um 1882 (nach dem konservativen *Daily Gleaner*, der Zeitung der Plantagenaristokratie auf Jamaika): «Diese Methode der Distanz birgt sehr viele Gefahren in sich. Man kann sehr leicht alle gegen sich haben, und dann greifen Unabhängigkeitsbewegungen, wie sie Amerika erschüttert haben, rasch auch auf unsere Gebiete über. Es gilt daher, die Elite gut zu bezahlen, um sie auf unserer Seite zu haben. Ferner ist wichtig, die verschiedenen Schichten der Bevölkerung stets gegeneinander auszuspielen. Das kann gut mit dem Lohn- und einem entsprechenden Bonus-System erreicht werden.» Auf Jamaika und Trinidad war stets klar, wer das Sagen hatte: nicht die Krone, sondern Mr. Cube. T&L gilt mit ihrer Methode als die erste transnationale Firma im heutigen Sinn.

Nach den raschen Erfolgen in der Karibik bat die britische Kolonialregierung, T&L möge doch Ähnliches in Kenia, Nigeria, Rhodesien oder Südafrika unternehmen. T&L ließ sich nicht zweimal bitten.

T&L trug erheblich zum Reichtum Großbritanniens bei. Ihr System sog nämlich nach und nach das Geld aus den Kolonien ins Mutterland ab. Zumal T&L es bald verstand, jeweils auch den Kolonialwarenladen, in dem die Bauern und Plantagenarbeiter einkauften, zu kontrollieren. George Beckford kann in seiner erwähnten Studie den Schluß ziehen: «Zuerst T&L und später andere wie sie trockneten den Reichtum der Gegenden, in denen sie tätig waren, systematisch aus. Der Zucker trug für die Volkswirtschaft der betreffenden Kolonie selbst nichts bei.»

Bis in die sechziger Jahre dieses Jahrhunderts besaß T&L nicht nur ausgedehnte Plantagen, sondern auch sehr viel Prestige. T&L war geadelt: Der königliche Zucker – «the royal sugar»! Die Firma besaß in Großbritannien das Zuckermonopol mit vielen Sonderprivilegien, Zucker von T&L war ein Symbol für Neuadel mit seinen modernen Schlössern, den Fabriken, Handelshäusern und Banken. Darin waltete der Geist indirekter Macht. Der Süße entsprang Stärke.

Diese Macht blieb bis nach dem Zweiten Weltkrieg ungebrochen. Natürlich gab es manche Krise. Vor dem Ersten Weltkrieg hätte beinahe der Rübenzucker in Europa gesiegt, doch dann kam – für T&L eine glückliche Wende – der Krieg. Das Land wurde wieder mit Getreide statt mit Rüben bebaut. Und das Monopol dieses Hauses florierte, da jedermann sich die schwere Zeit nach Möglichkeit versüßte ... In den 30er Jahren gab es erneut eine Zuckerkrise, und wieder war T&L Kriegsgewinnler.

Zuerst sah T&L die größte Gefahr für den Zucker in den Unabhängigkeitsbewegungen der Dritten Welt. Die Anpassung an eine neue politische Situation war schwer. Aber bald merkte man, daß die neuen Herren längst zuckersüchtig geworden waren und die Symbole des Kolonialismus, die Zuckerraffinerien, zu machtvollen Mythen wurden. Der Kolonisierte kam auch in seiner scheinbaren Freiheit nicht mehr vom Zucker los. Im Gegenteil: Eine wahre Zuckermanie brach an.

Unter diesen Vorzeichen zeigte sich T&L anpassungsfähig. Sie gab rasch das Land und die direkte Verarbeitung von Zucker auf, «diversifizierte» in die Bereiche Zubehör, Beratung, Verarbeitung und Vermarktung. Sie verkaufte bis zu Beginn der 70er Jahre fast alle Plantagen und gründete Tochterunternehmen zur Herstellung des Zuckers. Auf diese Weise raffiniert noch heute T&L 100% der Zuckerproduktion in Belize, 92% in Trinidad, 60% auf Jamaika. T&L und Booker kontrollierten 1981 etwa 90% der westindischen Zuckerproduktion.

In kurzer Zeit baute T&L ein wahres Zuckerimperium mit etwa 150 Tochterunternehmen in über 30 Ländern auf. Für die Krone war das Kolonialreich zerbröckelt; für T&L begann eine neue Phase – die der «Partnerschaft und Zusammenarbeit» in der «nachkolonialen» Zeit. Der alte Kolonialherr T&L wurde zum gütigen «Entwicklungshelfer» und zum «Kämpfer gegen den weltweiten Hunger». Ironie der Geschichte: T&L und Entwicklungsländer stehen plötzlich bei internationalen Konferenzen auf derselben Seite. Warum T&L glaubt, vor Sein oder Nichtsein zu stehen: Die Gefahr droht von Europa und nicht aus den Entwicklungsländern.

Im britischen Commonwealth besaß T&L das Zuckerrohrmonopol. T&L war ganz auf die Raffinade des zentrifugierten Produkts von Rohrzucker spezialisiert und so mit den Kolonien eng verbunden. Als die Diskussion über den Beitritt zur Europäischen Gemeinschaft (EG) aktuell wurde, profilierte sich T&L als der größte Lobbyist gegen den Beitritt Großbritanniens. Man tat dies sehr geschickt: nämlich als Interessenvertreter der Entwicklungsländer.

Großbritannien hatte mit seinen früheren Kolonien ein eigenes Zuckerabkommen: das *Commonwealth Sugar Agreement*. Dieses Sonderabkommen garantierte die Preise für eine feste jährliche Abnahme von 1,4 Millionen Tonnen Rohzucker aus Entwicklungsländern. Das war genau die Menge von Rohzukker, die T&L in seinen britischen Raffinerien zu Weißzucker verarbeiten konnte. Die Verhandlungen mit der EG waren hart: Die Zuckerrübenbauern befanden sich im Aufwind. Diese verlangten (pharisäisch), daß England die Kolonialzeit auch wirtschaftlich beende. Schließlich wurde ein Sonderstatut vereinbart. Die Importquote aus Australien wurde gestrichen und Großbritannien 1973 beim Eintritt in die EG eine Quote von 1,4 Millionen Tonnen Rohrzucker jährlich zugestanden. Und beim *Lomé-Abkommen* der EG 1975 wurde den afrikanischen, karibischen und pazifischen (AKP-)Staaten (alles frühere Kolonien) im Zucker-Protokoll ein Import von 1,3 Millionen Tonnen nach Großbritannien zu den gesicherten EG-Zuckerpreisen garantiert.

Für T&L war dies nur ein vorübergehender Sieg, denn auf Druck der eigenen Bauern wurde Zuckerrübenanbau in Großbritannien gefördert und damit auch das verarbeitende Staatsunternehmen, die *British Sugar Corp. Ltd.* T&L hatte in ihr einen jungen und dynamischen Konkurrenten erhalten und wußte, daß die Zeit des Rohrzuckers für Europa zu Ende ging. Denn der Kampf war an allen Fronten in Gang: die Entwicklungsländer gegen die Industrienationen, das Rohr gegen die Rübe, die Bauern hier gegen die Farmer in der Dritten Welt, die Landwirte gegen die Gewerkschaften...

Fast 100 Jahre lang hatte sich T&L weder mit den Kolonien (heute «Entwicklungsländer»), wo sie als Ausbeuter galt, noch mit den Gewerkschaften (bei denen die Hungerlöhne in der Zuckerwirtschaft berüchtigt waren) gut gestanden. Nun traten beide für Tate & Lyle ein:

– Bei den AKP-Verhandlungen standen die Vertreter der zuckerproduzierenden Entwicklungsländer voll und ganz hinter T&L.
– Als T&L 1981 ankündigte, daß sie aus Konkurrenzgründen die Raffinerie von Liverpool mit einer Jahreskapazität von gegen 500000 Tonnen schließen müsse, traten die Arbeiter in Proteststreik gegen die EG-Agrarpolitik.

Jetzt war die EG der große Sündenbock. Sie wurde von Lord Jellicoe, dem schlauen Konzernvorsitzenden von T&L, angeklagt (*Financial Times* 1. 10. 1980): Die europäischen Agrar- und Konzerninteressen seien hinter jene der Entwicklungsländer und der Arbeiter zurückzustellen. Die europäische Landwirtschaftsordnung habe T&L, den Spezialisten in der Verarbeitung von Rohzucker aus der Dritten Welt, ruiniert. Die Zuckerarbeitervereinigung blies in dasselbe Horn.

Weder die Vertreter der Entwicklungsländer noch jene der Gewerkschaft waren jedoch bei den Lomé-Verhandlungen 1973/74 dafür eingetreten, die Verarbeitung zu Weißzucker systematisch zum Beispiel nach Jamaika, Mauritius oder Fidschi zu verlegen. Die Arbeiter waren geblendet von der unmittelbaren Arbeitsplatzsorge (obwohl die Arbeitsplätze ohnehin verloren gingen), und die Entwicklungsländer empfanden die Preis- und Abnahme-Garantie der EG als bequemer (obwohl langfristig die Entwicklung auf dem Zuckermarkt wohl gegen sie laufen wird).

T&L als ein lebendiges Unternehmen wußte, daß die Zeit des Rohrzuckers abgelaufen war. Während sie vordergründig kämpfte (das war gleichzeitig gute Imagepflege), begann sie hinter den Kulissen auf den Zucker der Zukunft zu setzen. Schmollend zog sie sich langsam vom Rohrzucker und seiner Verarbeitung zurück, vermied die Rübenverarbeitung und stieg direkt beim Zuckerersatz ein. Der Marketing-Direktor John Pepler erklärte Ende 1978 in der britischen Lebensmittelzeitung *The Grocer*: «Tate & Lyle sieht seinen Markt in Zukunft mehr im Bereich der Süßstoffe (Isoglukose) als auf dem Gebiet des reinen Zuckers. Deshalb hat sie in Stärke und Glukose investiert ... Diese neuen Süßstoffe sind profitabler als der traditionelle Zucker ... Die einzige Bremse ist vorderhand die sträflich niedrige Quote, welche die EG für diese Produkte zuläßt.»

H. Saxon Tate, der Managing Director der gesamten T&L-Gruppe ergänzte in einem Interview mit *Wall Street Journal* (25. 10. 79): «Obwohl Tate & Lyle das Raffinieren von Zucker bestimmt nicht aufgibt, wird sie sich mehr und mehr auf landwirtschaftliche Dienstleistungen, die Entwicklung von Zucker-Nebenprodukten wie Industriealkohol oder Gasohol, die Zuckerchemie, die Produktion von Reinigungsmitteln aus Zucker und ähnliches konzentrieren.» Und: «Über die nächsten 5 bis 10 Jahre hin wird wohl in Nachbarschaft des Zuckers der Schwerpunkt Agrobusiness und Spezialchemie heißen.» So sei T&L massiv ins *sugar engineering* (Bau von Fabriken) eingestiegen, denn «wir können nicht länger Merkantilisten sein. Wir haben der lokalen Bevölkerung zu zeigen, wie man's macht, und deshalb bieten wir ihr ganze schlüsselfertige Zuckeranlagen, damit sie selbst produzieren kann.»

Im Sektor *Agribusiness* kann T&L bereits im Jahresbericht 1981 einen internationalen Service anbieten, der alle Aspekte der «landwirtschaftlichen Entwicklung» umfaßt: Beratung (stets zu Diensten von Entwicklungsbanken, FAO und UNDP, dem «UN-Sepzialentwicklungsprogramm»), Planungs- und Ingenieurdienste (vor allem *T&L Protech*), Bau von landwirtschaftlichen Fabriken (neue Zuckerfabriken in Venezuela, Pakistan, Modernisierung auf den Philippinen), Technologie der Verarbeitung (*British Charcoals*) und Farm- und Plantagemanagement (heute in Ghana, Sambia und Swasiland). Der Agrobereich mit *T & L Agribusiness, T & L Trotech, British Charcoals* und *T & L Enterprises* blüht.

Genauso blühend war der *Handel* mit Zucker. 1977 trugen diese Aktivitäten 14,6 Millionen Pfund Profit ein, 1978 19,6 Millionen, 1980 16,8 Millionen. 1981 waren es trotz Krise immerhin noch 9,6 Millionen. Im neuesten Jahresbericht vom 20. Januar 1983 heißt es über 1982: «Das Resultat der Gruppe zeigt, daß die Profite auch angesichts außerordentlich niedriger Zuckerpreise nicht dramatisch sanken.» Die *Neue Zürcher Zeitung* schrieb am 21. 1. 1982 zum Geschäftsbericht 1981: «Der Anstieg der Erlöse stammt vornehmlich aus dem erhöhten Handel mit Rohzucker ... Das Erfolgsrezept heißt: keine Plantagen mehr, die Raffinade anderen überlassen, dafür den Handel aktivieren. Man hat sich ein Beispiel an Maurice Varsano, dem französischen Zuckerbaron, der nie Plantagen und Fabriken besaß, genommen.»

Immerhin ist dieser Handel nicht ganz risikolos und bestimmt nicht weniger skrupellos als in kolonialer Zeit, auch wenn an der Börse jeder als Gentleman gilt. Ein Beispiel wurde aus Iran bekannt. Dort mußte 1975 das Schahregime 150000 Tonnen Zucker auf dem Weltmarkt kaufen. T & L erhielt den Auftrag und tätigte die Börsentransaktion zu einer Zeit, als ein Preis von 937 Dollar pro Tonne galt. T & L soll absichtlich bis zur Hausse zugewartet haben. Als der Vertrag unterzeichnet werden sollte, war der Preis bereits wieder auf 880 Dollar gefallen. Der Iran legte eine Schadenersatzklage von 40 Millionen Dollar vor. T & L sagte, der Schaden habe höchstens 9,35 Millionen Dollar betragen.

T & L ist heute führend in der Forschung für «Gasohol». Die Zukunft des Zuckers liegt für T & L nicht mehr im Konsum des Menschen, sondern des Autos. T & L fährt mit – mit neuer Kraft und Macht aus dem Zucker.

Tate & Lyle

Tochtergesellschaften und andere Beteiligungen

Tate & Lyle Industries Limited
- British Charcoals & Macdonalds
- Hay-Lambert
- Hugh Baird & Sons
- Kentships
- Ridgways
- Smith-Mirrlees
- Tal Chemicals
- Tate & Lyle Agribusiness
- Tate & Lyle Process Technology
- Tat & Lyle Refineries
- Tate & Lyle Transport
- Unalco
- Unitank Storage Company
- United Molasses Company
- Valentin, Ord & Nagle

Athel Reinsurance Company Limited
Richards (Shipbuilders) Limited
Tate & Lyle Holdings Limited
Tate & Lyle International Limited
Tate & Lyle Trading Company Limited

Tochtergesellschaften in Übersee

	Land	**Gehaltener Kapitalanteil in Prozent**
Caribbean Antilles Molasses Company Limited	Barbados	100
Tameco NV	Belgien	100
Belize Sugar Inustries Limited	Belize	96,97
Tate & Lyle Management & Finance Limited	Bermuda	100
Tate & Lyle Reinsurance Limited	Bermuda	100
Dorchester Company Limited	Guernsey	100

Tochtergesellschaften in Übersee

	Land	Gehaltener Kapitalanteil in Prozent
Tate & Lyle do Brasil Servicos e Participacoes Limitada	Brasilien	100
Canada West Indies Molasses Company Limited	Kanada	100
Redpath Industries Limited	Kanada	
– Common shares		54,81
– Convertible voting preference shares		42,16
Subsidiaries and main operating units		
Seaway Insurance Limited	Bermuda	100
Multi Fittings (USA) Limited	USA	100
CB Packaging / Holway Packaging	Kanada	100
Daymond	Kanada	100
Gienow	Kanada	100
Merry Packaging	Kanada	100
Multi Fittings	Kanada	100
Redpath Sugars	Kanada	100
Nordisk Melasse A/S	Dänemark	100
Société Européenne des Mélasses SA	Frankreich	60
Caribbean Molasses Company Limited	Guyana	100
Tate & Lyle Commodities (Far East) Limited	Hongkong	100
Melassa Italiana (Melitalia) SpA	Italien	100
Tate & Lyle Finance (Jersey) Limited	Jersey	100
Tate & Lyle Technical Services (Malaysia) Sdn Bhd	Malaysia	100
The Mauritius Molasses Company Limited	Mauritius	66,66
Companhia Exportadora de Melacos Limitada	Mozambique	100
Tate & Lyle Holland BV	Niederlande	100
Tate & Lyle Patent Holdings Limited	Bermuda	100
Nederlandsche Melasse Handel Maatschappij BV	Niederlande	100
Talres Development BV	Niederlande	100
Talres Development (Netherlands Antilles) NV	Niederländische Antillen	100
Tate & Lyle Developments NV	Niederländische Antillen	100
Tate & Lyle Commodities Limited	Bermuda	100
Tate & Lyle Norge A/S	Norwegen	100
C. H. Isachsen & Company A/S	Norwegen	100
Tate & Lyle (Portugal) Importacao e Exportacao Ltda	Portugal	100
The Pure Cane Molasses Company (Durban) (Pty) Limited	Südafrika	100
Caribbean Molasses Company (Trinidad) Limited	Trinidad	100
Eastern Sugar Trading Corporation	USA	100
Tate & Lyle Inc.	USA	100
Pacific Molasses Company	USA	100
Refined Sugars Inc.	USA	100
Tate & Lyle Enterprises Inc.	USA	100
Unitank Inc.	USA	100
G. Trinks & Co. Kaffeehandels GmbH	BRD	80
Hansa Melasse Handels GmbH	BRD	100
ZSR Limited	Zimbabwe	50,13

Mit T & L verbundene Betriebe, gleiche oder Minderheitsanteile

East African Storage Company Ltd., Kenia (50 %)
G R Amylum NV, Belgien (33,3 %)
Melasco A/S, Dänemark (50 %)
Patrick World Travel Ltd., England (33,3 %)
Premier Molasses Company Ltd., England (33,3 %)
Société des Stockages – Calaisiens S.A., Frankreich (50 %)
Tate & Lyle (Nigeria) Ltd., Nigeria (50 %)
Tees Storage Company Ltd., England (50 %)
Tunnel Refineries, Limited, England (33,3 %)
United Molasses (Ireland) Ltd., Irland (50 %)

Andere Beteiligungen

Béghin-Say S.A., Frankreich (5,2 %)
Hippo Valley Estates Ltd., Zimbabwe (10,05 %)
Royal Swaziland Sugar Corporation Ltd., Swaziland (8,73 %)
The Zambia Sugar Company Ltd., Sambia (10,87 %)

Le Roi du Sucre und sein Reich Sucden

Henri Caire, der mächtige und gefürchtete Lobbyist der französischen Zuckerrübenbauern, sagte 1978: «Wenn man von Maurice und Zucker spricht, dann weiß jedermann, worum es geht. Man kann auf dem Zuckermarkt nichts, aber auch gar nichts verkaufen, ohne über Maurice gehen zu müssen oder ohne daß er es weiß.»

Maurice: Das ist *Maurice Varsano*, 1916 in Paris geboren. Seine jüdischen Eltern, aus Bulgarien bzw. Rumänien eingewandert und auf der Suche nach Geschäften, ließen sich 1927 in Marokko nieder. Sein Vater machte jedoch mehrere Male Pleite. Nicht aus eigener Schuld, aber er hatte beim Handelsgeschäft vergessen, daß jeder Handel über Grenzen hinweg Politik berührt und damit politischem Schicksal unterworfen ist. Sein Sohn zog daraus eine Lehre.

Maurice Varsano hat mit nichts begonnen. Ein Aufsteiger, auch heute noch ganz im Hintergrund, absolut publizitätsscheu, zurückgezogen, immer unauffällig, und wenn er reist, dann immer ohne Akten. Bis vor kurzem in keinem französischen «Who is Who» zu finden. Nie in den Spalten der Klatschblätter. Varsano mit seiner abgrundtiefen Scheu vor Öffentlichkeit haßt Protzen und Aufschneiden. «Im Geschäft soll man die Konkurrenten nicht unnütz oder am falschen Ort herausfordern», sagt er. So kennt die Allgemeinheit in Frankreich Jean-Baptiste Doumeng, den «roten Milliardär» mit seinen Butter- und Fleischgeschäften mit dem Ostblock. Oder Louis Dreyfus, den bekannten Bankier, eine beachtliche Größe im Getreide- und Rohstoffhandel. Oder den Textilkönig Maurice Bidermann. Viele glauben gar, Ferdinand Beghin sei ihr Zuckerkönig, weil er durch die Anschläge korsischer Autonomisten auf sein Schloß bekannt wurde. Aber im Vergleich zu Maurice Varsano ist Beghin ein kleiner Zuckervasall aus der Provinz.

Mit Zahlen ist Varsano nicht zu fassen. Seine Bücher sind Fremden versiegelt. Als er 1978 nach seinem Umsatz gefragt wurde, meinte er, daß er pro Jahr mit mindestens 3 Millionen Tonnen Zucker handle. In der *Schweizerischen Handelszeitung* stand am 18. März 1982: «Sucden zählt zu den größten Getreide- und Zuckerhandelsfirmen der Welt... Der Jahresumsatz von Sucden wird auf 4 Milliarden Dollar geschätzt.»

Sucden ist die Kurzform von *Compagnie financière Sucres et Denrées*. Maurice Varsano ist ihr Président Directeur Général. Bis 1977 spezialisierte sich Sucden ganz auf Zucker: 80% des Umsatzes ergaben sich aus dem Zuckerhandel. Varsanos Prinzip hieß: sich auf ein Produkt spezialisieren, alle seine Geheimnisse kennen und mit kalt berechnetem Risiko einsteigen, aber auch warten können. Seine Kenntnisse des Zuckermarktes wurden mit den Jahren so einzigartig, daß die Regierungen aller großen Zuckerländer seinen Rat suchten. So findet ihn der Kenner plötzlich in einem Bistro in Brüssel mit dem EG-Landwirtschaftskommissar oder einem Landwirtschaftspolitiker zusammen. Varsano gilt als geistiger Vater des Zuckerprotokolls im Lomé-Abkommen mit den afrikanischen, karibischen und pazifischen Ländern, das spezielle Regelungen über den Zuckerhandel enthält. Varsano beriet Fidel Castro und die kubanische Zuckerindustrie im schweren Übergang. 1977 lud die chinesische Regierung ihn nach Peking ein. Im rhodesischen Bürgerkrieg war er sowohl Berater als auch Profiteur. Als Pfarrer Sithole nach langer Gefängniszeit entlassen wurde und Europa besuchte, traf er Varsano in der Schweiz. Sithole wurde 1976 aus der Politik ausgebootet und leitet heute eine Import-Export-Firma – liiert mit der Gruppe um Varsano.

1978 machte ihn der «große alte Mann» der Elfenbeinküste, Félix Houpouët-Boigny, zum Sprecher seines Staates auf dem internationalen Zuckermarkt. Aber auch der Iran, die Philippinen, Südafrika, Brasilien und die Dominikanische Republik haben Varsano um Rat gefragt. Vor kurzer Zeit hat er sich zurückgezogen und seinem Sohn Serge das Geschäft übergeben, und seither ist sein Rat wohl noch mehr gefragt. Man munkelt hinter den Kulissen, daß ein neues internationales Zuckerabkommen – die Verhandlungen begannen im Frühjahr 1983 – ohne Varsanos Rat und Beistand nicht zustande kommen wird. Aber niemand wird ihn je als Teilnehmer dieser Sitzungen zu sehen bekommen.

Auf welcher Seite steht nun Maurice Varsano eigentlich? Über sein Wissen und die offene Auskunft erschreckt, soll ihn Fidel Castro während der Blokkade durch die USA gefragt haben: «Auf welcher Seite stehen Sie?» Varsanos Antwort: «Auf der Seite des Zuckers.»

Ist Varsano ein Zyniker? Er liebt das französische satirische Wochenblatt *Canard Enchainé* und freute sich insgeheim über seine einzige Biographie, die von Jacques Lamalle, einem Mitarbeiter des *Canard*, stammt. Sibyllinische Redeweisen liebt er.

Lamalle gegenüber muß Maurice Varsano zwei Dinge lächelnd angedeutet haben:

- Wenn Politiker so blind und engstirnig, so blockiert und dumm sind – wie etwa die Vertreter der Europäischen Gemeinschaft in Sachen Zukker –, dann wäre er ein schlechter Handelsmann, wenn er seine Chancen nicht nutzen und damit den Politikern ihr Versagen zeigen würde. Varsano hat Millionengewinne mit EG-Zucker gemacht, und Sucden wird sie weiterhin machen. Er war gegen die Zuckerordnung der EG. Man glaubte ihm nicht. Heute rächt er sich.
- Varsano steht auf der Seite der Entwicklungsländer. Das sei sein Beitrag zum Frieden. Lamalle: «Was hat der Zucker mit Frieden zu tun? Brauchst du nicht vielmehr den Frieden für deinen Zuckerhandel?» Varsano: «Beides. Egal. Das Ideale ist, wenn beide Interessen sich decken. Frieden ist dann, wenn Geschäft und Politik in dieselbe Richtung laufen.»

Zucker ist für Varsano voller Faszination. Für ihn ist kein anderer Rohstoff so vielfältig, schillernd, risikoreich, gefährlich, süß und sauer. «Une gamine» – ein keckes Mädchen. Ein Nobeldirne, die einem alles nehmen kann und nie jemanden glücklich macht. Etwas, das man rational eigentlich nicht braucht, aber von dem niemand mehr loskommt. So ist auch der Zuckermarkt dem Milieu eines «red light district» ähnlich: voller Zuhälter, einer mächtigen Mafia mit viel Glimmer, raschen Eskapaden, Stürzen, Zusammenbrüchen, Tragödien ...

Varsano ist kein Romantiker. Er hatte von Anfang an den Ehrgeiz, eines Tages der Größte zu sein. Als Person, nicht als Firma. Er gibt wenig auf multi-

Verbindungen im Dunkeln

In einem Artikel mit dem Titel «French companies urged to go public» der *Financial Times* vom 19. Januar 1983 schreibt David Marsh, daß die Franzosen «heute eine eigenwillige Finanzierung» hätten. Alles laufe in Familienzirkeln ab. «Man macht es unter sich aus», gründet zwar eine Aktiengesellschaft, aber geht nicht an die Öffentlichkeit... «Französische Patrons waren nie zu begeistern, aus der traditionellen Dunkelheit des Familienbetriebes herauszukommen und ihre Aktien offen an der Börse zu handeln.» Dies hätte nämlich dazu verpflichtet, jährlich Einblick in einen Geschäftsbericht zu gewähren. Die französischen Patrons würden einem alten Sprichwort folgen: «Pour vivre heureux, vivons cachés» (Um glücklich zu leben, lebe verborgen).

So sind höchstens etwa 2% der französischen Gesellschaften an der Börse kotiert. Über Verflechtungen weiß oft bloß die private Bank Bescheid.

Folgendes Vernetzungsbild bei Sucden zeichnet sich ab:

Sucres et Denrées terme: Börsengeschäft, auch Kaffee und Kakao

Socomel und Romolko: im Melassegeschäft

Sogélait und Sogéviandes: Seit 1978 hat sich Sucden diversifiziert in den profitablen EG-Fleisch- und Milchmarkt. Damit verbunden: Tiefkühlhäuser zur Gefrierfleisch-Spekulation in der EG

Banque pour le développement des échanges internationaux

Omnimum de développement und Financière de développement:

beide zur Finanzierung der eigenen Unternehmen und Treuhandbüros

Sucden hat bei folgenden Unternehmen *Beteiligungen*:

Société pour le commerce du sucres et denrées, Genf

Etablissements David fils

Société des entrepôts frigorifiques Davigel

Comfin Company Ltd., London: Börsengeschäft

Westway Trading Corporation, New York: Börsengeschäft

Interinvest Industria e Comercio, Rio de Janeiro

Klebér: Versicherungsgruppe

Compafina, Genf, mit 65% und *Crédit Lyonnais* mit 35% beteiligt

Anfang 1982 haben Sucden und die italienische *Feruzzi*-Gruppe, Ravenna, eine gemeinsame Finanzgruppe gegründet, die *Frima Comei*. Comei ist in Lateinamerika, Libyen, Irak und Angola tätig. Die Mailänder Firma beschäftigt einen Kreis hochqualifizierter Mitarbeiter, die sich der «Erschließung schwieriger Märkte» widmen. Feruzzi kontrolliert auch *Eridania Zuccheri*, die 1980 mit Hilfe Varsanos zu einer umstrittenen Beteiligung am französischen Zuckerkoloß *Beghin-Say* kam.

nationale Firmen, riesige Broker-Büros, abstrakte, von Banken beherrschte Konzerne. Er betont die Persönlichkeit und lebt noch in einer royalistischen Tradition von großen Königen und Fürsten. Der Zucker hatte durch Jahrhunderte hindurch seine Barone gehabt. Einer der heutigen ist der Kubaner Julio Lobo. Maurice Varsano hat ihm 1979 im Ring seinen Titel abgenommen. Kein Insider bezweifelt heute Varsanos Macht.

Den früheren Zucker-Allmächtigen Frankreichs, Maurice Nataf, ließ er – so sagt man – im Zuckerbörsenkrach von Paris im Dezember 1974 zu Fall kommen. Nataf verspekulierte sich; Varsano hat wohl nur «manipuliert». Aber wo beginnen bei einem solchen Wissen mit soviel internationalem Einblick und Erfahrungen Machenschaften und Manipulationen? Beim großen Preiszusammenbruch im Dezember 1974 verlor Varsano nichts, denn er hatte sich seit Oktober von der Börse zurückgezogen, obwohl der Zuckerpreis täglich stieg. Nataf mußte das wissen, und Varsanos Abseitsstehen hätte seinen Verdacht wecken müssen. Natürlich hatte Varsano bereits Anfang Oktober Kenntnis von einigen wichtigen *Futures*, kommenden politischen und wirtschaftlichen Ereignissen, vor allem aber realistischere Marktberichte und Schätzungen vor Ort.

Aber jeder große Rohstoffspekulant hat sein statistisches und täglich analysierendes Büro beratend hinter sich. Sollte Varsano sein Wissen und seine Einsicht, die er durch Jahre hindurch und mit viel persönlichen Beziehungen aufgebaut hatte, publik machen? Und wer würde ihm glauben? «In einer solchen Position ist man immer der Bösewicht. Selbst schuld will keiner sein.» So wies er knapp und stoisch schon mehrere Male Anklagen von sich.

Er hat einige Spitznamen: «der Türke», «der Buddha» oder auch «Citizen Kane» (in Anlehnung an die verfilmte Story des amerikanischen Zeitungsmagnaten; zudem tönt es ähnlich wie das englische Wort für Zuckerrohr).

Er gilt als kämpferischer Draufgänger, aber auch als zurückhaltend und die Ruhe in Person, sowohl als verschlossen und verschlagen als auch offen und gradlinig. Man nennt ihn rational und berechnend und gleichzeitig fatalistisch. Varsano: «C'est le sucre – justement.»

Kurz vor dem Zweiten Weltkrieg ließ sich Maurice Varsano in Oran, Algerien, nieder. Er handelte mit Seide und Gewebe. 1941 stieg er in den algerischen Salzhandel ein, baute binnen eines Jahres drei Salzfabriken auf und beherrschte schon nach kurzer Zeit diesen strategisch wichtigen Handel.

1942 wird er zum Militärdienst eingezogen, wird Pressechef von General Lattre de Tassigny, dem er bald beibringt, daß Lebensmittel besser als Zeitungsartikel geeignet sind, die Gunst des Volkes zu gewinnen. Er entwirft einen Versorgungsplan, der sofort erfolgreich ist. Varsano selbst organisiert den Einkauf und die Verteilung. Bald ist er groß im Geschäft. Einige nennen es Schwarzmarkt. Varsano: «In einer so schwierigen Lage muß man den Markt kennen. Schwarz ist er bloß für die Neider.» Kurz nach dem Krieg übernimmt er *S.A.M.A.*, eine traditionsreiche alte Kolonialwarenfirma, die unter Lyautey, einem französischen Kolonialisten, zusammen mit der Hilfe der *Banque de Paris et des Pays-Bas* aufgebaut worden ist und nun ohne Zukunft scheint.

Er zieht seinen früheren Gehilfen Jacques Roboh bei, macht ihn zum Mitbeteiligten und Komplizen. Beide erkennen die Zeichen der Zeit: Statt nur aus Marokko und Algerien einzuführen, importieren sie günstige Waren und Luxusgüter für die obere Schicht: Spezereien, Tee und Zucker, Autos, Lastwagen und Kühlschränke. Varsano eröffnet einige Büros in Paris. Beide haben ein erstaunliches Gespür für den Markt, und beide wissen Grenzen, Zölle und Vergünstigungen zu nutzen. So ist *S.A.M.A.* schon 1946 in einen Weinskandal verstrickt. Man hatte entdeckt, daß es dank französischer Abkommen mit Marokko günstiger war, algerischen Wein, der mit hohen Schutzzöllen belastet war, nach Marokko zu verschieben und ihn von dort aus als Marokkowein nach Frankreich auszuführen.

In kurzer Zeit macht Varsano damit viel Geld. Er weiß, daß dieser Handel nicht mehr lange andauern würde, aber er braucht Mittel, um mehr und mehr in den kapitalintensiven, aber gewinnträchtigen Zuckerhandel einsteigen zu können.

Er unternimmt internationale Operationen. Für Tunesien kauft er günstig Zucker aus der Tschechoslowakei. Für Marokko jongliert er Zucker über die belgische Raffinerie Tierlemontoise, der er wiederum den Rohrzucker aus Kuba zuschifft. Um diese Devisengeschäfte effizient abwickeln zu können, gründet er eine eigene Bank, die *Banque pour le développement des échanges internationaux* (B.D.E.I.). 1951 wird *Sucres et Denrées* gegründet. 1957 stellt er ganz auf Zucker um: *«A bas les denrées, vive le sucre!»* Schon 1956 hat er eine Niederlassung in Havanna gegründet. 1959 folgt eine in New York und eine in Tokio. Varsano hatte seine eigene Taktik. Er umgab sich stets mit außerordentlich tüchtigen Leuten und beteiligte sie. Er wollte Größere entthronen.

Gelang ihm dies, dann ließ er sie niemals fallen. Er legte sehr viel Gewicht auf Verbindungen, Beziehungen und Pools mit anderen Größen der Branche. Varsano wird als Genie der Absprachen und des gegenseitigen Arrangements bezeichnet.

Er wußte stets, was andere planten und taten. Ohne direkt beteiligt zu sein, beeinflußte er als Mitwisser Ende der sechziger Jahre schätzungsweise 80 % des freien Zuckermarkts.

Keiner konnte so rasch liefern wie er. Man sagte, daß er auf eigenes Risiko, aber genau wissend, was kommen würde, ganze «Zuckerflotten» unterwegs hatte. So verschaffte er 1959 der französischen Regierung innerhalb von 48 Stunden 400000 Tonnen Zucker aus Kuba. 200000 Tonnen kamen direkt von Sucden, den Rest verschaffte ihm Julio Robo, der Zuckerkönig, den er nun sukzessive entmachten wollte. Ähnlich handelte er mit Italien und mit dem Iran. Als sich China öffnete, war er prompt als erster da. Politische Ideologien kümmerten ihn wenig. Er hatte nur eine feine Nase für das Zuckergeschäft. So wußte er, daß die Russen den kubanischen Zucker vor allem auf den freien Markt werfen würden. Also half er als Broker mit. Verlor er am einen Ort, so hatte er am anderen Profite gemacht und somit für den Ausgleich gesorgt. Wer weltweit handeln will, kann es nur mit solcher Denk- und Handlungsweise, sagt er dem *Canard* gegenüber.

Zucker ist Zucker. Wer ideologisch einsteigen will, der wird bald seinen Platz verlieren. Darum kam Julio Robo zu Fall. Er reagierte emotional auf die neue Ära in Kuba, finanzierte exilkubanische Aktivitäten, und so war die Schweinebucht-Affäre sein Ende. Sie sei ohne sein Zuckergeld nicht möglich gewesen, wird behauptet. Er verließ Kuba und damit die Basis seines Reichs.

Varsano setzte sich bereits 1953 in Kuba fest. Er spürte, daß es hier einen Wechsel geben mußte – aber der Zucker würde bleiben. Er setzte auf Castros Revolution. Im Januar 1959 war die Telex-Linie von Sucden die einzig funktionierende. Castro war auf Varsano angewiesen. Varsano wurde zum Zuckerberater der neuen Regierung. Er wußte: Es blieb nur der Ausweg über die Sowjets. Nach zehn Jahren nahmen die Kubaner den Markt in die eigenen Hände, aber beide Partner blieben einander eng verbunden: Wann immer Kuba Zukker-Rat braucht, fliegt ein Regierungsmitglied nach Paris oder Brüssel und trifft sich mit Maurice Varsano.

1968 schlägt eine neue Stunde für Varsano: Die neun Staaten der Europäischen Gemeinschaft schaffen eine neue, eigene Zuckerordnung. Varsanos Politik trägt reiche Früchte. Seine Methode der Pools war genau das Richtige. Zuerst hatte er die französischen Zuckerfirmen und Zuckerinteressen koordiniert und, selbst im Hintergrund stehend, mächtig gemacht. Im stillen hatte er einen europäischen Pool aufgebaut mit 24 französischen, belgischen, holländischen, deutschen und italienischen Firmen, die insgesamt 80% des Marktes kontrollierten. Die wichtigsten Unternehmen neben *Sucden* waren *Südzucker* (Deutschland), *Tirlemontoise* (Belgien), *Eridania* (Italien), *Suicker Unie* (Holland) und die großen französischen Unternehmen *Générale Sucrière, Béghin Say*. Sein eigener Pool mit zehn Häusern war dabei im internationalen Kauf und Verkauf allmächtig geblieben. Seine Interessen waren nicht regional gebunden, und er mußte auf keine Produzenten direkt Rücksicht nehmen. Der alte Fuchs wußte jede Masche im undichten Netz zu nutzen. Natürlich sah das alles nach Kartell und Absprache aus. *Sucden* mußte 1975 eine Buße von 56 Millionen alten französischen Francs an den Europäischen Gerichtshof zahlen, aufgrund «gemeinschaftsschädigenden Verhaltens», gemeint waren die Preisabsprachen. Zur gleichen Zeit aber autorisierte die EG-Kommission Varsano, 75000 Tonnen Zucker an den Iran zu verkaufen. In der gebotenen Eile konnte nur Sucden liefern.

Wohlinformiert und risikolustig ist Varsano immer dabei, wo es brennt: ob Südafrika, Mozambique, Iran, Polen oder Rhodesien. Ian Smith half er während der Wirtschaftsblockade Rhodesiens, den Zucker via Mozambique an alle Welt zu verkaufen, aber im Hintergrund war er an den Verhandlungen mit den neuen Herren Zimbabwes mit dabei – Varsano vermarktet an allen Krisenherden. Viele transnationale Konzerne und Nationalstaaten haben in den letzten Jahren in Ländern der Dritten Welt Zuckerindustrien aufgebaut. Wenn es jedoch um die internationale Vermarktung des Zuckers geht, dann brauchen sie alle Maurice Varsano, «Le Roi du Sucre».

Große Multis und kleine Staaten

Einige Zahlen aus typischen karibischen Plantagenstaaten. Der Vergleich stammt aus dem Jahr 1967/68 (in Millionen US-Dollar). Die Zahlen der Gesellschaften entstammen ihren Jahresberichten, die übrigen Angaben vom Internationalen Währungsfonds (*International Financial Statistics*, Jan. 1970). Bei der MNG (multinationale Gesellschaft) handelt es sich um den Jahresumsatz und -gewinn im betreffenden Land.

	Konzernumsätze	Gewinn	Nationales Einkommen	Exporte Total	Exporte von den Plantagen
	Mio. $	Mio. $	Mio. $	Mio. $	Mio. $
Booker	198,6	11,5			
Guyana			162,5	108,2	31,8
Tate & Lyle	549,2	27,1			
Jamaika			787,2	219,5	44,9
Trinidad			569,0	466,2	24,2
United Fruit	488,9	53,1			
Panama			634,0	95,2	55,6
Honduras			649,0	181,4	85,4

Coca-Cola bestimmt die Marschrichtung

Am 28. 1. 1980 ließ Coca-Cola die Welt wissen, daß sie für ihre Soft Drinks von Zucker auf Maissirup umzustellen gedenke. Da purzelten an der New Yorker Börse die Zuckeraktien. Der Süßstoff aus Mais, in den USA *Kornsirup*, in Fachkreisen kurz HFCS (*high fructose corn syrup*), in Europa *Isoglucose* genannt, hatte seit Beginn der siebziger Jahre dem traditionellen Zuckermarkt mit kleinen Schritten immer mehr Anteile abgenommen.

Für die eher konservative Coca-Cola Co. war dieser Entscheid seit 1897 erst der vierte Eingriff in die magische Zusammensetzung von Coke, seiner geheimnisvollen Getränkeformel. Der Schritt wurde von den Börsenkommentatoren denn auch als historisch gewürdigt:

- *Wall Street Journal:* «Beginn eines neuen Zuckerzeitalters.»
- *New York Times:* «Die zweite Zuckerrevolution. Was einst die Zukkerrübe dem Rohr, das tut heute der *Maissirup* beiden an.»
- *Financial Times:* «Coca-Cola bricht dem Zuckermarkt das Genick.»
- *Chicago Tribune:* «Das Ende der Zuckermafia.»

Coca-Cola gehört natürlich selbst zur Zuckermafia, denn die Firma verarbeitet jährlich 5 % des amerikanischen Zuckermarkts allein für die Süßung seiner Soft Drinks. 600000 Tonnen Zucker bedeuten Macht, denn mit einer solchen Menge in einer Hand kann Preispolitik gemacht werden. Noch 1977 hatte die Coca-Cola Co. in den USA sogar eine Million Tonnen pro Jahr benötigt. Coca-Cola ist der größte Zuckerverbraucher der Welt: Das allein bedeutet schon fast Weltmacht.

Sofort stellte sich die Frage, ob bei der Umstellung von Zucker auf Maissirup auch die anderen Soft Drinks wie *Pepsi, Seven-Up, Schweppes, Canada Dry, Sun-Rise* nachziehen würden. Dies hätte eine Verringerung des traditionellen Zuckerkonsums in den USA um 25 % bis 30 % zur Folge gehabt.

Begreiflicherweise ließ Coca-Colas Mitteilung die Zucker-Industriellen zittern. Die Zuckeraktien fielen drastisch. Die Sirup-Aktien hingegen kletterten in die Höhe. Es kam zu Panikverkäufen, und so wurde der gute alte Zucker binnen kurzer Frist wieder sehr billig. Coca-Cola Co. hatte ihr Ziel erreicht.

Bereits 1978 hatte sie den ersten Schritt gemacht und begonnen, den Soft Drinks 25 % Fructose beizumischen. Die Zusammensetzung von Coke war jedoch noch unverändert geblieben. Nun kam diese «Bombe» und zerstörte vorübergehend den Zuckerpreis. Die große Frage: Würde der «verlorene Sohn» zum nun wieder billig gewordenen Zucker heimkehren? Man realisierte, daß Coca-Cola von nun an immer zwei Eisen im Feuer hielt und so zum Erpresser auf dem Zuckermarkt werden konnte. Coca-Cola konnte fortan zwischen Zucker und Sirup wechseln. Die Angst ging um, sowohl bei den Zuckerproduzenten wie bei den Siruperstellern.

Das Zuckerspiel wurde noch gnadenloser, ein Krieg an allen Fronten brach aus: im Wahlkampf, in der Werbung, in der Wissenschaft. Ein Gutachten folgte dem anderen. Alles, was bezahlt werden konnte, war zu beweisen. Der Saccharin-Krieg verwandelte sich allmählich in einen Isoglucose-Krieg.

Die Werbung begab sich auf einen wahren Gesundheitstrip. Isoglucose ver-

Wer ist who is who im nordamerikanischen Isoglucose-Geschäft?

Die vier größten Hersteller in den USA sind:

Standard Brands Inc., New York, N.Y.	brachte anscheinend als erste 1969 HFCS auf den US-Markt.
A. E. Staley Manufacturing Co., Decatur, Ill.	ursprünglich größter Hersteller. Produziert in zwei Betrieben in Indiana und Pennsylvania: erweiterte hier die Kapazität um 70%. Baute neue Fabrik in Tennessee. – Ist auch im Geschäft mit Fruchtsäften, Pfannkuchen, Margarine, Tierfutter, Papier und Textil. Viertgrößter Sojaverarbeiter in den USA.
Archer-Daniels-Midland Co., Decatur, Ill.	heute größter Produzent, baute seine Kapazität um ein Drittel aus, mietete neue Fabriken in Iowa und New York. Ist auch im Zucker-, Mais- und Süßstoffgeschäft.
CPC International Inc., Englewood Cliffs, N.J. (früher Clinton Corn Processing)	beschloß 1980, in HFCS einzusteigen, investierte 100 Mio. Dollar, baute Betriebe in Illinois und New Carolina. Gab 1976 das Raffinieren von Zucker auf und ist heute ein großer Lebensmittelkonzern.

Weitere Produzenten, die auf einen Durchbruch warten:

American Maize Products Co.	Maishandel; Kaffee, Zigarren, Baugeschäft.
Anheuser-Bush Inc.	einer der größten Bierbrauer.
Cargill Inc.	größter Getreidehändler
Hubinger Co.	die 1980 von H. J. Heinz, dem großen Nahrungsmittelkonzern, aufgekauft wird. Auch Amstar Co. mit Dimmitt Corp.

In Kanada lauern Hersteller ebenfalls auf amerikanische Marktanteile:

Canada Starch Co. Ltd., Montreal	Kanadas 1. HFCS-Werk.
Zymaize Co.	ein Joint-venture von Repath Industries Ltd., Toronto (50% in Händen von Tate & Lyle und John Labatt Ltd., London, Ontariao).

sprach alles: weniger Kalorien, bessere Gesundheit, mehr Glück, längeres Leben, den «Zucker, der nicht wie der Paradiesapfel ist (wer in ihn beißt, wird aus dem Paradies vertrieben)».

Die Zuckerleute klagten gegen die Isoglucose-Firmen. Die Gerichte bekamen Arbeiten. Das Fairneß-Schiedsgericht der Handelskommission in Washington hatte alle Hände voll zu tun.

Zucker hat in amerikanischen Wahlkämpfen stets eine große Rolle gespielt. Die Zuckerlobby ist Teil der allmächtigen Farmerlobby. 1970 forderte diese höhere Zuckersubventionen. Präsident Carter mußte nachgeben. Nun rächte sich Coca-Cola. Die Firma aus Atlanta hegte für den Mann aus Atlanta ohnehin eine Haßliebe. Der Coca-Cola-Coup hatte auch den Erfolg der Bauern im amerikanischen Kongreß zu einem Pyrrhussieg werden lassen.

Längst schon war bekannt, daß Weizen eine Waffe ist. Aber daß Zucker schon immer eine hochpolitische Waffe war, erkannte man erst nach und nach. Coca-Cola steht für den «American way of life». Coke ist Politik.

Der große amerikanische Journalist, der als Unabhängiger 1947–48 ins Rennen um die Präsidentschaft stieg, Prof. Curtis Mac Dougall, sagte einmal: «Ob es einen Präsidenten gibt, das ist für den Amerikaner letztendlich sekundär. Solange er eine Flasche Coke sieht, weiß er, Amerika besteht weiter.» Nach diesem Zauber befragt, antwortete er: «Coke besteht aus einer geheimnisvollen Mischung, die immer richtig ist, obwohl sie niemals verraten wird. Unsere Präsidenten haben weder eine weltbewegende Mischung noch ein Geheimnis.»

Die Coca-Cola Company hat etwas derart Faszinierendes, daß alle ihre Beschlüsse die Bürger der USA bewegen. Wenn Coke die Tradition verläßt, dann bewegt sich etwas, kommt eine Welt ins Wanken. Warum? Coca-Cola bedeutet: amerikanische Idylle, Nostalgie, edlen Urkapitalismus, die Hoffnung: Jeder kann es schaffen (mit Coke). Solange man lächelt (mit Coke) und die Freundlichkeit der Amerikaner (Slogan 1945: «be friendly and kind») beweist (mit Coke), geht alles besser (mit Coke). Mit Coke geht Amerika voran und immer neuer Größe entgegen. Mit Kanonen und Coke wurde Europa 1945 befreit und wieder zum Lächeln gebracht. Coke machte stets den neuen Start möglich. (1931 hieß der Werbeslogan: «Komm raus und lächle für einen neuen Start!»)

Roosevelts «New Deal» wurde von Coca-Cola inspiriert. Mit Coke schwingt sich Amerika aus jeder Krise auf. Coke ist längst zum Lebenselexier der USA geworden. Coke gehört zur Politik, Religion, Kultur und wesentlich zum Leben. «Nichts geht mehr ohne Coke.»

Coca-Cola war stets bereit, seinen patriotischen Beitrag zu leisten, und ist das Symbol des missionarischen Widerstandes gegen alles Unamerikanische. Dazu gehörte selbstverständlich der Kommunismus, aber dazu gehört bis heute «die wachsende Undankbarkeit und immer bedrohlichere Knochenerweichung der West-Europäer» – so eine Firmenschrift aus der Zeit des kalten Krieges.

So war der Beschluß, sukzessive auf Isoglucose umzustellen, eine deutliche Ohrfeige für die Europäische Gemeinschaft, die mit ihrer Zuckerpolitik längst schon den Zorn der Coca-Cola Co. auf sich gezogen hatte. Amerikas Zuckermonopol der Jahre nach dem Zweiten Weltkrieg war gebrochen, die ehemaligen Kolonialstaaten in der AKP-Gruppe waren an Europa gebunden, Amerikas Markt in der Karibik zerbröckelte, Lateinamerika war in Gefahr, Afrika verhielt sich abweisend, und Asien war durch den Vietnamkrieg skeptisch gegenüber den USA geworden.

Ob es den Männern, die hinter Coke standen, nicht doch ausschließlich ums Geschäft ging? «Ganz im Gegensatz zur EG, die bloß noch an Märkte denkt, ist unsere Firma von hoher moralischer Verantwortung erfüllt», sagte 1978 J. P. Austin, der von 1962 bis 1981 amtierende Coca-Cola-Präsident. Austin war mit Jimmy Carter befreundet, war Mitglied der «Trilateralen Kommission», einer internationalen Interessengruppe von Großbankiers, Wirtschaftsbossen und Wissenschaftlern, aus deren Reihen Carter immer wieder seine Leute holte. Austin war zudem Vorsitzender der einflußreichen *Rand Corporation*, Direktor des *Morgan Guaranty Trust*, von *General Electric*, und Oberhaupt der *Smithsonian Institution*.

Trotz all dem: Coca-Cola war nie nur Geschäft. Auch wenn Coke viele mythische Züge trägt – man kann ihm nicht vorwerfen, zu technokratisch oder *just business* zu sein.

Coca-Cola hat für den Kapitalismus sozusagen das «Abendmahl» und die Zutaten zum Gottesdienst geschaffen. Dieses rituelle und zeremonielle Bewußtsein fehlt den EG-Technokraten. Begreiflicherweise stoßen hier immer wieder zwei Welten aufeinander: ein Religionskrieg wie innerhalb des Christentums zwischen Protestanten und Katholiken. Beide leben aus derselben Wurzel, beide sind Brüder, beide verfolgen ähnliche Ziele, dennoch haben sie sich überworfen. Daß die Coca-Cola Co. um den Zuckerpreis feilscht, ist verständlich, denn von ihm hängt ein Großteil ihres Gewinns ab. Die Muttergesellschaft in Atlanta besteht darauf, daß Coke als Getränk des kleinen Mannes billig bleibt und auch durch seinen Preis an die gute alte Zeit erinnert. So hat die Firma gegenüber den Abfüllern bis heute das gelieferte Konzentrat und den vorgeschriebenen Endverkaufspreis auf demselben Preisniveau belassen. Aber der Zuckerpreis und die Kosten der anderen Zutaten variieren. Das macht es nicht leicht, die Abfüller und Verteiler im Coca-Cola-System zufriedenzustellen.

Die Coca-Cola Co., Atlanta, produziert nur das Konzentrat des süßen Saftes: für die USA einen Sirup, für Übersee ein Pulver. Das Geheimnis dieser Mischung bleibt streng geschützt. Die Firma gibt die Zusammensetzung nur pauschal an: kohlensäurehaltiges Wasser, Zucker, Karamelfarbe, Phosphorsäure, natürliche Geschmackstoffe und Koffein – ohne Mengenangabe, obwohl das eigentlich in den USA Vorschrift ist. Etwas über 10% oder 105 Gramm Koffein pro Liter befinden sich im «erfrischenden Getränk». Untersuchungen zeigen, daß mindestens vierzehn Substanzen in Coca-Cola enthalten sind. Dazu kommt die Geheimsubstanz «7X», die nur an drei Orten hergestellt wird: in Atlanta, London und Tokio. Höchstens zehn Menschen ist diese Formel bekannt. Sie reisen zwischen den drei Produktionsstätten hin und her, aber immer einzeln.

Das Mischen mit Wasser und Zucker überläßt die Firma lokalen Abfüllern, den *bottling companies*, etwa 550 kleineren und größeren Abfüll- und Verteilerfirmen in den USA. Von Atlanta aus wird ihnen ein genaues Verkaufsterritorium zugeteilt. Die Firma behauptet, die Abfüller seien oft kleine Familienbetriebe. Die Wirklichkeit sieht anders aus, denn das äußerst profitable Süßgetränkegeschäft wird von wenigen Großen (acht von ihnen beherrschen etwa 38% des Marktes) abgewickelt. Einige der Abfüller sind heute große transnationale Firmen wie *Westinghouse* oder *General Wire and Rubber Co.*

Abfüllgesellschaften haben lokale Fernsehstationen gekauft und können so die Werbung nicht nur kontrollieren, sondern auch billiger produzieren. «Spots im Fernsehen zu kaufen hat uns darauf aufmerksam gemacht, welch gutes Geschäft TV ist, und so haben wir versucht, selbst da hineinzukommen», sagte 1977 Mr. Sullivan von der *Coca-Cola Bottling Co.* in New York, dem größten Abfüllunternehmen. 1980 lag die Zentrale im Streit mit den Abfüllern. Die Beziehungen hatten sich in den letzten Jahren bedrohlich abgekühlt. Die Abfüller verlangten einen größeren Gewinnanteil. Daß ihre Gewinnchancen ganz dem unberechenbaren Zuckerpreis unterworfen sein sollten, wollten sie nicht mehr hinnehmen. Seit 57 Jahren schon galt derselbe Vertrag mit der Zentrale. Darin war es den Abfüllern verboten, die ständig steigenden Kosten jener Zutaten, die sie selbst einkaufen mußten, auf den Verkaufspreis von Coke abzuwälzen.

«Wenn das Mutterhaus solche Marotten reitet, soll es dafür bezahlen», fluchte der Chef der zweitgrößten Abfüllstelle, der *Coca-Cola Bottling Co.* in Los

Nachrichten von der Front

Atlanta, 3.3.1983. – Ein Tag vor Beginn der PepsiCo-Generalversammlung in Honolulu kündigte die Coca-Cola Co. an, daß der Anteil an Isoglucose-Süßstoff oder HFCS-55 bei Offen-Ausschank-Soft-Drinks von 50 auf 75 Prozent erhöht werde. Vorerst soll dies nur für die Vereinigten Staaten gelten. Für Büchsen- und Flaschen-Cola-Getränke wurde die 50:50-Formel beibehalten.

Der Schritt wurde mit dem Zuckerpreis in den USA begründet. Ein Pfund Kornsirup kostet gegenwärtig 17 Cents auf dem Markt, während Zucker durch die staatlichen Stützpreise bedingt 30 Cents das Pfund betrage.

Der für die Ankündigung gewählte Zeitpunkt ist typisch. Schon mehrere Male hat Coca-Cola kurz vor der PepsiCo-Generalversammlung wichtige Mitteilungen gemacht und damit jeweils sowohl die Tagesordnung durcheinandergebracht als auch den Debatten eine ganz andere als gewünschte Marschrichtung gegeben. Es ist eine der üblichen Formen des Firmenkrieges. Pepsi hat bis heute die Umstellung auf HFCS nicht gewagt. Beobachter des Marktes sind der Überzeugung, Pepsi müsse nun schon aus Kostengründen nachziehen. Der Zucker-Ersatz HFCS steht vor einem wichtigen weiteren Durchbruch, schreibt das *Wall Street Journal*.

4. März 1983. – 18 Coca-Cola-Abfüllfirmen haben Klage wegen Vertragsverletzung durch die Mutterfirma in Atlanta eingereicht. Sie klagen ferner wegen Erpressung und monopolistischem Gehabe durch die Coca-Cola Co. Nach den Abfüllfirmen hat die Firma den Preis für den Sirup plötzlich und willkürlich erhöht und weigert sich, mit sich reden zu lassen. Der Preis werde jeweils ohne Begründung auferlegt.

Die Abfüllfirmen liegen mit der Mutterfirma seit längerer Zeit im Clinch. Ein Vertreter der New Yorker Bottling Co. sagte: «Uns wird immer mehr für den längst abgezahlten und sicher sehr billigen Standard-Sirupsaft abverlangt. Die Coca-Cola-Firma sagt uns bloß, wir sollten den Gewinn mit dem Zucker oder dem Ersatzzucker machen. Viele von uns sind jedoch besorgt, daß die Popularität von Coke-Getränken langfristig fallen wird, denn mit Zucker wissen wir, was wir haben, und bei Isoglucose weiß noch niemand, wie eines Tages der Kampf ausgehen wird. Ich möchte bloß daran erinnern, daß gegenwärtig mindestens acht Universitätsinstitute in den USA daran forschen, um HFCS etwas Gesundheitsschädliches anhängen zu können.»

Angeles. Die Firmenzentrale mußte etwas unternehmen, denn Pepsi Cola hatte 1979 zum ersten Mal in der Geschichte mengenmäßig (natürlich nicht profitmäßig) Coke überholt. Verschiedene Abfüller kamen bei Pepsi besser weg. Hier bot der Maissirup einen Ausweg.

Der Wechsel war jedoch ein Wagnis. Die Umstellung von Zucker auf Sirup machte Coke große Sorgen. Die Zuckerlobbyisten wandten sich sofort an die Abfüller. Plötzlich wurden sie zu Verteidigern der Tradition und behaupteten, Coke mit Maissirup sei nicht mehr Coke; es schmecke anders, die Firma verrate Amerika. Die Bottler mußten umstellen, denn das Mischen mit Zucker oder HFCS benötigte ein je eigenes, getrenntes Abfüllsystem. Warum sollten sie das alles selbst tragen? Die Konkurrenten setzten zum Angriff an, das verursachte zusätzliche Kosten. Eine einmalige Chance auf einem heftig umkämpften Markt. Das Soft-Drink-Geschäft gehört zum lukrativsten und verspricht immer noch Wachstum.

Mit seinem Umstellungsbeschluß hatte sich Coca-Cola verwundbar gemacht. Wie die Geier stürzten sich *PepsiCo*, *Seven-Up*, *Schweppes*, *Sun-Rise*, *Canada Dry* und selbst *Procter & Gamble* (der Waschmittelgroßkonzern) mit dem neuen Drink *Crush* auf den Markt. Die *Financial Times* schrieb: «Der Hauskrieg zwischen Coke, Pepsi, Seven-Up und den anderen verspricht eine der faszinierendsten Marktschlachten der achtziger Jahre zu werden. Über dreißig Jahre vermochte Coke sich in schwierigen Augenblikken mit einem Lächeln und mit dem Ausstrahlen von Optimismus zu halten, denn Coca-Cola ist Meister im Verbreiten von Zuversicht.» So lächelte auch Cokes Finanzchef John Collins: «Jedermann drängt in unseren Geschäftsbereich, so muß wohl unser Geschäft besser gehen, als wir annehmen» (3. 10. 1980).

Ein gehässiger Krieg um die Isoglucose begann zu wüten. Jederman tat so, als sei die Isoglucose soeben neu entdeckt worden. Dabei hatten die großen Zuckerindustrien längst schon ein Bein in diesem Markt, und schon 1977/78 hatte der «sanfte Wandel» begonnen. Die Coca-Cola Co. hatte ja bereits im Juli 1978 Fructose für alle Nicht-Cola-Produkte zugelassen.

Aus Mais lassen sich die folgenden Süßstoffe erzeugen: Glucose-Sirup, Fructose- oder Isoglucose-Sirup und Dextrose. Isoglucose ist Flüssigzucker, mit Hilfe von Enzymen aus billiger Stärke gewonnen. Durch eine chemisch in Gang gesetzte Gärung wird die Stärke zunächst in Traubenzucker (Glucose) und in einem weiteren Prozeß zu einem Gemisch von Traubenzucker und Fruchtzucker (Fructose) umgewandelt.

Als erster Süßstoff vermag Isoglucose mit Zucker zu konkurrieren. Es gibt davon zwei Arten:

- die 42-%-Isoglucose, die meist für die Verarbeitung von Nahrungsmitteln verwendet wird,
- der 55-%-Isoglucose-Sirup, der bei Soft Drinks verwendet wird.

Isoglucose kann billiger als Zucker erzeugt werden. Sie kann mit Leichtigkeit den Industriezucker ersetzen, denn hier spielt es keine Rolle, ob er flüssig (wie Isoglucose) oder kristallisiert ist. Bis heute ist Isoglucose nur flüssig erhältlich

Ausserordentliche Verluste der Pepsico

New York, 8. *Febr. Cls.* Die Pepsico Inc. weist für das *4. Quartal* einen *Reinverlust* von 40,7 Mio. $ aus, verglichen mit einem Gewinn von 70,2 Mio. $ oder $ 0.76 pro Aktie in der gleichen Vorjahreszeit. Der *Umsatz* stieg um 3% auf 2,23 (2,17) Mia. $. Der Verlust wurde durch eine ausserordentliche Abschreibung von 79,4 Mio. $ verursacht, der als Folge von *Irregularitäten bei ausländischen Konzerngesellschaften* vorgenommen werden musste. Wie die Pepsico Ende Jahr bekannt gab, hatten verschiedene ausländische Abfüllbetriebe während fünf Jahren ihre Anlagen überbewertet und zu hohe Gewinne ausgewiesen. Die Abschreibung von 79,4 Mio. $ dient zur Korrektur der überbewerteten Aktiven; darüber hinaus hat Pepsico die Konzerngewinne für die vergangenen fünf Jahre im Ausmass von 92,1 Mio. $ reduziert. Für das *ganze Jahr* 1982 stellt sich der *Reingewinn* mit 224,3 (297,5) Mio. $ oder $ 2.40 ($ 3.22) pro Anteil um 25% tiefer. Der *Jahresumsatz* nahm um 7% auf 7,5 (7,03) Mia. $ zu. Während am Getränkemarkt wenig Fortschritte erzielt werden konnten, verzeichneten Pepsicos *Restaurationsbetriebe* (Pizzy Hut) ein kräftiges Umsatzwachstum von 18%. Die *Nährmittelsparte* (Frito-Lay) expandierte um 7%, und in der Sparte *Sportartikel* (Wilson Sporting Goods) konnte der Umsatz um 15% gesteigert werden.

„Aufsteigende Tendenz bei der Pepsico-Aktie"

Aber amerikanische Getränkehersteller haben Wachstumssorgen

hi. FRANKFURT, 9. Juni. Als im vergangenen Jahr entdeckt wurde, daß Unternehmensberichte bei den Abfüllbetrieben in Mexiko und auf den Philippinen „manipuliert" worden waren, mußte die Aktie von Pepsico, die unter anderem an der New York Stock Exchange gehandelt wird, einen scharfen Kurseinbruch hinnehmen. Nachdem zu Beginn des vierten Quartal 1982 ein Hoch von gut 50 Dollar registriert worden war, bewegt sich das Papier derzeit in der Spanne zwischen 35 und 40 Dollar.

Viele Analytiker sind jedoch inzwischen zu der Überzeugung gelangt, daß es sich hierbei um eine Phase der Bodenbildung handelt und daß die Aktie mittel- bis langfristig den gesamten Markt in seiner Kursentwicklung übertreffen wird. Bestärkt wurden manche in dieser Ansicht durch die Tatsache, daß es nach der Bekanntgabe des Gewinns für das erste Quartal 1983 von 40 Cent je Aktie zu keiner ausgeprägt negativen Reaktion des Marktes kam, obgleich dieser Wert beträchtlich hinter dem entsprechenden Vorjahresergebnis von 69 Cent zurückblieb.

Als Gründe für ihre wieder positivere Einstellung diesem Unternehmen gegenüber führen Marktbeobachter einmal die hoch einzuschätzenden Fähigkeiten der Geschäftsleitung und zum anderen den Erfolg der in jüngster Zeit eingeführten neuen Erzeugnisse an. Während der Broker Dean Witter Reynolds die Aktie von Pepsico im Rahmen seiner analytischen Anlagebeurteilung derzeit in die Kategorie „zum Kauf geeignet" einstuft, spricht das Brokerhaus Merrill Lynch jetzt sogar eine massive Kaufempfehlung aus. Nach Meinung von Merrill Lynch spricht für Pepsico auch das extrem niedrige Kurs/Gewinn-Verhältnis der Aktie. Hinzu komme, daß sich die Gunst der Anleger in der gegenwärtigen Phase grundsätzlich besonders den qualitativ hochwertigen Verbraucheraktien zuwende, was letztlich auch die Kursentwicklung von Pepsico vorteilhaft beeinflussen dürfte.

Zu den für das Unternehmen aus fundamentaler Sicht günstigen Punkten zählt nach wohl herrschender Auffassung einmal der große Erfolg von „Pepsi Free", einen Cola-Getränk ohne Coffein, das seit seiner Einführung vor zwei Jahren bereits mehr als 50 Prozent dieses Teilmarktes erobert hat. Darüber hinaus habe die jüngste Entscheidung, die billigere Fruktose statt Zukker als Süßstoff zu verwenden, zu einer Erhöhung der Wettbewerbsfähigkeit beigetragen. Außerdem wurde eine Preiserhöhung um 10,5 Prozent für Pepsi-Cola-Konzentrate angekündigt, die am 1. Juli in Kraft treten soll.

Nach Schätzung von Dean Witter Reynolds dürften die daraus entstehenden Kostensenkungen beziehungsweise Erlössteigerungen zwischen 55 und 75 Millionen Dollar ausmachen. Darauf gründet sich die Annahme des Brokers, daß sich der Gewinn vom vierten Quartal 1983 an dauerhaft wesentlich erhöhen dürfte. Im zweiten Quartal 1983 dürfte es allerdings noch einmal zu einem Gewinnrückgang um 15 Prozent kommen. Insgesamt reichen die Gewinnschätzungen für das laufende Geschäftsjahr zum 31. Dezember von 3,45 bis 3,60 Dollar je Aktie, nachdem 1982 ein revidiertes Ergebnis von 3,23 erzielt worden war. 1984 könnte der Gewinn dann auf 4,10 bis 4,15 Dollar je Aktie steigen, heißt es.

Zu den Hauptproblemen, denen sich alle Getränkehersteller gegenübersehen und mit denen auch Pepsico zu kämpfen hat, gehören die rückläufigen Wachstumsraten beim Getränkeumsatz. In den Vereinigten Staaten erhöhten sich 1982 die Umsätze in diesem gesamten Marktbereich lediglich um 2 Prozent, nachdem sie 1981 noch mit einer Rate von 2,5 und 1980 mit einer Rate von 3,1 Prozent geklettert waren. Der Auslandsumsatz blieb sogar unverändert, verglichen mit einem Anstieg um 3 Prozent im Jahr 1981 und einer Zunahme um 6 Prozent im Jahr 1980.

Die Bedeutung dieser Tendenz für das gesamte Unternehmensergebnis von Pepsico wird klar, wenn man sich vor Augen hält, daß das Ge-

Mr Roberto Goizueta, chairman
and chief executive, said: "The com-
pany's excellent performance in
1982 is on target with our long-
range goals and provides the foun-
dation and momentum for contin-
ued significant earnings growth in
the future."
He said the improvement in earn-
ings reflected the company policy of
ncentrating on the fastest-grow-
areas of business and careful
l of prices and costs.
ally all our soft drink oper-
orldwide achieved in-
unit volume, market
ings. In addition, our
erations achieved
increases for the
v's combined
d 57 per
40.

bled Be...
cut costs by Br...
the next three years.

● **COCA-COLA,** world's largest soft drink maker, increased net income 14.6 per cent to $447.1m, and increased its dividend. **Page 15**

● **OLIVETTI,** parent of the Italian ...ss machine group, said it ... profits, in 1982, on ... **Page 15**

Auch Pepsi jetzt mit Zuckerersatz

NEW YORK, 25. April (vwd). Die PepsiCo Inc. hat ihren Widerstand gegen den Einsatz von Maissirup mit hohem Fruktosegehalt (HFCS) aufgegeben und wird in Zukunft den Einsatz von bis zu 50 Prozent HFCS-55 bei der Herstellung ihrer Erfrischungsgetränke (Flaschen, Dosen und Containerware) zulassen. Damit nutzt die Gesellschaft in ihrem harten Konkurrenzkampf mit Coca-Cola Co. die billigeren Süßungsmittel jetzt ebenfalls aus. Coca-Cola setzt bereits bis zu 75 Prozent Süßungsmittel auf Maisstärkebasis bei der Getränkeherstellung ein. PepsiCo wird durch den Schritt jährlich bis zu 100 Millionen Dollar an Kosten einsparen, da HFCS bei einem Preis von 17 bis 18 Cent je Pound noch immer um gut 10 Cent billiger ist als Zucker. Pepsi sah sich zu dem Schritt gezwungen, da Coco-Cola dank der kostengünstigeren Produktion aufgrund des HFCS-Einsatzes größere Rabatte an die Supermärkte und Großhändler geben konnte. Die eigentlichen Nutznießer der Aktion werden aber die Hersteller von HFCS-Süßungsmitteln wie A. E. Staley Manufacturing Co., Archer-Daniels-Midlands und American Maize Products sein. Diese Firmen mußten wegen der HFCS-Überkapazitäten und schwacher Preise für die Maisprodukte schwere Gewinneinbußen oder sogar Verluste hinnehmen. Jetzt werden sich die Preise für Maissirup nach Ansicht von Branchenkennern nach dem in diesem Jahr erreichten Tief von 14 Cent und dem derzeitigen Stand von 18 Cent noch weiter festigen. Im Sommer könnte es dann sogar zu Versorgungsengpässen kommen, da HFCS-Süßungsmittel auch von anderen Erfrischungsgetränkekonzernen sowie von Speiseeisanbietern verwendet werden, und weil im Sommer der Getränke- und Eiskonsum am höchsten ist. Die PepsiCo-Geschäftsführung hatte sich lange gegen den Einsatz von Maissirup gesträubt, da angeblich der Geschmack des mit Zucker hergestellten Pepsi-Getränks besser ist. Außerdem hat PepsiCo seit Jahren ihre gesamte Werbestrategie auf Geschmacksvergleichstests mit dem Hauptkonkurrenten Coco-Cola abgestellt.

Coca-Cola's **earnings** rose ... the fourth-quarter to $121.3 million. The company said its board plans to consider an increase in its quarterly dividend at its March 2 board meeting. Profit for 1982 was up 15% to $512.23 million.

Höhere Coca-Cola-Dividende

Cls. New York, 15. Februar

Die Coca-Cola Co. meldet für das *vierte ...artal* eine *Ertragssteigerung* von 14% und für ...s *ganze Jahr* eine Verbesserung um 15%, bei ...ichzeitigen *Umsatzzuwächsen* von 18% bezie...ngsweise 6%. Für das jüngste Vierteljahr wird ...n Reingewinn von 121,3 (i. V. 106,2) Mio. $ ...ler $ —.89 (—.86) pro Aktie ausgewiesen. Der ...msatz erreichte 1,67 (1,41) Mia. $. Der Jahres...ewinn beläuft sich auf 512,2 Mio. $ oder $ 3.95 ...ro Anteil, verglichen mit einem Vorjahreser...rag aus den fortgeführten Tätigkeiten von 447,1 ...Mio. $ oder $ 3.62 pro Aktie. Ein einmaliger ...Gewinn von 29,1 Mio. $ aus dem *Verkauf der Aqua-Chem Inc.* sowie ein laufender Ertrag die...ser ausgegliederten Konzerngesellschaft von 5,6 Mio. $ brachten den Reingewinn 1981 auf 481,8 Mio. $ oder $ 3.90 pro Anteil. Die durchschnittliche Zahl der *ausstehenden Stammaktien* stieg auf 129,8 (123,6) Mio., was hauptsächlich mit der *Uebernahme der Filmgesellschaft Columbia Pictures* zusammenhängt. Der Jahresumsatz vergrösserte sich auf 6,25 (5,89) Mia. $. Wie der Vorsitzende der Geschäftsleitung, *Roberto C. Goizueta,* bekanntgab, soll dem Verwaltungsrat eine Erhöhung der Quartalsdividende vorgeschlagen werden. Coca-Cola entrichtete seit März 1982 eine Quartalsdividende von 62 Cent. Laut Goizueta arbeiteten alle Konzernbereiche im letzten Jahr ausgezeichnet. In allen Softdrink-Märkten konnten das Absatzvolumen, die Marktanteile und die Erträge gesteigert werden. Der *US-Umsatz* aller Konzernbereiche (alkoholfreie Getränke, Wein, Nährmittel und Columbia Pictures) expandierte um 11%, und die Betriebserträge nahmen um 24% zu. Im *Ausland* erhöhten sich die Umsätze um 1% und die Erträge um 10%. Vom Gesamtumsatz wurden 57% und von den Erträgen 40% in den USA erzielt. Coca-Cola erwartet im laufenden Jahr von ihrer Filmtochter einen signifikanten Beitrag zum Konzernergebnis.

Isoglucose-Herstellung in der Europäischen Gemeinschaft

Die EG-Zuckerindustrie hat bis heute sehr zwiespältig auf Fructose-Sirup reagiert. Die Lobbyisten in Brüssel versuchen, mit Quoten eine Produktion zu verhindern; gleichzeitig baut man Produktionsstätten auf. Laut *Zuckerwirtschaftlichem Taschenbuch 1982/83* produzieren folgende Betriebe in Europa Isoglucose:

- **G. R. Amylum N. V., Brüssel, kontrolliert von T & L**
- **Maizena GmbH, Hamburg**
- **Roquette Frères S. A., Lille**
- **Biamyl S. A., Thessaloniki**
- **F.R.A.G.D., Mailand**
- **Bosanca Dubica, Jugoslawien**
- **Zetmeelbedrijven de Bijenkorf B. V., Koog an de Zaan, Holland**
- **Levantina Agricola Industria S. A., Barcelona**
- **España S. A., Martorell, Spanien**
- **CEISA, Zaragoza, Spanien**

Der größte und bestausgebaute Betrieb gehört Tate & Lyle: die Tunnel Refineries in London. Er ist in Brüssel Hauptlobbyist. T-&-L-Präsident Lord Jellicoe beschuldigt die EG immer wieder, gegenüber den Isoglucose-Herstellern unfair zu sein. Vor allem werde durch ein unterschwelliges Verbot eine interessante Entwicklung verhindert, denn in den «USA geht die Entwicklung mit Riesenschritten voran» und «Europa überläßt aus Furcht wieder einmal eine wichtige Entwicklung den USA». Die Erhebung von prohibitiven Erzeugerabgaben komme einer Blockade gleich.
In Europa sind neue Pflanzen für die Herstellung von Isoglucose erforscht worden. Führend in der Forschung ist T & L mit seinen zwei Betrieben in London (Tunnel Refineries) und Brüssel (Amylum), wo auch Weichweizen verarbeitet wird.

und muß bei einer Temperatur zwischen 26° und 37° gelagert werden. Zucker läßt sich deshalb leichter lagern und ist umgänglicher. Aber auch das kann sich rasch ändern: Die Forschung ist schon seit Jahren an der Arbeit. Die Schlacht geht weiter.

1979 und 1980 war Isoglucose bis zu 15 % billiger als Zucker. Nach der Preiskrise 1981 und 1982 konnte der Zucker wieder besser konkurrieren.

Die Umstellung auf Isoglucose bei Coca-Cola ließ die Herstellerfirmen expandieren. Neue Fabriken wurden geplant und gebaut; alte ausgebaut oder erweitert. Der Sog war groß. Nahrungsmittelfirmen (*Heinz, General Foods, Kellog, Libby, McNeill Libby* etc.) begannen sich umzustellen, denn Zucker wurde immer populärer. Bierbrauereien experimentierten ebenfalls mit Isoglucose. Sogar die Zigarettenindustrie setzte laut *Wall Street Jorunal* vom 23.7.1980 für ihre Additive und *flavors* auf den Maissirup. So wurden 1981 in den USA bereits 2,5 Millionen Tonnen Isoglucose verkauft. 1982 wurden zwar 4 Millionen Tonnen produziert, aber bereits viel weniger verkauft. Der Aufstieg war gebremst.

Coca-Cola war Pepsi bei der Umstellung zuvorgekommen. Pepsi hatte diesen Schritt im Hinblick auf eine Gewinnsteigerung und Ausdehnung des Marktes schon vorgesehen. Doch die Umstellung bei Coca-Cola machte eine solche bei Pepsi unmöglich, bot dafür eine hervorragende Chance zum Angriff. Über Nacht mußte plötzlich die Güte des Zuckers verteidigt werden. Und tatsächlich: Die penetrante Werbung von Pepsi verhinderte die totale Umstellung bei Coke. Dort hieß es nun: «Es war bloß ein genereller Entscheid. Wann die Umstellung erfolgt, bleibt offen.»

Coke hielt sich noch einmal zurück. Für einen neuen Profit mußte Coke vorderhand andere Bereiche suchen. Die geniale Idee war: *diet Coke*. Seit 1886 der Name eingeführt wurde, war es das erste Mal, daß ein neues Produkt denselben Beinamen erhielt. Es handelte sich um ein zuckerfreies Cola und wurde binnen Jahresfrist zum Erfolg (*Wall Street Journal*, 22.12.82). Coca-Cola war damit mächtig ins Diätgeschäft eingestiegen. Im Kampf *gegen* den Zucker.

1982 ging die Coca-Cola Co. zudem ins Filmgeschäft: Sie kaufte *Columbia Pictures Industries Inc.* für 751,6 Millionen Dollar. Manche Aktionäre schüttelten den Kopf oder erschraken sogar. Nach einem Jahr sah alles wieder anders aus (*Wall Street Journal*). In frühen Jahren hatte Coke zur Werbung Filmstar-Abziehbildchen verteilt. Nun konnte es Stars und Moral selbst kreieren.

Ende der siebziger Jahre übernahm Coca-Cola das kalifornische und das New Yorker Weingeschäft. Man gedenkt, aus der Coke-Generation im Alter reife Weintrinker zu machen, denn das Ziel heißt optimistisch: 1 Milliarde aus dem Weinverkauf im Jahre 1990!

Die Coca-Cola Co. hält das Schicksal des Kristallzuckers in Händen. Die Umstellung wird erfolgen: Schon bröckeln die Fronten ab. Selbst beim tiefen Zukkerpreis erwägt laut Börsenberichten (19. 1. 1983) die Pepsi Co. in der nächsten Zeit eine Umstellung auf Fructose. «Jeder Penny mehr beim Zucker ist ein Penny Gewinn für Fructose», meint John Sweeney, ein Vizepräsident des Weizenkonzerns und Isoglucose-Herstellers *Cargill Inc.* «Trotz einer momentanen Schwemme und einem sehr niedrigen Preis geben sich HFCS-Hersteller optimistisch. Die wirtschaftlichen Gründe sind nämlich vorhanden», betonte Sweeney Ende 1982. Die zuckerproduzierenden Entwicklungsländer sehen sich einmal mehr von der Coca-Cola Co. hintergangen. Das in fast allen Ländern der Dritten Welt von Coca-Cola verkaufte *Fanta Orange* wird in Zukunft nicht nur, wie es Geschmack und Eindruck suggerieren, keinen Orangensaft (ein wichtiges Produkt der Entwicklungsländer), sondern auch keinen Zucker mehr enthalten. Dafür werden diese Länder mehr und mehr Mais, Tapioka, Reis, Weizen, Sorghum oder Kartoffeln für Isoglucose – und wenn es sein muß, auch für Äthanol (vgl. Kapitel «Brasilien») – anbauen. In diesem Sinn hat der Entscheid von Coca-Cola auch auf das Agrobusiness mächtigen Einfluß. Internationale Firmen und lokale Oberschichten kaufen Land in Ländern der Dritten Welt: Alles auf die Zukunft hin, wo nicht mehr Nahrungsmittel, sondern Energie und Chemikalien gefarmt werden. In diesem Sinn entscheidet Coca-Cola mit dem so harmlos erscheinenden Coke über unsere Zukunft – vor allem jedoch über die der Dritten Welt. Fast perplex schrieb das afrikanische Magazin *African Development:* «Die Tage des Zuckerrohrs sind gezählt. Eben hat Afrika große Plantagen angelegt und träumte von der Zukunft. Nun soll all das bereits veraltet sein ... Dennoch besteht Hoffnung, denn Afrika hat ein großes Maispotential.»

Das ist die Folge, wenn man Devisen braucht und lieber Coke trinkt als Grundnahrungsmittel anbaut. Aber Coke verspricht eben viel – *the real thing*. Der Mensch lebt nicht vom Brot allein.

Süßstoffe im Nebel von Wissenschaft und Lobbies

Die amerikanische Nahrungs- und Arzneimittelbehörde FDA mußte 1977 aufgrund des Delaney-Gesetzes den künstlichen Süßstoff *Saccharin* verbieten. 1958 hatte nämlich der Krebs-Kämpfer und Gesundheitsschützer Delaney einen heute nach ihm benannten Paragraphen ins Lebensmittelgesetz einführen lassen. Danach ist es die Pflicht der FDA, jeden Zusatzstoff in Nahrungsmitteln sofort vom Markt zu nehmen, wenn er sich bei auch nur einigermaßen seriös durchgeführten Tests als krebserregend bei Mensch und Tier erweist. Da kanadische Wissenschaftler in großangelegten Saccharin-Versuchen mit Ratten bei einigen Tieren Blasenkrebs festgestellt hatten, mußte die FDA – schon um der Glaubwürdigkeit willen – handeln.

Die Experimente waren mit überhohen Dosen durchgeführt worden, aber nach dem amerikanischen Gesetz mußte das Verbot ausgesprochen werden. Da jedoch jedermann wußte, daß es hier um einen Zucker- und Saccharin-Krieg – beinahe um einen Bandenkrieg – ging, versuchte die FDA diplomatisch vorzugehen. Saccharin wurde also bloß provisorisch verboten: Es bekam eine Chance bis 1980. Bis dahin sollte ein Versuch auf amerikanischem Boden durchgeführt werden.

Nach eigenen Aussagen hatte die FDA noch nie so turbulente Tage erlebt wie nach dem Verbot. Über 10000 Protestbriefe gingen bei ihr ein. Die Zeitungs- und Zeitschriftenausschnitte füllen fast 5000 Seiten. Wissenschaftler nahmen Stellung und gaben Interviews zuhauf. Der Krieg wurde vordergründig um die Volksgesundheit (Krebs und Übergewicht) ausgefochten; im Hintergrund ging es um das Zuckergeschäft. Der Zucker hatte sich ungetestet längst seinen Markt geschaffen. Er galt sogar als Grundnahrungsmittel; von «Zusatz» sprach schon längst niemand mehr. Saccharin hatte während des Zweiten Weltkrieges seinen Dienst getan; nun konnte der Mohr gehen!

Da nach dem Krieg in der nördlichen Hemisphäre ohnehin die Rübe das Rohr mehr und mehr verdrängt hatte, war das Zuckerbusiness nicht gewillt, einem neuen Konkurrenten den Kriegsschauplatz zu räumen. So hatte schon 1970 die mächtige Zuckerlobby (geeint, wenn es gegen einen gemeinsamen Feind geht) ein FDA-Verbot für *Zyklamat* erreicht. Nun traf das Verdikt den seit fast hundert Jahren gebrauchten und bewährten Süßmacher Saccharin.

12 Milliarden Dollar machte der gesamtamerikanische Zuckermarkt 1981 aus. Der gute alte Zucker aus Rohr und Rübe verlor zusehends an Boden. Innerhalb von nur zehn Jahren hatte der freche Neuankömmling, die Isoglucose, 33% des Markts erobert, auf Kosten des Industriezuckers. Nun drohte auch noch der Einbruch beim Haushaltszucker. Saccharin hatte 1977 einen Umsatz von gut 2 Milliarden Dollar. Neue Zuckeraustausch- und auch Zuckerersatzstoffe kamen immer häufiger auf den Markt. So war die gereizte und kämpferische Atmosphäre begreiflich.

Fragwürdig hingegen ist die Kampfmethode in diesem harten Wettbewerb. Vielleicht ist es echt amerikanisch, daß er religiös wie wissenschaftlich, mit

Propheten und Professoren, für Gesundheit und nationale Gesinnung ausgetragen wurde. Es ging um Freiheit und die Zukunft der Nation. Wer könnte die Verantwortung für einen körperlichen oder gar geistigen Krebsgang übernehmen?

So nahmen denn beide Heerlager für sich in Anspruch, die Volksgesundheit zu verteidigen. Während die Befürworter des Saccharin-Verbots vorgaben, das Volk vor Krebs zu schützen, traten die Saccharin-Anhänger den Kampf gegen das durch den Zucker verursachte Übergewicht und das Risiko der Herz- und Kreislauferkrankungen an.

Der Konsumentenschützer Ralph Nader forderte aus prinzipiellen Gründen ein Saccharin-Verbot. Denn er befürchtete, daß im Boom der Nahrungsmittelindustrie der Delaney-Paragraph immer mehr umgangen werden könnte. Schon bei früheren Saccharin-Tests waren vereinzelte Krebsfälle aufgetreten, aber die FDA hatte nichts unternommen. Erst im nachhinein mußte Nader erkennen, daß er sich hatte einspannen lassen. Natürlich paßte der Nahrungsmittelindustrie dieser Paragraph längst nicht mehr. Ihr war der Kampf für ein Saccharin-Verbot recht, denn er kurbelte die Debatte über die «Fragwürdigkeit» dieses Paragraphen an. Und sie hat es erreicht! Nader erlitt einen Pyrrhussieg.

Da war das Lager der Diabetiker, Diätesser, Mediziner und Zahnärzte – und hinter ihnen der 2-Milliarden-Dollar-Markt der Schonkost- und Diätgetränkeindustrie.

Nach dem Verbot tönte es von dort: «Verfettung ohne Ende!» Ohne künstliche Süßstoffe würde die US-Bevölkerung jährlich 300 Millionen kg Fett zusätzlich ansetzen. Diabetiker seufzten, daß ihnen nun noch die letzten Süßigkeiten genommen seien. Zahnärzte (auch sie still in die Lobby für einen 1,5-Milliarden-Markt eingespannt) liefen Sturm, denn wie sollte man nun die Zahnpasta und das Mundwasser süßen (darin war bislang Saccharin gewesen)? Fast 50000 Diätärzte verlangten entrüstet, daß Saccharin als Medizin eingestuft werde. Da war natürlich die Saccharin-Lobby wiederum dagegen, denn das hätte Rezeptpflicht zur Folge gehabt und dadurch eine beträchtliche Einschränkung des freien Marktes. Da es sich um Milliarden-Märkte handelt, geht die Sache nach der gefahrlosen Süße mit großem Aufwand weiter. Denn die negativen Auswirkungen des Zuckers auf Zähne, Gewicht und Herz sind inzwischen bis in weite Kreise hinein bekannt, aber niemand möchte Süßigkeiten missen. Der große Traum vom kalorienfreien, ungefährlichen Süßstoff wird zum Trauma der Zukkerwirtschaft.

1879 entdeckte der deutsche Chemiker Constantin Fahlberg, der als Assistent bei Prof. Ira Remsen an der John-Hopkins-Universität (Baltimore) arbeitete, zufällig den neuen Süßstoff. Während seiner Arbeiten an der Herstellung von o-Toluolsulfonamid und dessen Oxidation mit Kaliumpermanganat stellte er fest, daß sein Butterbrot in der Pause süß schmeckte. Alles, was er anrührte, bekam einen süßen Geschmack, und er fand heraus, daß dies vom Präparat, das er bearbeitete, stammte. Er begriff bald, daß seine Entdeckung von größter Tragweite war. So kehrte er nach Deutschland zurück, arbeitete zusammen mit seinem Onkel Adolph List weiter, und beide meldeten 1882 ihr Verfahren beim Patentamt an. Der neue Stoff wurde unter dem Namen *Saccharin* geschützt.

Bald nahm die Fabrik *Heyden AG* die Herstellung auf und nannte das Produkt *Zuckerin* oder *Kristallose*.

Schon damals begriff die Zuckerindustrie die Bedrohung. Zumal Fahlberg sehr aktiv wurde und in Amerika und Deutschland an Konferenzen vorschlug, Kartoffelstärke mit Saccharin zu versüßen, um so die Fabrikation von Rübenzucker und in den USA die Einfuhr von Rohrzucker entbehrlich zu machen. Die Zuckerindustrie reagierte heftig, die rübenpflanzende Landwirtschaft war aufgebracht. So kam es bereits 1894 zu einem Saccharin-Paragraphen im Zukkergesetz. Als der Verkauf dennoch rapide anstieg und schon 1894 30000 kg Reinsüßstoff und 1897 bereits das Doppelte betrug, begann die Verketzerung von Saccharin. Die Zucker- und Rüben-Lobby behauptete, Saccharin schade der Gesundheit, und ökonomisch sei es untragbar, daß auf der einen Seite der hochwertige Zucker einer erheblichen Verbrauchssteuer unterworfen sei, während das Saccharin – ohne jeglichen Nährwert – steuerfrei sei.

Bis auf den heutigen Tag hält die wechselvolle Geschichte von Saccharin an. Schon 1886 wurden die ersten Tests mit Arbeitern durchgeführt, denen man täglich 6 Gramm Saccharin verabreichte. Resultat: keine schädlichen Wirkungen. 1888 wurden in Frankreich Diabetiker getestet, die während 5 Monaten täglich 5 Gramm Saccharin zu sich nahmen. Resultat: keine schädlichen Wirkungen.

Dennoch kam es 1898 durch einen Gesetzesentwurf im Reichstag zum ersten deutschen Süßstoffgesetz und einem Saccharin-Verbot. Unter Präsident Roosevelt führte der vom amerikanischen Landwirtschaftsministerium ausgeübte Druck ebenfalls zu einer harschen Einschränkung: Saccharin durfte für gängige Nahrungsmittel nicht mehr als Zusatz gebraucht werden. Der Hauptgrund war: Zucker besitze einen Kalorien- oder Nährwert; Saccharin hingegen keinen.

Der Erste Weltkrieg brachte bald eine Lockerung des Süßstoffgesetzes, da die Landwirtschaft den Boden für die Herstellung von Lebensmitteln benötigte und Zucker rar wurde. Einige Jahre nach dem Krieg trat erneut eine restriktive Gesetzgebung in Europa und in den USA in Kraft. Das gleiche Spiel wiederholte sich im Zweiten Weltkrieg. Saccharin durfte «für die Dauer der Kriegswirtschaft» wieder verwendet werden.

Nach dem Krieg zeigten sich dieselben Tendenzen. Allerdings bekam Saccharin Konkurrenz: 1944 brachte Dr. Michael Sveda *Zyklamat*, das er kurz vor dem Krieg entdeckt hatte, an die Öffentlichkeit.

Nun setzte ein heftiger Wissenschaftsstreit ein: Die verschiedenen Lobbies begannen mit einer aufwendigen Auftragsforschung. 1951 wurde die erste ernst zu nehmende toxikologische Studie durch Fitzhugh und seine Mitarbeiter durchgeführt. Sie ergab keinen Krebsverdacht. 1955 versuchte die amerikanische Nationale Wissenschaftsakademie den für die Wissenschaft peinlich gewordenen Krieg mit einer Großstudie zu schlichten. Das Resultat: «Die maximale Dosis von Saccharin, die ein Mensch im Durchschnitt täglich zu sich nimmt, ist ungefährlich.» Aber das Hin und Her ging weiter. 1968 stellte ein

(Fortsetzung Seite 100)

Kurzer Steckbrief: Süßstoffe, die von sich reden machen

Neben dem alltäglichen Zucker, der Saccharose, gibt es viele andere Zucker. Man unterscheidet ferner zwischen *Zuckeraustauschstoffen* und *künstlichen Süßstoffen. Austauschstoffe* werden aus natürlichen Rohstoffen, Stärke oder Zellulose gewonnen. Sie sind für Diabetiker geeignet, da sie der Körper insulinunabhängig abbaut. Sie enthalten jedoch Kalorien und eignen sich daher schlecht für das Diätgeschäft. Die ohne Insulin verwertbaren Zuckeralkohole – wie etwa *Sorbit* und *Xylit* – werden immer häufiger unter dem Begriff «zuckerfrei» verkauft. So gibt es den «zuckerfreien» Kaugummi. Nachteile dieser Austauschzucker: Deutlich geringere Süßkraft als Saccharose; um gleichen Geschmack zu erreichen, braucht es höhere Dosierung; das verteuert die Produkte sehr stark. Ob diese hohen Dosierungen jedoch physiologisch schadlos sind, ist stark umstritten.
Auf die meisten künstlichen Süßstoffe ist man bis heute eher zufällig gestoßen, meist im Zusammenhang anderer chemischer Untersuchungen. Ein Grund liegt darin, daß bis heute wenig gesichertes Wissen und wenig theoretische Überlegungen über die Zusammenhänge zwischen Molekülform und Süßkraft vorliegen. Deshalb kann man nur bekannte Süßstoffe variieren, jedoch keine neuen Süßstoffmoleküle entwerfen.

Acetosulfam
Name auf dem Markt: Acesulfame K (vorgesehen; in Testphase). Hersteller: Hoechst AG. Süßkraft: 200mal süßer als Zucker. Charakter: Den Sulfonamiden verwandt. Kein Nachgeschmack. Zerfällt nicht in der Hitze. Keine pharmakologische Aktivität. Seit 1980 getestet. Soll 1983 in den USA, Großbritannien und der Bundesrepublik auf den Markt kommen. Geeignet für Soft Drinks und Konfekt.

Aspartame: APM
Wissenschaftliche Bezeichnung: L-Aspartyl-L-Phenylalanin-Ester. Charakter: ein Peptid aus den zwei Aminosäuren L-Asparagin und L-Phenylalanin, die wie gewöhnliche Eiweißstoffe abgebaut werden. Daher ungefährlich. Nachteil: zerfällt in Säurelösung und ist unstabil, wenn es gekocht wird. Wurde 1974 von der FDA zugelassen.
Süßkraft: 200mal süßer als Zucker. Hersteller: G. D. Searle & Co., Stockie, Illinois. Name auf Markt: seit 1982 auch in der Schweiz zugelassen und als «Canderel» von Doetsch, Grether & Co., Basel, und als «Assugrin Gold» von der Hermes Süßstoff AG vertrieben. Unter demselben Namen bereits seit 1979 in Frankreich und Belgien vermarktet.

Dulcin
Süßstoff, der als Lebensmittelzusatz verboten ist.

Dynapol
ist der Name einer in Palo Alto, Calif., beheimateten Firma, die mit verschiedenen Nahrungsmittelfirmen und Getränkeherstellern (u. a. *Seven-Up*) zusammenarbeitet, um einen Süßstoff aus Früchteextrakten (z. B. Rinden von Zitrusfrüchten: Dihydrochalkon) zu entwickeln, der vom Körper nicht absorbiert wird, daher nicht in die Blase gelangt und dort auch keinen Krebs erzeugen kann. Sie sucht ein Additiv, das sich mit dem Molekül so verbindet, daß es im Verdauungsapparat nicht absorbiert werden kann. Dynapol-Produkte sind im Prüfstand (s. Neo-DHC).

Fruitalose
Aus Fructose hergestellt, von Guardian Chemical Corp., Hauppauge, N.Y., 2mal stärker als Zucker. Gleich viel Kalorien wie Zucker. Ein Zuckeraustauschstoff.

Glycyrrhizin
Der Süßstoff ist in den USA als AG (*a*mmoniated glycyrrhizin) bekannt. Hersteller: MacAndrews & Forbes Co., Camden, N.J. Extrakt von Lakritze oder Süßholz. 50mal süßer als Zucker.
In den USA als Geschmacksverstärker, nicht aber als Süßstoff zugelassen. Dennoch stellt die Firma *Alberto-Culver Co.*, Melrose Park, Illinois, *Sugar-Twin* her und verkauft den Kaugummi und Lutscher als «saccharinfreien natürlichen Süßstoff». Anwendung für Medikamente, in Raucherwaren und Confiserie-Produkten. Ausgeprägter Lakritzegeschmack.

HFCS: High Fructose Corn Syrup: s. Kapitel Coca-Cola

Isoglucose = Stärkezucker aus Maissirup: s. Kapitel Coca-Cola

Isomaltit = Zuckeraustauschstoff

Mannit
wird aus dem *Mannitol* abgeleitet: s. Sorbit.

Naringin (NDHC)
Dihydrochalcon, 300mal süßer als Zucker

Neo-DHC oder *Neohesperidin (NHDHC)*
ist ein Dihydrochalkon (s. Dynapol), und der volle Name wäre Neohesperidindihydrochalkon. Zu Beginn der 60er Jahre entdeckt. Chemisch verwandt mit Bitterstoff *Naringin*, der in den Rinden oder Schalen von Zitrusfrüchten vorkommt.
Israel hat ein Verfahren für großtechnische Umwandlung entwickelt. Nachgeschmack wie Lakritze oder Menthol, länger anhaltend. Ohne Kalorien. Firma Dynapol in Palo Alto arbeitet und forscht mit Neohesperidin und verkauft es als Zusatzprodukt für Kaugummi, Zahnpasten und Mundwasser. 1000mal stärker als Zucker.

Osladin
Aus Farnwurzeln. 300mal süßer als Rohrzucker.

Palatinit
Von gleichnamiger Firma in der BRD hergestellt. Zuckeraustauschstoff. Mit Kalorien. Wird über Fermentation von Rohrzucker gewonnen. Ist Malzzucker verwandt.

Saccharin
s. Artikel, 550mal süßer als Zucker. Ältester Süßstoff – über 100 Jahre alt. 1. Produktion: Heyden AG, Deutschland. Bis 1972 Monsanto Co. (großchemisches Unternehmen).
Heute in USA einziger Hersteller: Sherwin-Williams Co., Cincinnati. Die Cumberland Packing Corp. mischt, füllt ab und verpackt (Sweet 'n' Low). Ein totales behördliches Verbot kann in den USA nicht in Kraft treten, bevor das Parlament endgültig darüber entschieden hat. Entscheid für 1983 erwartet.

Sorbit
Ähnlich dem Mannit und Xylit (s. dort) = mehrwertige Alkohole. Wrigley verwendet ein Derivat (Sorbitol) als Kaugummi-Süßstoff.

Stevioside
Aus den Wurzeln des Krautes Stevia Rebaudiana. Da es sich nicht durch Samen, sondern durch Wurzeln fortpflanzt, ist Massenproduktion erschwert. In Japan entwickelt. 300mal süßer als Zucker. Kalorienarm.

Talin
Aus westafrikanischen Sträuchern isolierte Substanz. Fast 4000mal süßer als Zucker.

Thaumatin
Erstmals ein süßschmeckendes Eiweiß, in den Beerensamen eines südamerikanischen Strauchs (Thaumatococcus danielli) entdeckt. 2500mal süßer als Zucker. Herstellung noch unwirtschaftlich. Da sehr große Moleküle, wird Wahrnehmung des süßen Geschmacks verzögert.

Tryptophan
Grundbaustein der Eiweißstoffe. 2000- bis 3000mal süßer als Zucker.

Ultrasüß
Wie Dulcin (s. o.) bestand das Produkt die toxikologischen Tests nicht. So verschwand der Süßstoff, der die 4000fache Süßkraft des Zuckers hat.

Xylit
Aus Xylan wird die hochmolekulare Form der Xylose (Holzzucker) gewonnen. Durch weitere Umwandlung chemischer Art wird Xylit (= Zuckeralkohol) entwickelt. Xylit ist ein Süßstoff, der in vielen Früchten, Gemüsen und Pilzen vorkommt. Eine direkte Gewinnung (wie bei der Rübe oder dem Rohr) lohnt sich jedoch nicht. Besonders xylanreich sind Kokosschalen, Stroh, Birkenholz, Maiskolben und verschiedene landwirtschaftliche Abfälle. Der Naturstoff Xylan ist ein Polysaccharid; Xylose ein Monosaccharid. Durch einen weiteren Umweg entsteht Xylit. Da das erste Verfahren in Finnland von Birkenholzspänen ausging, wird Xylit in Skandinavien – jedoch chemisch zu Unrecht – Birkenzucker genannt. 70 % süßer als gewöhnlicher Zucker.
Hersteller: Hoffmann-La Roche, Basel.
Mit der finnischen Zuckerfabrik in Katka ist Hoffmann - La Roche ein Joint-venture (Xyrofin AG) eingegangen. In den USA hat die Xyrofin in Savannah, Illinois, mit der Herstellung von Fructose und Xylitol (für den Wrigley-Kaugummi) begonnen.
Wrigley hat mit seinem Kaugummi Sorgen, weil jeder Stoff immer wieder verdächtigt wird, Schäden zu verursachen. So wechselte sie von Orbit auf Sorbit und Mannit, die wiederum Verdacht auf Schäden an Blut und Nerven bei Diabetikern erweckten. Aber auch Xylitol kam unter Verdacht. «Zuckerfreier Kaugummi» erfordert auch seine Opfer!

Zyklamat (s. Artikel)
30mal süßer als Zucker. Kalorienfrei. Einziger Fabrikant: Abbott Laboratories.
Europa: Hermes Süßstoff AG, Zürich: weltgrößter Verarbeiter der Ausgangsstoffe Saccharin und Zyklamat.
In den USA 1970 von der FDA als gesundheitsgefährdend im Lebensmittelbereich verboten.

(Fortsetzung von Seite 97)

Sonderausschuß der FDA fest, daß ein durchschnittlicher Konsum von 1 Gramm pro Tag für einen Erwachsenen ungefährlich sei und daß das Risiko klein sei, da der gewöhnliche Mensch höchstens 15 Milligramm täglich konsumiere. Gleichzeitig ermittelte dieser Ausschuß, daß die alten Studien über Krebswirkung nach modernen Kriterien nicht mehr zulässig seien. Er empfahl neue Untersuchungen.

Mittlerweile hatte sich die Forschung auf das Zyklamat gestürzt, und eine Studie fand heraus, daß der Süßstoff Blasenkrebs bei Ratten hervorrief. Das führte dazu, daß die FDA 1970 ein Verbot von Zyklamat erließ und Saccharin von der GRAS-Liste strich, einer Zusammenstellung von 1000 Chemikalien, die allgemein als unschädlich anerkannt sind (*G*enerally *R*ecognized *A*s *S*afe).

1974 begann die inzwischen weltberühmt gewordene kanadische Testserie. Dr. Arnold und sein Team legten die Untersuchung so an, daß mögliche karzinogene Eigenschaften von Otho-Toluol-Sulfonamid (OTS) abgeklärt werden konnten, einer Verbindung, die nach dem herkömmlichen Remsen-Fahlberg-Verfahren bei der Herstellung von Saccharin in größeren Mengen als Verunreinigung auftritt. Es ging um die Abklärung, ob das Saccharin selbst oder lediglich die Verunreinigung OTS als möglicher Krebsstoff wirkt. Der Nachweis wurde erbracht, daß OTS in keiner auch noch so hohen Konzentration Blasenkrebs bei den Ratten erzeugte. Hingegen war bei Tieren, deren Futter 5 % OTS-freies Saccharin enthielt, ein Anstieg der Blasenkrebshäufigkeit zu beobachten, vor allem bei Männchen der zweiten Generation, also bei Tieren, die bereits im Mutterleib großen Mengen Saccharin ausgesetzt waren.

Die Dosis war sehr hoch: 5 % Saccharin wurden beigemischt. «Auf den Menschen übertragen», sagte 1977 Prof. Meinrad Schär vom Institut für Sozial- und Präventivmedizin, Zürich, «entspräche dies einer täglichen Menge, die in 800 Flaschen à 3 dl künstlich gesüßtem Coca-Cola enthalten wäre. Bei so hohen Dosen und der Wahl einer Rattenart mit hoher Krebsdisposition läßt sich auch mit vielen anderen Substanzen Krebs erzwingen.»

Das Experiment als solches wurde von niemandem in Frage gestellt, jedoch seine Relevanz. Was war damit eigentlich bewiesen? Und wie konnte ein ehrlicher Wissenschaftler allen Ernstes behaupten, das erzielte Resultat liege allein am Saccharin? Konnte es nicht auch die Umgebung sein, der Streß, die Monokultur oder Einseitigkeit? Dutzende von Fragen müssen gestellt werden – allen voran die Frage, was denn eigentlich Krebs ist und inwieweit Krebs rein physiologisch verursacht wird. Viele Hinweise deuten darauf hin, daß Krebs auch mit psychischen und sozialen, mit ökonomischen und ökologischen Faktoren in Bezug stehen kann. Wie Prof. Schär sagt, kann alles «erzwungen» werden: Gerade Krebs hat wohl sehr viel mit Einseitigkeit und Monokultur zu tun.

Damit käme auch schon ein zweiter wichtiger Punkt zur Diskussion: die Dosierung und Mischung (Mixtur). Wir wissen, daß niemand ausschließlich Saccharin ißt, genausowenig wie nur Kuchen. Auf einem gesunden Menü stehen drei Gerichte, die sich ergänzen und die durch ihr Zusammenwirken die Wirkung entfalten. Kartoffeln allein sind schädlich, genauso wie wenn jemand nur Brot ißt. Von der Medizin (besonders jedoch der Homöopathie) wissen wir, daß die Dosierung außerordentlich wichtig ist: So könnte wohl das Übermaß, nicht aber das Saccharin an sich den Krebs mitverursacht haben. Seriöse Wissenschaftler geben zu, daß sie über den Stoffwechsel im allgemeinen und mit Süßstoffen im besonderen wenig oder nichts wissen. Es existieren keine Forschungen über den Saccharin-Stoffwechsel. Das ist kein Zufall. Denn hier geht es längst nicht mehr um die Sache Saccharin, sondern um die Verdrängung dieses Stoffs vom Markt. Und da die amerikanische Bevölkerung neben der Kommunismus- auch einer Krebshysterie unterliegt, greift jede Lobby zur Krebsforschung. So muß auch die Wissenschaft einen sehr bitteren Beigeschmack erhalten. Sie erforscht das, wofür sie Geld erhält, und folgt dabei noch Regeln, die auf Druck von Lobbies (bei der FDA ganz offensichtlich) zustande gekommen sind.

Nicht daß ich Saccharin verteidigen möchte. Die Geschichte dieses Produktes illustriert die Macht der Lobbies und die durch sie bedingte Einseitigkeit der Forschungsarbeiten. Alle Entscheide im Zusammenhang mit Saccharin haben mehr mit Politik als mit Wissenschaft zu tun. Endlich müßte wieder Besinnung einziehen und auch die Frage nach der Verhältnismäßigkeit gestellt werden. Jedermann weiß, daß mit Tabak ganz anders umgegangen wird. Wie kann ein Ministerium ein Produkt bannen, weil es höchstens in Grenzfällen Krebs erzeugt, während ein anderes Produkt, dem schon längst Lungenkrebsverursachung nachgewiesen worden ist, von einem anderen Ministerium sogar noch subventioniert wird? Natürlich: Die Tabaklobby ist viel, viel mächtiger als die Saccharinlobby.

Um Sachlichkeit und Verhältnismäßigkeit geht es schon längst nicht mehr. Wie kann ein Produkt, dem erst mit fragwürdigen Methoden Schädlichkeit nachgewiesen werden kann, so verketzert werden, während der Zucker, der offensichtlich enorme Gesundheitsschäden verursacht, gar nicht mehr in den Prüfstand muß. Noch zynischer: Die Zuckerindustrie verfolgt im Namen der Gesundheit Süßstoffe. Der eigentliche Grund ist eindeutig: Ihr Monopol, und nicht die Gesundheit, ist bedroht.

In Zukunft müßte viel mehr zwischen Produkten abgewogen werden. Es müßten Kosten-Nutzen-Analysen erstellt, die Verhältnismäßigkeit von Nutzen und Schaden abgewogen und auf Monomanie verzichtet werden. Bei der Beratung des Konsumenten sollte vom beständigen Entweder-Oder abgelassen werden: Es gibt nicht bloß Krebs oder Dickleibigkeit. Verlangt man gesetzlichen Schutz vor gefährlichen Stoffen, muß man wissen, daß dies in unserem System einerseits nie möglich ist, und andererseits, daß man sich dann auch selbst einschränken muß.

Die Zuckerindustrie propagierte die kanadischen Forschungsresultate bereits vor Abschluß der Auswertung. Die Befunde wurden in speziell für Journalisten verfaßten Schriften hinausposaunt, dies alles mit Hilfe eines amerikanischen Werbebüros. Die Süßstoffhersteller taten das ihre. Sie zogen ebenfalls Wissenschaftler hinzu und veranstalteten eine ganze Reihe von internationalen, pressewirksamen Symposien. Im Ringkampf siegte vorübergehend die Süßstofflobby. Das Saccharin-Moratorium wurde 1979 erweitert. Mitte 1983 soll definitiv entschieden werden. Im Augenblick sieht es kaum nach einem Verbot, sondern eher nach einem Kompromiß aus. Das wird der Grund sein, warum

Ende 1982/Anfang 1983 die Firmen, die Süßstoff herstellen, aggressiv in die Werbung eingestiegen sind. Jede versucht, der anderen Marktanteile abzujagen. 1974 ließ die FDA einen dritten Süßstoff, *Aspartame* (APM), begutachten und gab ihn zur Produktion frei. Er wird von der Firma *G. D. Searle & Co.*, Stockie, Illinois, hergestellt. 1981 kam er auf den Markt und brachte sofort einen Umsatz von 14 Millionen Dollar. Die Firma verspricht sich 500 Millionen im Jahr 1986. Sie hat bis Ende 1982 70 Millionen Dollar in toxikologische Tests investiert. Sie hat auch ihren Betrieb vergrößert und mit der japanischen Firma *Ajinomoto Co.* zusammengespannt. Um alle Pläne wunschgemäß verwirklichen zu können, muß die FDA Aspartame für Diät-Soft-Drinks freigeben.

Aber in der Schlange wartet bereits der amerikanische Zweig von *Hoechst* mit dem seit zehn Jahren entwickelten *Acesulfam K*, das im September 1982 der FDA zur Prüfung eingereicht wurde. Hoechst gibt sich zuversichtlich, hat doch die britische Gesundheitsbehörde Acesulfam K als «das sicherste Produkt in dieser Kategorie» eingestuft. *Hoechst* hofft vor allem auf den Pudding-, Kaugummi-, Dosenfrüchte- und Konfektmarkt.

In diesem Rennen läuft weiterhin der einzige amerikanische Saccharin-Hersteller: Die *Sherwin-Williams Company* hat in allen Bereichen zum Gegenschlag ausgeholt und sogar eine neue Rattenstudie bei der Chicagoer Testfirma *Internation Research & Development Corporation* in Auftrag gegeben. Das schwarze Schaf bleibt vorderhand die Firma *Abbott Laboratories*, die das seit 1970 gebannte Zyklamat herstellt. Auch sie strebt eine Neuaufnahme von Tests und die Wiedererwägung durch die FDA an. Sie erinnert daran, daß Zyklamat in über 40 Ländern anerkannt und zugelassen ist. Den europäischen Markt beliefert die *Hermes Süssstoff AG* (Zürich). Der Standpunkt in der neutralen Schweiz ist günstig: So kann sie hoffen, nicht in den Strudel der Gesetzgebung in den USA und erst recht in der EG gerissen zu werden. Man operiert von außen und bleibt ein Außenseiter.

Alle diese Firmen hoffen auf einen Frühling, und falls er kommt, daß Coca-Cola und die Großen der Getränkeindustrie die Isoglucose aufgeben und zu Saccharin und Zyklamat zurückkehren. Im Zuckerkrieg gibt es einen Waffenstillstand nur, um neu für den nächsten Krieg zu rüsten. Und die Neuankömmlinge hoffen, daß das Image der Vorgänger bereits zu stark angeschlagen ist und der Käufer neue Sicherheit in neuen Produkten sucht.

III Schauplätze des Zuckerkrieges

Karibik: Im Dreiecksverhältnis

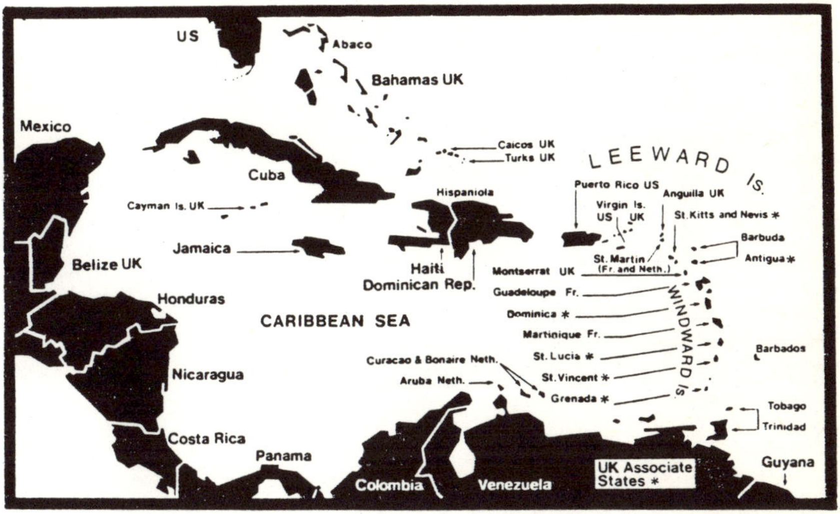

Die gegenwärtige Unterentwicklung der Karibik ist das Ergebnis einer 400jährigen kolonialen Vergangenheit mit immer neuen Formen der Abhängigkeit vom internationalen System. «Die gleiche Philosophie schon 400 Jahre», sang eindrücklich der Reggaestar Bob Marley.

Das Unglück der Karibik begann mit Kolumbus' Ausfahrt gen Westen. 1492 ging er an Land, im Glauben, Indien gefunden zu haben. Zur Erinnerung an die vermeintliche Indienexpedition heißt die Gegend noch heute Westindien. Auf seinen vier Amerikareisen entdeckte Kolumbus fast alle karibischen Inseln für Spanien (und Europa).

Spanien eroberte die Gebiete und versuchte sofort, sie wirtschaftlich nutzbar zu machen. Bereits auf seiner zweiten Reise nahm Kolumbus Zuckerrohrwurzeln von den Kanarischen Inseln nach Santo Domingo mit. Zucker war damals ein kostbares Produkt und wurde in geringen Mengen auf Sizilien, Madeira, den Kanarischen und Kapverdischen Inseln angebaut oder sehr teuer über Arabien aus Indien importiert.

Zucker erlangte bei den neuen Siedlern rasch große Popularität. Außer in Brasilien wurde Zuckerrohr bald auf Barbados, Jamaika, Haiti, Guadeloupe,

Grunddaten zur Landwirtschaft ausgewählter Länder

	Anteil der in der Landwirtschaft Beschäftigten an den Erwerbstätigen in Prozent 1977	Beitrag der Landwirtschaft am Bruttoinlandsprodukt in Prozent 1977	Export von Agrarprodukten 1972: in Mio. Währungseinheiten	Export von Agrarprodukten 1972: Prozent des Gesamtexports	Wichtigstes landwirtschaftliches Exportprodukt	Prozent des Gesamtexports
Barbados	EC-$ 16,0	11,0	40,2	63,7	Zucker	30,0 (1977)
Guyana	EC-$ 24,0	20,8	142,3	51,6	Zucker	37,4 (1972)
Jamaika	EC-$ 24,0	9,0 (1976)	172,2	24,3	Zucker	12,0 (1977)
Trinidad und Tobago	EC-$ 13,0	3,0	87,5	8,0	Zucker	7,0 (1973)
ECCM	EC-$ 32,0 (1970)	19,1 (1970)	35,0	68,2	Bananen	–
Belize	EC-$ 70,0	40,0 *	29,4	–	Zucker	–
Dominikan. Republik	US-$ 58,0	20,0	271,6	78,1	Zucker	34,4 (1979)
Haiti	US-$ 70,0	43,8	24,9	71,1	Kaffee	30–40
Kuba	kub. Peso 26,0	16,2 (1978)	–	–	Zucker	83,0 (1977)
Puerto Rico	US-$ 6,5 (1976)	2,8 (1978)	340,6 (1973)	13,8 (1973)	Tabak	4,3 (1972)
Surinam	Sf. 50,0	9,0	7,5	4,4	Reis	2,8 (1972)

* Beitrag der Landwirtschaft zum BSP

Quelle: *Weltbankbericht Nr. 566a,* Caribbean Regional Study, Vol. I (Main Report) und Vol. III (Agriculture)

Zuckerrohrerzeugung ausgewählter karibischer Länder (in 1000 t)

	1972	1973	1974	1975	1976	1977	Abhängigkeitsgrad von Verkäufen auf dem Weltzuckermarkt (1977)
Kuba	4 688	5 383	5 926	6 427	6 151	6 953	93 %
Domikan. Republik	1 173	1 178	1 230	1 170	1 297	1 258	86 %
Jamaika	387	339	378	366	368	297	67 %
Trinidad und Tobago	238	186	187	163	205	178	74 %
Barbados	117	121	113	102	106	120	88 %
Weltproduktion	43 442	45 894	49 003	49 401	52 842	55 873	
Weltproduktion Zuckerrohr und Zuckerrüben	75 731	77 900	78 918	81 545	86 573	91 826	

Quelle: International Sugar Organization (Metra Consulting. Colombia and the Caribbean. London 1980).

Puerto Rico und Santo Domingo angepflanzt. Anfangs bauten die weißen Farmer auch Indigo, Kakao, Tabak und Pfeffer an. Die Monokultur wurde erst von den Briten durchgesetzt.

Der Zucker versprach Reichtum, daher zog er Neider an. Die Inseln der Karibik wurden zum Schlachtfeld internationaler Politik. Spanien versuchte, den gewinnbringenden Handel durch Zugangsverbote für ausländische Schiffe (außer portugiesischen) zu monopolisieren. Das provozierte Piraterie und Eroberungsversuche. Anfang des 17. Jahrhunderts faßte Großbritannien Fuß in der Karibik. 1655 hatte eine britische Flotte versucht, Hispaniola (heute Haiti und Dominikanische Republik) zu erobern. Das Unternehmen scheiterte, und so wurde als Racheobjekt Jamaika gewählt: Eine 8000 Mann starke Invasionsarmee warf 1655 die Spanier hinaus. Einige wenige zogen sich in die Berge zurück und führten zusammen mit entlaufenen Sklaven (den Maroons) einen langen Guerillakrieg. Die meisten zogen auf die Insel Kuba, wo sie wieder Zuckerrohr anbauten. Die Engländer übernahmen die Farmen der Spanier und bauten weiterhin eine breite Palette von Produkten zum Export.

Bald aber kam es zur ersten «Rationalisierung» und damit zur *Zuckermonokultur*. Wirbelstürme, Erdbeben, Überfälle, Brandschatzungen und eine Kakaopflanzenkrankheit verwüsteten und zerstörten die alten Pflanzungen. Man mußte von vorn beginnen und konzentrierte sich auf ein Produkt. Die Welle von Unglück hatten ohnehin die weißen Kleinfarmer, meist ehemalige Soldaten der Eroberungstruppe, verschuldet. Neureiche englische Investoren kauften das Land auf, und so entstanden große Ländereien. Da Zucker den größten Profit versprach, schrieben die Investoren (viele zogen sich bald wieder nach England zurück und wurden «abwesende Landlords») den Pächtern vor, voll auf den Anbau von Rohr umzustellen. Was auf Jamaika geschah, wiederholte sich nach und nach auf den anderen Inseln. Die großen Spezialisten dieser rasch entstehenden Monokulturen waren die Engländer, gefolgt von den Holländern und Dänen. Die Spanier dachten, ungeachtet aller Kritik, die man an ihnen üben muß, ganzheitlicher.

Da die Zuckerpflanzungen viel mehr Arbeitskräfte als die früheren Kakao- und Baumwollkulturen benötigten, wuchs die Nachfrage nach Sklaven rasch an. Ein Beispiel: Auf Jamaika gab es 1702 36000 Sklaven; 1775 waren es bereits 200000. In diesem Zeitraum wurden 360000 Sklaven eingeführt. Da rund ein Drittel der Sklaven die ersten drei Jahre in der Karibik nicht überlebte und die Zuckermonokultur von Jahr zu Jahr zunahm, ist einsichtig, daß der Sklavenhandel hektisch aufblühte. So entstand der berühmte Dreieckshandel.

Die Geschäftsleute saßen, zum Beispiel, in London. Die Bauern pflanzten Zucker in der Karibik an; dazu benötigten sie Arbeitskräfte, die als Sklaven aus Afrika hergeschifft wurden. Wer es verstand, dieses Dreieck zu schließen und einen «natürlichen Kreislauf» in Gang zu setzen (so der große dänische Dreieckshändler Baron Schimmelmann, geboren 1724), der konnte reich werden. Die Engländer und Spanier (die spanischen Seefahrer und Kaufleute immer mehr in offener oder geheimer Zusammenarbeit mit den Briten, die viel geschäftstüchtiger waren) bauten dieses Dreieck als erste aus.

1. Station: Europa–Westafrika: Aus Liverpool, Bremen oder Amsterdam transportierten die Schiffe Gewehre und Schwerter, Eisen- und Kupferwaren, billige Perlen und Nippes, Rum und Cognac an die Gold-, Elfenbein- und Sklavenküste. Mit Gewinn wurde verkauft oder direkt gegen Sklaven eingetauscht. Großhandelsfirmen mit direkten Verbindungen zu Kattun- und Gewehrfabriken, zu Raffinerien und Destillerien entstanden. Die profitabelsten Handelsgüter waren Branntwein, Kattun und Gewehre.

2. Station: Westafrika–Westindien: Viele dieser Handelsfirmen standen in gutem Kontakt mit arabischen Sklavenhändlern. Systematisch wurde eine neue Form der Sklavenjagd aufgebaut: Man begann die verschiedenen Stämme gegeneinander auszuspielen. Man unterwarf formell die einen, erteilte ihnen dann Privilegien, forderte aber als Gegenleistung die Anlieferung einer bestimmten Anzahl von Sklaven – die selbstverständlich im Nachbargebiet gejagt werden mußten. So schaltete man die teuren Araber allmählich aus. Die Operation wurde dadurch noch gewinnträchtiger. Die Sklaven wurden zu Sammelstellen, etwa der Insel Goré vor der Küste Senegals, gebracht. Hier pferchte man sie auf Schiffe. Viele starben bei der Überfahrt. In Westindien angekommen, schmierte man sie mit Palmöl ein und schor ihr Haupt. Wohlaussehend kamen sie auf den Markt.

3. Station: Karibik–Europa: Die Plantagenbesitzer benötigten Arbeitskräfte. Sie kamen auf den Sklavenmarkt und bezahlten meist mit Zucker. Mit Zucker und Rum beladen, segelten die Schiffe nach Europa zurück. Normalerweise trachtete ein westindischer Plantagenbesitzer danach, mit seinem Rum-Verkauf die Unterhaltskosten zu decken; so verblieb ihm der Rest aus dem Rohrzuckerverkauf (zwischen 70% und 75%) als Gewinn, falls er nicht neue Sklaven benötigte.

Die Gewinne aus diesem Dreieckshandel waren riesig und sind heute kaum mehr vorstellbar. Diese Kapitalakkumulation bildete eine der Grundlagen der britischen industriellen Revolution. Das 18. Jahrhundert war die Blütezeit des Dreieckshandels. Aus Jamaika wurde fünfmal mehr importiert als aus allen nordamerikanischen Kolonien; Dominica verkaufte 18mal mehr als Florida; die britischen Importe aus Grenada lagen achtmal höher als die aus Kanada; und Barbados verschiffte mehr nach England als die Kolonien Neuengland, New York und Pennsylvania zusammen. Eine Statistik aus jener Zeit hält fest, daß 1000 Schiffe zwischen 1750 und 1800 allein von Liverpool aus im Sklavengeschäft tätig waren.

Neben den Engländern setzten sich andere Kolonialmächte auf den kleinen Inseln der Antillen fest. So operierten die Holländer von Curaçao, St. Eustatius und Saba aus. Die Franzosen besaßen Martinique, Guadeloupe und St. Croix. Die Dänen eroberten 1666 St. Thomas, griffen dann nach der Nachbarinsel St. John und kauften 1733 St. Croix von den Franzosen.

Durch die Kolonialwirtschaft wurde das Menschenbild vollständig verändert. Die einheimische Bevölkerung, meist indianischer Herkunft, verschwand, weil sie entweder an Seuchen starb oder systematisch ausgerottet wurde. An ihre Stelle traten die aus Afrika eingeführten Sklaven. Das bekannteste Beispiel ist wiederum Jamaika. Die Spanier schafften es, binnen kurzer Zeit die Arawaks aussterben zu lassen. 1611 wurden bei der Volkszählung nur noch 74 genannt.

Weil daher Mangel an Arbeitskräften herrschte, holten die Spanier bereits im Jahre 1517 die ersten Sklaven aus Afrika herüber. Die Arbeitszeit der Sklaven betrug 16½ Stunden das Jahr hindurch und 18 Stunden zur Erntezeit. Vom vierten Lebensjahr an mußten auch die Kinder der Sklaven arbeiten. Das Essen war karg. Die durchschnittliche Lebenserwartung der auf Jamaika geborenen Schwarzen betrug 26 Jahre. Ein Plantagenbesitzer ließ seinen Kaufmann in London wissen: «Es ist billiger, neue Sklaven zu kaufen, als sie zu aufwendig zu ernähren.»

Zuckerrohr auf Mauritius

Als 1776 die 13 nordamerikanischen Kolonien ihre Unabhängigkeit erklärten, begann sich Englands Interesse mehr nach Indien und Afrika zu richten. Obwohl die Briten zwischen 1793 und 1833 den Zuckerimport verdoppelten, hatte das keine Auswirkungen auf die karibische Zuckerproduktion, die zu stagnieren begann. Als dann 1807 die britische Krone – vor allem auch auf nordamerikanischen Druck hin – den Sklavenhandel verbot, schienen die Zukkerplantagen am Ende zu sein. Viele der freien Sklaven in Jamaika setzten sich in die unbewohnten Berge ab und versuchten sich als Bauern. Sie hatten genug vom Zucker. Ein Viertel der Pflanzungen wurde verkauft, andere verpfändet oder verlassen. Auf Jamaika verhungerten 15 000 «Freie», ehemalige Sklaven, während dieser Krise.

Eine ähnliche Entwicklung durchlief *Haiti*, das von den Spaniern in Espagnola (Kleinspanien) umgetauft wurde. Als Kolumbus die Insel entdeckte, lebten darauf schätzungsweise eine Million Menschen. Fünfzehn Jahre nach der Eroberung war sie schon entvölkert. Las Casas, der kämpferische Dominikanerpater, wollte die Indianer schonen und empfahl, doch die robusteren Neger (wenn man schon Arbeitskräfte brauche) einzusetzen. Innerhalb eines Jahrhunderts erlebte die Insel einen gewaltigen Umbruch.

1697 ging ein Teil an Frankreich verloren und wurde San Domingo benannt. Der östliche Teil blieb bei Spanien und wurde die spätere Republik Haiti. San Domingo entwickelte sich rasch zur größten Zuckerproduktionsstätte der Welt, mit 1130 Plantagen und Mühlen führte es 1790 65 000 Tonnen Zucker aus. Die 40000 Weißen waren reich. Ihnen standen 450000 Sklaven zur Verfügung. 30000 mußten jährlich nachgeliefert werden. Dazwischen standen die 30000 Mulatten, ein Beweis dafür, daß die Sklaven auch sexuell mißbraucht wurden. Die Zuckerwirtschaft hatte eine ganz neue Bevölkerungsstruktur mit all ihren sozialen Folgen hervorgebracht.

1791 – mitten im wirtschaftlichen Hoch – brach eine Sklavenrevolte aus: der berühmte Sklavenaufstand von Santo Domingo unter Führung des jamaikanischen Negers Boukman. Weit über tausend Pflanzungen wurden vernichtet, 2000 Weiße ermordet, ihre Häuser ein Opfer der Flammen. Am Zucker klebte fortan noch mehr Blut. Die Nachrichten drangen nach Europa und führten vielerorts zu Sympathiebeweisen für die Schwarzen. Aus dieser Zeit stammt auch Matthias Claudius' Gedicht *Der Schwarze in der Zuckerplantage*:

Weit von meinem Vaterlande
muß ich hier verschmachten und vergehn,
ohne Trost, in Müh und Schande;
Ohhh die weißen Männer!! Klug und schön!
Und ich hab den Männern ohn' Erbarmen nichts getan.
Du im Himmel! hilf mir armem Schwarzen Mann!

Die rebellierenden Sklaven schlossen sich den Spaniern an und kämpften gegen Frankreich – für ihre Freiheit. Aber sie schwenkten wieder zu Frankreich zurück, als im Zuge der bürgerlichen Revolution der Nationalkonvent 1794 die Aufhebung der Sklaverei in den Kolonien beschloß.

Der durchaus konservative Toussaint Louverture wurde zum Freiheitshelden der Schwarzen. Er war ein brillanter Feldherr, als Generalgouverneur baute er jedoch ein despotisches System auf. Es wäre wohl bald wieder zerbrochen, wenn Napoleon in Frankreich nicht alles versucht hätte, um die alte Ordnung in der Karibik zu restaurieren, und bereits wieder auf Guadeloupe die Sklaverei eingeführt hätte.

Die Franzosen fielen in Santo Domingo mit einem Heer von 22000 Soldaten ein. Toussaint ließ alles in Schutt und Asche legen und kehrte zum Guerillakrieg zurück. Durch eine List wurde er gefangengenommen und nach Frankreich ausgeliefert, wo er 1803 starb. Dennoch mußten die Franzosen im gleichen Jahr kapitulieren. 1804 riefen die schwarzen Generäle die Unabhängigkeit aus und nannten ihr Land Haiti. 40000 Menschen waren für den Zucker und die Freiheit gestorben. Der Zucker war zerstört. Aber aus der Asche entstand nichts Neues. Die Armut blieb.

Nach der Abschaffung der Sklaverei in der ersten Hälfte des 19. Jahrhunderts waren viele Schwarze nicht mehr bereit, in den Plantagen zu arbeiten. Aus anderen Kolonien wurden billige Arbeitskräfte geholt, vor allem aus Indien und sogar aus China. Die Plantagenwirtschaft hat in 400 Jahren zu einer ganz neuen Bevölkerungsstruktur geführt: Die Indianer sind fast ganz verschwunden. Die Schwarzen dominieren, abgesehen von Guyana (51 % Inder), Surinam (37 % Inder) und Trinidad und Tobago (40 % Inder). Zahlreich sind die Mischlinge – Mestizen oder Kreolen. Und die kleinen weißen Minderheiten (in Jamaika zum Beispiel 3 %) sind politisch machtvoll wie eh und je.

Die koloniale Plantagenwirtschaft hat zudem das Landschaftsbild total verändert und den agrarischen Monokulturen angepaßt. Der Zucker vernichtete die Wälder der Karibik. Überall ähnliche Vorgänge: die Folgen der *plunder economy* der Plantagenwirtschaft. Auf Jamaika okkupierten die Zuckerpflanzungen riesige Flächen, die vorerst abgeholzt werden mußten. Das Holz wurde unter anderem auch für die Mühlen und das Feuern in der Siederei gebraucht. Da Zuckerrohr viele Nährstoffe braucht, dem Boden aber wenig Sorgfalt gewidmet wurde, laugten die Pflanzen den Boden aus. So wurde er unproduktiver, und mehr und mehr Land mußte urbar gemacht werden. All dies war nur einer Sklavenwirtschaft möglich. Die Formel lautet: mehr Zuckerrohrfelder, mehr Land urbar machen, mehr Mühlen, mehr Holz, mehr Sklaven.

Neben Jamaika ist *Kuba* ein eindrückliches Beispiel für ökologische Rücksichtslosigkeit im Dienste des Profits. Als Haitis Zuckerplantagen ruiniert waren, begann Kubas Zuckeroligarchie, die ganze Insel buchstäblich in eine Zuckerplantage zu verwandeln (s. S. 139). Von 1792 bis 1806 stieg allein in der Region Havanna die Zahl der Zuckermühlen von 337 auf 416. Bis dahin hatte Kuba eine starke Tabakindustrie. Zuckerbarone brannten mit Hilfe korrupter Beamten Tausende von Tabakfeldern nieder. Zudem wurde versucht, die noch freie Bauernschaft zu liquidieren. Das führte zu einer Veränderung der Besitzverhältnisse. Aber bald reichten auch diese Landreserven nicht mehr aus. Nun ging es an die Wälder, die in königlichem Besitz waren. In kurzer Zeit rissen die Zuckeroligarchen die Waldrechte an sich und holzten die Insel ab. Die Hälfte des gefällten Holzes diente der Brennstoffgewinnung. Der Rest fiel um des Landes willen. War Kuba einst für sein Holz (Mahagoni, Ebony, Zedern usw.) bekannt (alte Gebäude zeugen noch davon), so ist heute kaum noch Wald zu finden. Der Autor Alex Anderfuhren macht auf einen «grotesken Widerspruch» aufmerksam: «Zur gleichen Zeit, als auf der Insel der Wald zerstört wurde, war Kuba Großkäufer auf dem US-Markt für geschnittenes Bauholz.»

Die Monokultur zerstörte die Böden einiger kleiner Inseln vollständig, und so verschwand Ende des 19. Jahrhunderts der Zucker, und Amerikas Bananenrepubliken entstanden. Heute dominiert der Bananenanbau auf Dominica, Grenada, St. Lucia und St. Vincent. Guadeloupe, Martinique, aber auch Jamaika wechseln immer mehr zum Bananenanbau.

Die Last des Zuckers wird das karibische Schicksal bleiben. Die Plantagenmentalität ist noch überall vorhanden. Die Befreiung wird ein langer Weg sein.

Die Erklärung der politischen Unabhängigkeit änderte wenig. Die Inseln der Karibik sind politisch, ökonomisch, kulturell noch immer im Teufels-Dreieck des Zuckers gefangen.

Das krasseste Beispiel ist die *Dominikanische Republik*, wo 1965 US-Marinesoldaten landeten, um eine den USA genehme Regierung einzusetzen. Daraufhin kaufte die große amerikanische transnationale Gesellschaft *Gulf & Western* riesige Zuckerplantagen. Der Zucker wird jedoch nicht von den Dominikanern geschlagen. Dafür holt man sich wie einst Sklaven – Lohnarbeiter aus dem Nachbarland Haiti. Es herrschen barbarische Verhältnisse. Das Militär überwacht diese rechtlosen Akkordarbeiter und sorgt dafür, daß sie nach der Ernte heimkehren. Die meisten kehren eingeschüchtert, geschunden und ausgeraubt nach Hause zurück.

Im Lande beherrscht eine Trinität den Zucker: der Staat, einige Familienclans (Vicini, Valdez) und *Gulf & Western* (G + W). 90% des Zuckers werden in die USA exportiert. G + W betreibt den Zuckerhandel und macht dabei sehr hohe Gewinne (85% des Gewinns aus dem Agrarsektor des Konzerns stammen vom Zucker). Die billigen Sklavenarbeiter aus Haiti machen die lokale Zuckerarbeitergewerkschaft machtlos, die Gewerkschaften sind nicht erwünscht. Dasselbe gilt für die von G + W (über die Finanzgesellschaft *Confinasa*) aufgebaute industrielle Freizone, wo auch G + Ws Zuckerraffinerie (die größte der Welt) steht, friedlich im Verein mit vielen US-Firmen, die die billigen Arbeitskräfte ausnutzen.

Die Trauminsel *Martinique* ist im französischen Garn gefangen. Das Mutterland produziert selbst so viel Rübenzucker, daß es keine Konkurrenz aus der alten Kolonie und dem heutigen «überseeischen Departement» wünscht. Um aber die Oberschicht auf Martinique (vor allem die mächtige Hayot-Familie) nicht zu verärgern, überläßt man ihr die Rum-Produktion. So ist heute die französische *Société Cointreau*, die 60% der Rum-Industrie (der Rest gehört der neuen Cognac-Generation, den reichen Kindern der einstigen *Sugar Daddies*) kontrolliert, auch eine politische Macht. Die Insel wird immer mehr zum touristischen Spielplatz.

Am Aufbau der Landwirtschaft zur Selbstversorgung sind die *béké*, die Mischlingsschicht, die heute das Land kontrolliert, nicht interessiert: Das würde ihnen zu wenig Geld für ihren Luxuskonsum einbringen. Devisen müssen her. Der Rest der Bevölkerung ist ja seit alters gewohnt, «zu Diensten» zu sein. Die Basis des Dreiecks ist die transnationale Firma *Cointreau*: Sie verbindet das Mutterland mit der Verwaltung der Trauminsel. Die *béké* entstammen einigen (man sagt zehn) Mischlingsfamilien: Auch sie sind ein Produkt des Dazwischen – von Dreiecksverhältnissen, zwischen oben und unten, weiß und schwarz, reich und arm. Nach unten gibt es kein Zurück, und nach oben hilft heute selbst der Zucker nicht mehr.

Die Belastung durch die Geschichte ist wie ein Mühlstein aus Zucker. Alles scheint ohne Ausweg. Wenn immer ein Land der Karibik sich auflehnt, schreiten die USA ein. Jedes Ausbrechenwollen wird mit Kommunismus gleichgesetzt.

Ein Beispiel herfür lieferte in jüngster Zeit *Jamaika* unter der Regierung

400 Jahre

400 Jahre, 400 Jahre
Und es ist immer noch die gleiche Philosophie
Ich sagte es sind 400 Jahre
Schau wie lange
Und die Menschen können immer noch nicht klar sehen
Warum schieben sie die ganze Misere auf die heutige Jugend
Und ohne diese Jugend
Würden sie doch untergehen
Komm, auf geht's
Ich sehe die Zeit ist gekommen
Und wenn die Narren es auch nicht wahrhaben wollen
Ich sage weiter, daß die Jugend stark werden muß

So warum kommst du nicht mit mir
Ich nehme dich mit in ein Land der Freiheit
Wo wir ein gutes Leben leben können
Und frei sind

Schau wie lang das ist
400 Jahre, 400 Jahre
Viel zu lange
Und die Menschen, mein Volk sieht immer noch nicht klar
Ich sagte 400 lange Jahre schon
Sei geduldig noch
Die gleiche Philosophie
Schon 400 Jahre

Text: Bob Marley, Musik: The Wailers, LP: Catch a fire

Michael Manley. Ohne diesen Mann zu verherrlichen (schließlich gehört auch er zur weißen Oberschicht) – er begriff, daß sein Land – wenn es eine eigenständige politische und wirtschaftliche Zukunft haben will – umstrukturiert werden muß. Er versuchte, die Monokultur durch eine Landreform abzubauen, die Entfremdung der Bevölkerung vom Boden abzubauen. Und schon reagierten die alten Nachkommen der Plantagenwirtschaft: die berühmten 21 Familien mit ihrem Leibblatt *Daily Gleaner*, das sich selbst die älteste Zeitung der Welt nennt. Die Reichen haben nie im Land selbst investiert; selbst zum Einkaufen fliegen sie wöchentlich nach Miami. Diesen Zucker-Erben wollte Manley zu Leibe rücken. Aber er unterlag. Sie reagierten mit Verhetzung, Wirtschaftsboykott und Sabotage. Sie verbündeten sich mit dem Internationalen Währungsfonds, klagten Manley und seine Partei an, die wirtschaftlichen Grundlagen zu zerstören.

Demagogisch gewannen sie sogar einen großen Teil der armen Bevölkerung. Wie einst am Ende der Sklaverei, als viele Sklaven verhungerten, hieß es: «Besser mit ihnen zusammen und leben als ohne sie und sterben!» Und so gewann Manleys Widersacher Seaga mit dem Schlagwort von der Geburt – *Deliverance*.

Die Zuckerproduktion fast aller Länder der karibischen Wirtschaftsgemeinschaft *Caricom* ist heute stark rückläufig. Selbst die durch das Internationale Zuckerabkommen oder den AKP-Vertrag vorgegebenen Ausfuhrquoten können von vielen Staaten nicht eingehalten werden. Besonders betroffen sind die einstigen Großproduzenten Barbados, Jamaika, Trinidad/Tobago und Guyana.

Am 18. 3. 1981 titelte die *Financial Times*: «Slow but certain death» (Langsamer, aber sicherer Tod). Es folgte eine Übersicht über den karibischen Zucker. Schon 1980 hieß der Titel ähnlich: «Depression über der Karibik». Woran liegt das? Die Analytiker führen folgende Gründe auf: politische und ökonomische Unsicherheit, zu große Konkurrenz auf dem Zuckermarkt, tiefer Zuckerpreis, zu hohe Energiepreise, Inflation, Verschuldung und Kapitalmangel, schlechtes Management, Fehlen von qualifiziertem technischen Personal, zu wenig Forschung, veraltete Ausrüstung, Naturkatastrophen und Schädlingsprobleme, Auswanderung und zu wenig Motivation der Arbeiter. Sogar den Gewerkschaften wird die Schuld zugeschoben. Als ob nur die gute alte Zeit der Sklaverei es erlaubt habe, den Zucker der Welt zu liefern.

Ein Gewerkschaftsführer der Zuckerarbeiter auf Guyana sagt: «Einst waren die Sklaven schuld, heute sind es die Gewerkschaften ... Die führende Schicht hat sich über die Geschichte noch keine Gedanken gemacht. Sie spricht von der guten alten Zeit. Für uns Arbeiter war es eine Zeit von Schweiß und Blut, von Tränen und Trennung, von Entwurzelung und individueller Vernichtung. Alles mußte dem Zucker geopfert werden. Nach 400 Jahren erwarten wir nun, daß der Zucker auch uns etwas opfert.»

Philippinen: Allmächtiger (Marcos), gib uns Zucker

Seit 1965 regiert über die elf größeren und die 700 kleineren Inseln der Philippinen Ferdinand Marcos. Seine Frau Imelda ist Gouverneurin von Manila. Beide herrschen mit Allmacht, in mittelalterlichem spanischen Stil, göttlich autoritär, unumschränkt, einmal väterlich-mütterlich, dann wieder tyrannisch und intrigenreich. Hatte einst ein solches Herrscherpaar Papst, Bischöfe und Priester hinter sich, weil König und Kirche zusammen die göttliche Ordnung auf Erden darstellten, so sind heute auf den Philippinen noch die 500 Millionäre dazugekommen. Von diesen sind die Hälfte Zuckerbarone, denn die Ordnung der Philippinen war durch Jahrhunderte ganz und ist heute noch sehr stark vom Zucker bestimmt. Allmählich wurde durch Mitbeteiligungen und Heiraten eine neue Elite zusammengezuckert.

1521 nahm Spanien die Philippinen in vollständigen Besitz und «zivilisierte» in 350jähriger Herrschaft das Inselreich. Der Großteil der Bevölkerung wurde unters Kreuz genommen, zu guten Untertanen der Krone gemacht und war stets mit Kreuz und Krone zur willigen Fronarbeit zu mobilisieren. 1898 wurde

Hirtenbrief der philippinischen Bischöfe

Kritik an Staatschef Marcos

Manila, 16. Febr. 1983 (dpa) Die Bischöfe der katholischen Kirche auf den Philippinen haben das Regime des Staatschefs Marcos am Mittwoch schärfer als je zuvor kritisiert. Sie erklärten, die im Lande weitverbreitete Armut in Verbindung mit Korruption und militärischer Unterdrükkung sei geeignet, das Volk in den Untergrundkampf zu treiben. «Wir leben in einer ernsten Konfliktsituation ohne jeden Frieden. Dies droht uns als Volk zu ruinieren», heißt es in einem Hirtenbrief der Bischofskonferenz, der am kommenden Sonntag in allen Kirchen des Landes verlesen wird. Die Bischofskonferenz wirft dem Regime vor, in der Regierung gefalle man sich darin, die legitime Unzufriedenheit als Rebellion, Verrat und Wühlarbeit darzustellen. «Dabei gibt es viele Aspekte des gegenwärtigen politischen Systems, die die Opposition des einfachen Bürgers herausfordern», heißt es in dem Hirtenbrief.

die Inselgruppe an die USA abgetreten: Diese bedienten sich der von den Spaniern geschaffenen Mittelschicht, die die tüchtigsten «colonistas» stellten. Daß 1946 die Philippinen unabhängig wurden, war mehr eine Formalität und Äußerlichkeit. Die neue, kleine Oberschicht benutzte schon lange das philippinische Land, um darauf mit rechtlosen Fronarbeitern in transnationalen Geschäften ihr Geld zu machen. Von den heute 45 Millionen Einwohnern wissen nur ganz wenige, was politische Freiheit bedeutet. Sie haben durch Jahrhunderte hindurch mit Zuckerbrot und Peitsche gelebt, gebetet und auf den Himmel gehofft.

Nach einem alten kirchlichen Vorurteil ist das Organisieren von Arbeitern ein Angriff gegen die hierarchische Ordnung. Gewerkschaften sind anarchistisch, sozialistisch, kommunistisch und daher gottlos. Die heile Ordnung auf Erden geht von Papst und Kaiser aus. Selbst wenn diese sich ab und zu mißverhalten, berechtigt es die Untergebenen nicht, sich gegen sie aufzuheben. Dennoch entstanden Gewerkschaften. Sie wurden bekämpft, verboten, ihre Führer umgebracht oder ins Gefängnis gesteckt. Aber immer wieder wuchsen die Organisationen neu. So war die Regierung gezwungen, eigene Gewerkschaften zu gründen. Sehr bald zeigte sich, daß dies sogar ein sehr gutes Mittel war, um die Arbeiter zu verunsichern, zu spalten, aber auch um sie Ehrfurcht und Gebet zu lehren.

Zuckerrohrsaft kann gären, so gärt auch das Blut, und der Zorn der Zuckerrohrarbeiter wächst.

Die Zuckerkrise trifft auch die Philippinen. In solcher Not hilft bloß noch das Gebet. Mit welcher Unverfrorenheit derart manipuliert und religiöser Miß-

PRAYER AND THANKSGIVING

ALMIGHTY GOD OUR FATHER:

At a time when the price of sugar in the world market was at its lowest while the price of crude oil, gasoline and the other factors affecting cost of sugar production continuously rose, with banking institutions so strict in granting crop loans to the planters, our Beloved President Ferdinand E. Marcos thought it best that the government establish support for the sugar industry. This he did by first organizing the Philippine Sugar Commission and designating Ambassador Roberto S. Benedicto as head thereof, giving him full authority to save the sugar industry from total collapse.

PHILSUCOM then organized the National Sugar Trading Corporation or NASUTRA, a subsidiary corporation which handles the marketing of Philippine sugar both within the country and abroad. PHILSUCOM also established the Republic Planters Bank which provides funding of much needed crop loans by the sugar planters, as well as the operational loans needed by the sugar centrals.

The policies and programs of President Marcos and Ambassador Benedicto of giving price support for the sugar industry enabled most planters to continue their farm operations despite high cost of production and low sugar price in the world market, so that the workers, both in the plantations and in the millsites, were provided with much-needed jobs.

However, Lord, in spite of the government's and PHILSUCOM's programs that all workers may stay on their jobs during the sugar crisis, there were those unlucky few who were laid off. Most of them though were later assisted by the Ministry of Labor and Employment.

Great God, our Father, during those times of trial in the sugar industry, we the laborers, were patient and suffered quietly even when we did not receive any additional benefits according to existing laws despite the fact that prices of basic goods and services continued to increase because we understood the position of the government as far as the sugar industry was concerned.

Now, Lord, with the rising price of sugar in the world market, our President Marcos has also gradually increased the composite price, that amount which is paid by the NASUTRA to the planters and the sugar centrals. President Marcos, Minister Ople and Ambassador Benedicto are now of one accord that the workers in the industry be given additional allowances as contained in Letter of Instruction No. 1016, Presidential Decree No. 1713 and Ministry Order No. 5.

So now, Great God, Creator and Lord of our lives:

We, the workers in the sugar industry and our families do raise our voices in thanksgiving for all the guidance you have given to President Marcos, Minister Ople and Ambassador Benedicto.

We also thank President Marcos, Minister Ople and Ambassador Benedicto that through their efficient and effective management of the sugar industry in crisis, most of us workers were kept on our jobs — and now we are blessed with additional fringe benefits.

We, the workers and our families also thank the planters, as well as the sugar mill managements, who have complied with government laws, rules and regulations. And, we earnestly pray for those who have not yet complied with such laws, rules and regulations that you may grant them the heart and mind to give their workers and employees their dues.

Oh, God Almighty, we know that if it were not for your ever-guiding providence upon our leaders in the sugar industry many of us workers would have lost our employment — our only source of livelihood.

So, now we beseech you, our God, that you will continue to, and at all times, grant upon President Marcos, Minister Ople and Ambassador Benedicto good health, strength and wisdom. Amen.

NATIONAL SUGAR TRADE UNION

brauch getrieben wird, zeigt das folgende Beispiel. Es ist ganz und gar kein Einzelfall. Es gehört zum heutigen Konzept des Herrschens mit Zuckerbrot und Peitsche.

Am 4. Januar 1981 erschien in Manilas größter Tageszeitung, *Bulletin Today*, ein ganzseitiges Gebet der von der Regierung gegründeten *National Sugar Trade Union*. Die Herren riefen zum Gebet:

«Allmächtiger Gott, unser Vater

Zu einer Zeit als der Zuckerpreis auf dem Weltmarkt auf dem Tiefpunkt war und die Preise für Rohöl, Benzin und andere davon betroffene Produkte in die Höhe kletterten und somit die Zuckerproduktionskosten konstant anstiegen und die Banken zögerten, Pflanzern Kredite zu gewähren, hatte unser geliebter Präsident Ferdinand E. Marcos die gute Idee, die Zuckerindustrie zu unterstützen. Er tat dies, indem er zuerst die Philippinische Zuckerkommission schuf und dann Botschafter Roberto S. Benedicto zu ihrem Leiter ernannte und ihm die volle Kompetenz übertrug, die Zuckerindustrie vor dem totalen Zusammenbruch zu retten ...»

Aus der Rede eines echten Gewerkschaftsführers der *National Federation of Sugar Workers* (NFSW): «Herrgott, was ist dies für eine Ordnung! Zuerst kann da eine kleine Oberschicht mit dem Zucker Millionen scheffeln, und sobald ein kalter Wind weht, ist sie nicht bereit, selbst etwas vom Überfluß einzusetzen. Uns Arbeitern predigt diese Zucker-Clique dann: sparen, abbauen, fasten, Gürtel enger schnallen, Opfer bringen, für den Ruhm der Nation sogar in den Tod gehen. Derweil diese Herren nichts tun. Für sie sind wir wie das Zuckerrohr, das gehauen und gemahlen wird. Nicht mehr. Keine Menschen. Keine Arbeiter mit Rechten. Nichts. Einfach ein nützliches Unkraut im Zuckerzyklus ...»

Im Gebet wird den Arbeiter sogar noch gelehrt, für diese Philippinische Zuckerkommission zu danken, die ihm nach dem geltenden Kriegsrecht unter Todesstrafe verbietet, sich zu organisieren, ihm für jegliches Murren mit Gefängnisstrafe droht.

«Allmächtiger ...

Die Politik und die Programme von Präsident Marcos und Botschafter Benedicto, die der Zuckerindustrie Preisschutz gewährten, ermöglichten den Pflanzern, ihre Farmen trotz der hohen Produktionskosten und der tiefen Weltmarktzuckerpreise weiterzubetreiben, so daß die Arbeiter sowohl in den Plantagen als auch in den Zuckermühlen weiterhin ihren bitter benötigten Arbeitsplatz hatten ...»

Zynischer geht es wohl nicht mehr. Die von oben gewährte Gunst an die Zukkerfarmer beinhaltete nebenbei auch ein Absegnen der Löhne unter dem offiziellen Minimum und weit unter der Armutsgrenze. Gleichzeitig sollte das Volk weniger Zucker für den eigenen Konsum erhalten. Man versuchte mehr zu exportieren, denn die Oberschicht brauchte Devisen.

«Allmächtiger ...

Dennoch, Herr, trotz der Programme von Regierung und PHILSUCOM, die allen Arbeitern während der Zuckerkrise die Arbeit erhalten wollten, traf es einige wenige Unglückliche, die entlassen werden mußten. Den meisten jedoch wurde später vom Arbeits- und Beschäftigungsministerium Beistand geleistet ...

Großer Gott, unser Vater, in jenen Schicksalstagen der Zuckerindustrie waren wir Arbeiter geduldig und litten ruhig, selbst wenn wir keine zusätzlichen Zuwendungen – so wie im Gesetz vorgesehen – erhielten und obwohl die Lebenshaltungskosten dauernd anstiegen. Denn wir verstanden die Position der Regierung im Zusammenhang mit der Zuckerindustrie ...»

Das Verständnis entsprang nicht der Sympathie; es war vielmehr ein realistisches Einschätzen der Allmacht Marcos' und der Gewehrläufe der Militärs, die überall Wache standen.

«Allmächtiger ...

Nun aber, Herr, steigen auf dem Weltmarkt die Zuckerpreise, und unser Präsident Marcos hat auch Schritt um Schritt den Abnahmepreis für die Pflanzer und die Zuckermühlen erhöht ...

Daher nun, Großer Gott, Schöpfer und Herr unseres Lebens: Wir, die Arbeiter der Zuckerindustrie mit unseren Familien, erheben unsere Stimmen Dir zum Dank für all die weise Anleitung, die Du Präsident Marcos, Minister Ople und Botschafter Benedicto hast zukommen lassen.

Wir Arbeiter und unsere Familien danken auch den Pflanzern und den Managern der Zuckermühlen, die den Gesetzen und Vorschriften der Regierung nachgekommen sind. Und wir beten aufrichtig für jene, die diesen Gesetzen und Vorschriften noch nicht nachgekommen sind, damit Du ihnen das Herz und den Geist schenkst, ihren Arbeitern und Angestellten zu geben, was ihnen zusteht.

So bitten wir Dich, unseren Gott, fahre fort und gewähre zu jeder Zeit Präsident Marcos, Minister Ople und Botschafter Benedicto gute Gesundheit, Stärke und Weisheit. Amen.»

Welch ein theologischer Mißbrauch, Tyrannei und Blutsaugerei auf Gottes weise Voraussicht zurückzuführen. Wahrlich zuckersüßer Kitsch. Opium, Narkose oder Zucker des Volkes. Ein Teil der Zuckergeschichte.

In konzentriertester Form zeigt dieses Gebet, wie fein verästelt die Wurzeln des philippinischen Polizeistaates sind. Religion und eine seit Generationen bestehende Feudalstruktur haben die Menschen passiv gemacht. So kann es immer wieder zur Verschmelzung von Religion und Machtpolitik kommen. Dieser Teufelskreis kann nur organisiert durchbrochen werden.

Die Pflanzer und Zuckerindustriellen sind sehr gut organisiert. Ihre Lobby ist stark. Ohne sie kann nicht regiert werden – selbst in einer Diktatur. Dagegen wachen die etwa 500 000 Zuckerarbeiter erst allmählich auf.

Der meiste Zucker wird auf der Insel Negros produziert. Zur Zuckerrohrernte kommen von anderen Inseln die Wanderarbeiter, *sacadas* genannt, hierher. Da sie Fremde sind, werden sie behandelt, wie es dem Herrn beliebt. Keiner von ihnen wird zu klagen wagen, obwohl auf dem Papier das Gesetz ihnen Rechte gibt. Der vorgeschriebene Minimallohn wäre 1 bis 2 Dollar pro Tag. Da aber Akkord gearbeitet wird, kommen die meisten auf etwa 66 Cents. Davon macht der Pflanzer sogenannte «soziale Abzüge» für Sicherheit und Gesundheitspflege, wovon der Arbeiter niemals etwas erhalten wird. Das Geld geht auch kaum an die Krankenkassen oder Versicherungen weiter. Wie in Indien wird dem Arbeiter zudem viel zuviel für Essen und für seine Schlafstätte abgezwackt. Die Polizei schüchtert die Wanderarbeiter beständig ein. Stets machen sie sich irgendwelcher Vergehen oder Sittenverstöße schuldig.

Aber selbst die Festangestellten haben es schwer. Das seit 1972 geltende Kriegsrecht verbietet Gewerkschaften und Streiks. Anfänglich besaßen sie oftmals noch Land im Umkreis der Zuckerfabrik, wo sie selbst Zuckerrohr anpflanzten, aber dieser Boden wurde ihnen systematisch weggenommen, denn ihre Landtitel entsprachen plötzlich nicht mehr dem neuen Recht, das, ohne daß das Volk es merkte, vom früheren Handschlag und Wort auf Treu und Glauben auf den geschriebenen Vertrag umgestellt worden war.

Die von Marcos immer wieder laut versprochene Landreform erwies sich als Augenwischerei. Selbst die Weltbank mußte Marcos warnen und bezeichnete 1982 die bisherigen Maßnahmen als «absolut unzureichend, kaum aus den Anfängen herausgekommen, verschleppend und oftmals an Rechtsbetrug grenzend». Das Ausmaß der Armut ist erschreckend. Ein Großteil der Wanderarbeiter kann sich nicht angemessen ernähren: Die meisten sind permanent unterernährt – obwohl sie Zuckerrohr kauen. Die manipulierte Wissenschaft unterstützt den Präsidenten und die Zuckerindustrie, die behaupten, Zuckerrohr sei eine ausreichende Ernährungsbasis. Die Zuckerbauern machen mehr und mehr Schulden. Die Zinsen sind hoch. Um die 80% sind verschuldet und damit von der Zuckermühle und den Zuckerbaronen abhängig. Lohnt es sich da, Gott zu danken, daß er den Zucker geschenkt hat?

Die Zuckerindustrie ist stolz auf ihre tiefen Produktionskosten. Sie ging immer mehr auf saisonale Beschäftigung, meist im Akkordverhältnis, über. Da landesweit die Armut so groß ist, wartet auf den Philippinen eine riesige landwirtschaftliche Reservearmee, die mit Gebet und Gewehr leicht lenkbar ist.

Da viele Arbeitssuchende kein realistisches Verhältnis zu Geld haben, lediglich eine einfache Arbeit und etwas zu essen suchen, sind sie oft bereit, für die Hälfte des gesetzlichen Minimallohns zu arbeiten.

Da kann bloß noch eine Gewerkschaft helfen. Auf Negros begannen Unerschrockene (einige befinden sich noch heute im Gefängnis), die Menschen zu mobilisieren. Es entstanden Basisgruppen, und aus ihnen wuchs die *National Federation of Sugar Workers* (NFSW). Christen an der Basis hatten ihr Christentum zu hinterfragen begonnen und schlossen sich zusammen. Einige Priester und organisatorisch Geschulte halfen beim Aufbau der Gewerkschaft. Dann ging der Teufel los. Ein Manöver der Regierung folgte dem anderen. Seit Mitte der siebziger Jahre organisierte die NFSW zuerst Arbeiter in Plantagen, 1977 wagte sie es zum ersten Mal, in der großen Zuckermühle La Carlota, das Alleinvertretungsrecht der Arbeiter auf den Tisch zu legen. Die Regierung anerkannte bloß die offizielle Gewerkschaft. Als 1978 eine Wahl stattfand und das Management sich des Sieges sicher glaubte, gewann die NFSW 52,4% der

Stimmen. Das offizielle Arbeitsbüro schickte von der Hauptstadt her eine neue Gewerkschaft, die mit Bestechung und anderen Tricks die NFSW korrumpieren und ruinieren sollte. All das gelang nicht. Und genau ein Jahr, nachdem das obige Gebet in der Zeitung stand, errangen die 30000 Mitglieder der NFSW auf Negros einen Sieg: Man mußte sie an dem Verhandlungstisch zulassen. Sie hatten einen scharfen Protest gegen das Zurückbehalten des 13. Monatslohns, der offiziell auf den Philippinen Pflicht ist, eingereicht, und als auch das nichts fruchtete, waren 1500 Arbeiter in Streik gegangen – mitten in der Erntezeit.

Auch sie hatten Religion aus Überzeugung und kluger Taktik eingesetzt. Marcos erwartete 1981 den Papstbesuch. Das Image der Philippinen war stark angeschlagen. Marcos mußte das Kriegsrecht aufheben. Damit war formell das Streikrecht wieder gegeben. Die Arbeiter wandten sich auch an den Papst, riefen weltweit die Christen zur Solidarität auf. Im Hintergrund gehen jedoch Verfolgung und Einschüchterung, Verhaftungen und Folter weiter. Im Mai 1982 schwebten gar einige Gewerkschaftsführer in Todesgefahr. Nur international organisierte Solidarität bewahrte sie vor dem Schlimmsten.

Zucker ist für die Filipinos seit Jahrhunderten der Kitt eines Ausbeutungssystems: Für die Spanier wie später für die Amerikaner waren die Philippinen im Grunde nichts anderes als «ihre» Zuckerplantage. Die Menschen zählten nicht.

Als 1521 die Spanier das erste Mal das Land betraten, wurde bereits Zuckerrohr angebaut. Da den Spaniern der Weg in die Karibik immer mehr von anderen Weltmächten versperrt wurde, mußten die Philippinen zum Zuckerland der Spanier werden. Rasch bauten sie die *Muscovado*-Zuckermühlen auf: kleine landwirtschaftliche Betriebe, jeder mit eigener Mühle, genau ihrer Größe angepaßt. Wasserbüffel, die *carabaos*, waren für diese «integrierten» Betriebe notwendig.

Auch die Kirche spezialisierte sich auf Zucker; er brachte ihr am meisten ein. Sie bebaute das Land nicht selbst, sondern gab es an Pächter weiter. Dieses *Friar*-Land ging später an die Zuckerbarone über. Um das Jahr 1858 kam die Zucker-Revolution, als der Wasserbüffel durch die Maschine und damit auch der Familienbetrieb, der *Muscovado*, durch die modernen *Centrals* oder Zuckermühlen ersetzt wurden.

Diese *Centrals* stellten zentrifugierten, aber noch nicht raffinierten Zucker her. Der Rohrzucker wurde zu 80% in den USA oder in Großbritannien weiterverarbeitet. Mit der maschinellen Revolution wurden die Philippinen rasch zum viertwichtigsten Lieferanten neben Kuba, Brasilien und Java. Mit der Verarbeitung im Großbetrieb nahmen auch die Importe von Maschinen und Geräten – fast ausschließlich aus den USA – zu. So drang das internationale Kapital ins Land ein und wurde rasch dominierend. Die kirchliche Feudalstruktur mit dem gepachteten Familienbetrieb wurde abgelöst vom kolonialen Kapitalismus, der auf Fabriken und Maschinen mit einzelnen Arbeitern basierte.

Aus den philippinischen Zwischengliedern entwickelten sich die Zuckerbarone wie die Montelibanos, Locsins, Bopezas, Puyats oder Ossorios, die ihre eigenen Imperien aufbauten.

Zwischen 1896 und 1898 fand der Befreiungskrieg gegen Spanien statt, gefolgt vom philippinisch-amerikanischen Krieg. Gegen die Spanier hatten alle

Klassen und Schichten des Landes gemeinsam für mehr Unabhängigkeit gekämpft, aber danach kamen die alten Widersprüche zum Tragen.

Seit 1884 war die amerikanische Zuckerindustrie in einem Trust, der *American Sugar Refinery Company*, zusammengeschlossen. Sie besaß das Zuckermonopol in den USA und setzte den Importschutz für Raffinadezucker durch. Sie tat alles, um die Preise von zentrifugiertem Zucker zu senken, denn so konnte sie die Importe in die USA erhöhen. Aber die amerikanische Landwirtschaft, die selbst Zuckerrohr und Zuckerrüben anpflanzte, sah sich dadurch ernsthaft gefährdet. Seit 100 Jahren wird der Kampf sich widersprechender amerikanischer Interessen auf dem Buckel der Filipinos ausgetragen.

Der Historiker Constantino ist überzeugt, daß die *American Sugar Refinery Company* die Annexion der Philippinen (aber auch von Hawaii, Puerto Rico und Kuba) wesentlich mitbeeinflußt hat. Denn durch die Ankoppelung an die USA konnte sie die philippinischen Investitionen besser auswerten und gegenüber den anderen Lobbies ins Feld führen, daß der philippinische Zucker letztlich «inländischer» sei. Laut Constantino war dieser Schritt notwendig geworden, nachdem die Präsidenten McKinley und Dingley Zölle zum Schutz des einheimischen Zuckers erlassen hatten.

Die *American Sugar Refining Company* (wie sie später hieß) kaufte über Mittelsmänner *Friar*-Land. 1909 besaß sie bereits eine Hazienda von 22000 Hektar in Mindoro. Als dies bekannt wurde, verschärfte man zunächst das Gesetz, aber es gab Auswege ... 1909 wurde die erste Zucker-*Central* mit amerikanischem Kapital errichtet. Bis zum Zweiten Weltkrieg kamen 44 weitere hinzu. 1933 war der Anteil von *Muscovado*-Zucker aus Familienbetrieben bereits auf 3 % geschrumpft.

Für die Einheimischen blieb kaum mehr Zucker übrig, denn der zentrifugierte aus den *Centrals* war für sie bereits unerschwinglich.

Während der Wirtschaftskrise um 1930 begann die amerikanische Farm-Lobby den großen Zuckerkrieg gegen die *American Sugar Refining Company*. Die Farm-Lobby unterstützte den philippinischen Unabhängigkeitskampf, denn so konnte man das Gebiet aus dem amerikanischen Zollfreiraum herausdrängen. Gleichzeitig kam erstmals die Diskussion um Importkontingente und -quoten auf. Um in den Verhandlungen eine gute Ausgangslage zu haben, wurde auf den Inseln eine wahre Anbauschlacht in Szene gesetzt. Betrug Anfang der dreißiger Jahre die Rohzuckerproduktion etwa 950000 Tonnen, so stieg sie bis zum *Independence Act* von 1934 auf 1499200 Tonnen. Im Unabhängigkeitsgesetz wurde die jährliche Ausfuhrquote in die USA auf 1015000 Tonnen festgesetzt. Die Unabhängigkeit brachte also den «Zuckersegen», an dem bis heute alle zu lutschen haben.

Die philippinischen Zuckerfamilien nannten sich stets «kosmopolitisch». Viele ihrer Mitglieder haben bis heute mehrere Pässe. Sie forderten den «nationalen» Landbesitz. Nach der schlimmen Zerstörung des Landes im Zweiten Weltkrieg erreichten sie, daß bis auf drei große US-Betriebe aller Boden an Filipinos überging. Etwa 25 % der Zuckerplantagen ruhen heute in Familienbesitz der Elizaldes und Ossorios, die sowohl spanische als auch amerikanische Pässe tragen. Das also heißt «Filipinisierung».

Die USA haben zwar nach dem Zweiten Weltkrieg durchgesetzt, daß US-

Bürger in der Landnutzung den Einheimischen gleichgestellt wurden. Aber die alte Zuckerzeit kehrte nicht wieder. Mehr und mehr erwies sich der Zuckerhandel als profitabler als der Anbau. Nach dem Krieg war mehr Geld beim Wiederaufbau der 47 *Centrals* zu machen, von denen nur fünf den Krieg überstanden hatten. Seit Ende der 70er Jahre sind *Amstar Corp.* (nichts anderes als der neue Name der *American Sugar Refining Co.*) und *Tate & Lyle* dazu übergegangen, Raffinerien in den zuckerproduzierenden Ländern selbst aufzubauen. Eine neue Phase der Zuckergeschichte steht bevor. Auf den Philippinen gibt es inzwischen sechs kapitalintensive moderne Raffinerien.

Die Vernetzung zwischen der amerikanischen und philippinischen Zuckerindustrie wächst zusehends. Die Ossorio-Familie kontrolliert *Victorias Milling Co.*, den größten Rohzuckerproduzenten auf den Philippinen. Sie hat sich in der *Amstar Corp.* eingekauft und besitzt etwa 11 % der Aktien. Im November 1977 kaufte der philippinische Broker Antonio Floirendo die *SuCrest Corporation*, den drittgrößten amerikanischen Rohzuckeraufbereiter, der wegen Manipulationen, verbotener Transaktionen und Steuerhinterziehung vor Gericht kam. Die Broker-Firma, die als mitschuldig am Betrug genannt wurde, hieß *Czarnikow-Rionda* – sie dominiert zusammen mit *A. Chan* und *ARCA e Co.* den philippinischen Zuckerexporthandel. Floirendo ließ den Namen *SuCrest* in *Sugar Refining Corporation of America* umändern: Damit stellte er sich bewußt in die koloniale Tradition der *American Sugar Refining Co.* Auch das zweitgrößte amerikanische Zuckerunternehmen, die *California & Hawaiian Sugar Co.* (C & H), mischt heute auf den Philippinen mit. In C & H sind «fünf Große» (Big Five) zusammengeschlossen; einer davon ist *Theo H. Davies*, dessen Manila-Niederlassung heute viel größer als das hawaiische Geschäft ist. Seit 1973 gehört Davies' Firma allerdings dem Hongkonger Börsen- und Spekulationsunternehmen *Jardine Matheson & Co.*, einer der ältesten britischen Handelsfirmen im Fernen Osten.

Nach der Kuba-Krise wurden die Philippinen für den amerikanischen Zukkermarkt nochmals sehr interessant. Bis 1974 lief das Quotenabkommen mit den USA, das Importe aus den Philippinen favorisierte. Der wegweisende *Bell Report* zur amerikanischen Export/Import-Politik hatte es 1946 klar ausgesprochen: Die Fortsetzung des Freihandels diente sowohl den amerikanischen Interessen als auch denen der philippinischen Oberschicht. Diese obere Schicht investiert nicht im eigenen Land: Sie konsumiert entweder teure Prestigeprodukte oder legt auswärts an und spekuliert im Ausland.

1974 übernahm der philippinische Staat den Zuckerexport. Ob nun dieser staatliche Betrieb die Abkürzungen PNC oder PSI (ab 1977) trägt oder *Nasutra* heißt – dahinter stehen die gleichen Familien und Personen wie eh und je, die Allmächtigen, zu denen das Volk beten und denen es dankbar sein soll.

«Allmächtiger, gib uns Zucker ...»

Am Zucker klebt Blut

Aus Gesprächen und Interviews mit Zuckerrohrarbeitern auf der Zuckerinsel Negros. Paul Jubin, der Leiter des Ressorts Entwicklungszusammenarbeit des Schweizerischen Fastenopfers, führte sie im Frühjahr 1983.

«*Warum ist Ronaldo getötet worden?*» «Er war gewerkschaftlicher Verantwortlicher bei den Zuckerrohrarbeitern. Er war sehr aktiv und engagiert, auf der Basis seines Glaubens; also unbequem für die Zuckerbarone und die Behörden. Er kämpfte für die Organisation der unterdrückten Zuckerarbeiter, die sich trotz aller Drohungen, Verhaftungen und trotz der Militarisation solidarisieren. Ronaldo ist ein weiterer Märtyrer für die Gerechtigkeit. Wußten Sie nicht, daß am Zucker Blut klebt?»

«Heute kontrollieren 16 Familiengruppen die Insel Negros, wo man 80% des Zuckers produziert. Sie benehmen sich wie Feudalherren aus dem Mittelalter. Ja, diese Großgrundbesitzer herrschen und befehlen. Wie können wir Zuckerarbeiter da etwas ändern? Die Großgrundbesitzer sind auch an der Spitze der regierungsfreundlichen politischen Partei; sie sind Bürgermeister der größeren Agglomerationen; sie sind in den Verwaltungsräten der wichtigsten Banken vertreten; sie sind Besitzer der Weiher und Seen und der seetüchtigen Fischerboote und kontrollieren damit auch den gesamten Fischereimarkt; sie arbeiten Hand in Hand mit der Armee, mit der Polizei und den Richtern.

«Wir sind Zuckerrohrschneider. Wir werden nach Gewicht bezahlt und erhalten 11 Pesos pro Picul (1 Picul = 63,25 kg). Aber für dieses Gewicht behält der Plantagenbesitzer 229 Pesos, und die Regierung erhält 100 Pesos. Beim Verkauf erhält sie 340 Pesos. Ist das gerecht?»

«Der Staat hat das Mindesteinkommen auf 1920 Pesos *pro Monat* festgesetzt. Dies ist jedoch der Betrag, den ich *pro Jahr* verdiene. Ich kann mit meiner Arbeit nur das Überleben meiner Familie sichern.»

«Wir sind ‹Saccadas›, Saisonarbeiter, von den benachbarten Inseln gekommen für die drei Monate dauernde Erntezeit. Wir verdienen 300 bis 400 Pesos pro Monat (rund 80 Schweizer Franken). Wir werden von Anwerbern angeheuert, die mit uns die miserablen Arbeitsverträge aushandeln. Wir leben mit 17 Personen in diesem Raum von drei auf vier Metern. Wir erhalten unseren Lohn erst am Ende der Saison. Wir haben keine Sozialversicherung und keine medizinische Betreuung. Wir dürfen nicht krank werden ...»

«Wenn uns der Plantagenbesitzer gestatten würde, auch nur ein kleines Stückchen Land zu bepflanzen, um ein wenig Mais oder Gemüse zu ernten! Aber nichts. Nicht einen Meter für einen Bananenbaum und für Tomaten. Der Besitzer fürchtet um sein Land ...»

«Präsident Marcos hat uns eine Agrarreform versprochen. Diese schließt aber im voraus die Ländereien für Zuckerrohr, Ananas und für andere exportorientierte Produkte aus. Die Sklaven sind dazu verurteilt, Sklaven zu bleiben oder aber sich zu erheben.»

Indien: Zucker als Bauernfängerei

Als 1947, nach dem Erlangen der indischen Unabhängigkeit, große Entwicklungsprogramme aufgezogen wurden, konnte sich auch die Landwirtschaft der Wachstumsphilosophie nicht entziehen. Dazu erschienen Zuckerfabriken günstig. Sie wurden auf genossenschaftlicher Ebene gefördert, in der Hoffnung, «ländliche Wachstumszentren mit einem großen Ausstrahlungseffekt» zu errichten.

Am 8. Dezember 1973 konnte das liberale *Economic and Political Weekly* aus Bombay die Zuckerfabriken und -genossenschaften als «Inseln eines ländlichen Kapitalismus» bezeichnen.

Sie hatten wohl einen Beitrag zum nationalen Wachstum geleistet, aber gleichzeitig das letzte vorhandene flüssige Geld der unteren Schichten in die wirtschaftliche Produktion aufgesogen, sie durch Darlehen verschuldet, von Zinsen abhängig gemacht und in ein subtiles politisches und wirtschaftliches Netz eingespannt.

Die Zuckerfabriken haben bestimmte städtische und ländliche Klassen und Kasten miteinander verbunden, etwa die Patils, Desais und Chavans oder die Parsi- und Gujarati-Unternehmer oder die Großgrundbesitzer auf dem Land und das Agrobusiness in der Stadt, die alle letztlich zur selben Kaste gehören.

Da die Zuckerindustrie sehr verletzlich ist, braucht sie Garantien oder Schutz. Bereits die britische Kolonialverwaltung hatte die Zuckerproduktion 1931 unter besonderen Staatsschutz gestellt. Seither hat sie fortwährend Aufschwung genommen. Waren 1931 nur 31 Zuckerfabriken in Betrieb, so arbeiteten 1950 bereits 139 und 1970 gar 215.

Mit der indischen Unabhängigkeit erhielt die Zuckerindustrie einen neuen Auftrieb. Sie bekam nicht nur wirtschaftliche, sondern mehr noch politische Bedeutung. Die Kongreßpartei wollte sie an sich ziehen – sie brauchte das Gros der Bauern. Das Zuckerrohr wurde zum «Zückerchen» und zur Bauernfängerei.

Von 215 im Jahre 1973 in Betrieb stehenden Zuckerfabriken waren über 70 in den Händen von Genossenschaften. Diese waren jedoch die Lehen der mächtigen Kongreßpartei – Bosse, die aus dem Hintergrund in der Stadt bestimmen, diktieren und kontrollieren. Eng mit den Zuckergenossenschaften sind die ländlichen Genossenschaftsbanken verknüpft. Mit ihnen sind ferner die Schnapsbrennereien und Papierfabriken verbunden.

Innerhalb Indiens zählt Zucker nach den Textilien zu den wichtigsten Industrien, Arbeitsbeschaffern und Einkommensquellen. Im Jahresbericht der indischen Regierung von 1973 wird gesagt, daß die Zuckerindustrie 230000 Arbeiter beschäftige und 20,5 Millionen Bauern oder ländliche Bewohner von ihr «abhängen». Und wie!

Indien produziert ausschließlich Zuckerrohr. Deshalb ist der Anbau sehr vom Klima und einer regelmäßigen Bewässerung abhängig. Da das Zuckerrohr, wenn es ausgereift und geschlagen wird, nicht lange hält, ist die Zuckerproduktion von ländlichen Verarbeitungsstellen (Fabriken) und einer guten Organisation abhängig, weil mit den gegebenen Transportmitteln das Rohr nicht sehr weit transportiert werden kann. Im Durchschnitt erfaßt eine indische Zuckerfabrik einen Radius von 32 km. Der für Maharashtra errechnete Durchschnittswert für den Weg eines Ochsenkarrens zwischen Feld und Fabrik betrug 13,5 km. Das könnte den Eindruck einer Industrie erwecken, die eine enge Verbindung zwischen Farm und Fabrik erlaubt und somit ein ideales ländliches Entwicklungsprogramm ausmacht.

Die *Economic and Political Weekly* (EPW) veröffentlichte aber am 8. Dezember 1973 und 2. Februar 1974 zwei Fallstudien aus dem Bundesstaat Maharashtra, dem zweitgrößten Zuckerstaat mit allein 39 Genossenschaften. Darin kommt die kompliziert-raffinierte Verflochtenheit, aber auch der ganze Ausbeutungsmechanismus über dauernd neue Abhängigkeiten zum Ausdruck.

Das Direktorium der Genossenschaften muß jährlich bestätigt oder neu gewählt werden. Diese Wahlen werden zu Gradmessern der politischen Macht. Selbstverständlich beteiligen sich die Potentaten nicht direkt daran. Sie bestimmen bloß die Kandidaten, die auf die Liste gesetzt werden. Mit viel Geld und Propaganda-Aufwand (in nichts einer nationalen Wahl nachstehend) geht der Wahlkampf vor sich. Die Wähler sind die Zuckerrohrbauern, die gleichzeitig Mitglieder der Genossenschaft sind. Der Steuereinzieher führt die Wahl durch. Das «wie Wasser eingesetzte Geld» fließt später zurück, denn die Kongreßpartei finanziert sich hauptsächlich aus der Zuckerindustrie. Die zweite wichtige Einkommensquelle der Partei ist der Alkohol. Auch hier hat die Zuckerindustrie ihre Domäne. Sie besitzt die Lizenzen zur Herstellung von Likören und Schnäpsen. Folgerichtig bewirkte sie in «ihren» Staaten die Aufhebung der Prohibition.

Die Arbeiter in den Zuckerfabriken, die vielen Kleinbauern und Zuckerfarmarbeiter haben vom Aufschwung der Zuckergenossenschaften nicht profitiert. Ihre Löhne sind zwischen 1968 und 1974 fast unverändert geblieben. Sie

«... man kann einfach nicht anders als konstatieren, daß die Probleme der nationalen Wirtschaft im wesentlichen *politisch-ökonomische* Probleme sind ... So sind auch die Zuckerpreise hauptsächlich durch das Interesse der Klasse, die an der Macht ist, diktiert ... und es ist selbstverständlich zu sagen, daß in Indien die wirkliche Macht bei der modernen organisierten Geschäfts- und Handelsklasse liegt.»

D. R. Gadgil, weltbekannter indischer Ökonom

müßten sich organisieren, aber da sie fast alle auf Gedeih und Verderb von der Zuckerfabrik abhängen und dort verschuldet sind, wagen sie es nicht. (Der Verdienst stand auch 1982 erst 12,3 % höher als 1968.)

Damit der Arbeiter für die Zuckerernte angestellt wird, muß er sein eigenes Kapital mitbringen. Er schließt sich zu einer Dreiereinheit (*Koytha*) zusammen: meist Mann, Frau und ein Bruder oder Sohn. Sie müssen ein Ochsengespann und einen «Leiterwagen» mitbringen. Die meisten sind gezwungen, Kapital aufzunehmen, natürlich von der Zuckerfabrik. Dafür stellt diese Mittelsmänner (*Mukaddam* = Kontrahent) zur Verfügung, welche prüfen, ob jemand kreditwürdig ist oder nicht. Dazu kommt eine zweite Bedingung: Nur der Wanderarbeiter bekommt Kredit. Der Wanderarbeiter seinerseits benötigt den *Mukaddam*, um im fremden Dorf für die benötigte Nahrung, das Ochsenfutter und eventuelle Reparaturen beim Schmied oder Wagner als kreditwürdig zu gelten.

Die Koytha stellt sich mit dem Ochsengespann und Wagen für ein halbes Jahr zur Verfügung. Ein Paar Ochsen kostete 1974 2000 Rupien (1973/74 entsprach 1 Rupie ca. 0,46 sFr.). Das zum Kauf aufgenommene Darlehen verzinst sich monatlich im besten Fall zu 5 bis 8 % und sonst zu 10 %. Der Mukaddam erhält von der Fabrik die Löhne. Sie waren 1974 in der untersuchten Gegend offiziell auf minimal 345 Rupien pro Monat für eine Koytha angesetzt. Eine Regelung der Arbeitszeit besteht nicht. Der Mittelsmann zahlt jedoch den Lohn nicht aus. Der zahlt im Dorf das Essen für die Koytha (natürlich mit Kommission). Er händigt nur ein kleines Taggeld aus und behält den Rest, um das von ihm vermittelte Darlehen abzusichern.

Die Arbeiter bezahlen alle Nebenkosten selbst: das Futter, ihre Nahrung, den Unterhalt des Gefährts, vom Schmied bis zum Schmieröl. Am Ende der Arbeitszeit müssen viele die Ochsen wieder verkaufen. Da in dieser Zeit die Nachfrage gering ist, geschieht das mit Verlust. Andere versuchen das meist nicht fertig abbezahlte Darlehen zu vergrößern, um die Durststrecke bis zur nächsten Ernte durchzustehen. Dann beginnt das Ganze wieder von neuem: mehr Einsatz, aber auch immer mehr Schulden und Abhängigkeit.

Zuckerbetrug 1972: Manipulierte Verknappungen

Immer wenn es zu ländlichen Unruhen kommt, gibt die Bundesregierung vor, sich der Sache anzunehmen. Untersuchungen werden eingeleitet, Kommissionen eingesetzt, aber der «Zuckerschwindel» (EPW, 1. 12. 1973) bleibt weiter bestehen, weil die Interessen von Politik und Wirtschaft zu eng verknüpft sind.

Als die Regierung Mitte 1972 eine gesetzliche Kontrolle des Zuckers einführte, gab sie vor, allen entgegenzukommen und Recht und Gerechtigkeit walten zu lassen. Daraus ist jedoch in kürzester Zeit die größte Preismanipulationsapparatur entstanden, die die Zuckerindustrie ohne weiteren Einsatz weiter prosperieren ließ und den Konsumenten immer mehr ausbeutete.

Im Juli 1972 verfügte die indische Regierung, daß künftig 60 % des Zuckers rationiert und zu fixen Preisen abgegeben werden müsse. 3,5 % der Lagervorräte waren für den Export und 36,5 % für den freien Markt im Lande bestimmt.

Damit hoffte die Regierung, «eine rationale, langfristige Zuckerpolitik» einzuleiten, indem

1. die Anbaufläche von Zuckerrohr und die Produktion von Zucker erhöht würde;
2. attraktive und kostendeckende Preise für die Zuckerfarmen entständen;
3. daraus vernünftige Profite für die Industrie resultierten und
4. faire Preise für den Konsumenten zustande kämen.

Pro Kopf wurde eine Ration von 800 Gramm im Monat festgesetzt und der Preis auf 2 Rupien pro Kilo fixiert.

Was anfänglich sehr vernünftig aussah, wurde bald zum großen indischen «Zuckerschwindel». Da 800 Gramm im Monat pro Kopf nicht ausreichen, mußte begreiflicherweise beim freien Markt Zuflucht genommen werden. Dieser jedoch schuf eine künstliche Verknappung. Der Zucker war auf dem Markt einfach nicht vorhanden. Die Preise begannen zu steigen. Die Regierung spielte das Spiel mit. Im Herbst setzte sie den Anteil des freien Markts auf 30% herab, um erst recht die Preise anzuheizen. Der freie Marktpreis stieg von 235 Rupien pro Doppelzentner auf 385 Rupien. So wurde bereits im Dezember auch der Preis des rationierten Zuckers auf 2,15 Rupien pro Kilo erhöht.

Buckau-Walther AG, Grevenbroich (BRD)

Die Maschinenfabrik, die früher Buckau R. Wolf AG hieß und zum Bereich des Krupp-Konzerns gehört, besitzt eine indische Tochter in Pimpri.

Indien: Nach der Referenzenliste baute, erneuerte oder vergrößerte die Firma seit 1945 42 Rohrzuckermühlen in Burhwal, Malinagar, Motinagar, Ugarkhurd, Mansurpur, Modinagar, Raja-Ka-Sahaspur, Simbhaoli, Pravanagar, Hospet, Bardoli, Phaltan, Pandavapura, Kodoli, Ichalkaranji, Maivadi, Ambur, Shakarnagar, Nasik, Korhale, Bhanvaninagar, Niphad, Gauribidanur, Kichha, Pennadam (2), Sansar, Gauribidanur, Una, Madhi, Bidar, Keshoraipatan, Sakri, Kailaras, Chalthan, Ahmendnagar, Lonkheda, Malinagar, Karad, Nesari, Ambejogai, Karun.

In **Pakistan**: 7 (6 für Rohr- und 1 für Rübenzucker) Charsadda, Mahimaganj, Dewanganj, Badin, Bannu, Charsadda, Daryakhan.

In **Malaysia**: 1 Zuckermühle.

In **Afrika**: *Sudan* (Guneid und Khashm el Girba), *Ägypten* (Kous), *Kenia* (Awendo), *Elfenbeinküste* (Serebou) und *Senegal* (Richard Toll), *Tunesien* (mit andern zusammen).

In **Lateinamerika:** *Bolivien:* Santa Cruz, Bau und Erweiterungen, *Kolumbien:* Balsillas, *Mexiko:* Quintana Roo, *Argentinien:* Las Toscas, *El Salvador*: San Francisco.

Auf dem Referenzblatt für *Rübenzuckerfabriken* werden Bauten in folgenden Entwicklungsländern aufgeführt:
Iran: 9, *Türkei*: 3, *Marokko*: 4, *Libanon*: 1.

Buckau-Walther hat in der Schweiz die Zuckerfabrik Frauenfeld mitgebaut.

Die staatliche Zuckerpolitik und die Folgen

Indiens Zuckerproduktion schwankt zwar sehr, aber sie steigt an. Die regierende Partei braucht den Zucker, um sich an der Macht zu halten.

Der von der Regierung gefürchtete Landwirtschaftsjournalist *O. P. Kalra*, der auch mehrere Bücher über die indische Landwirtschaftspolitik schrieb, witzelte einmal: «Die großen Zuckeranalytiker Licht und Czarnikow analysieren Klima und Katastrophen, aber sie vergessen, das Fieber unserer Regierung zu messen. Die Zuckerproduktion hängt wohl mehr von Wahlen als vom Markt ab.»

Die Zahlen der indischen Regierung sind innenpolitisch bedingt. Wegen ihrer Preispolitik tendieren die Angaben auf Knappheit hin. In wichtigen Wahljahren sehen sie besser aus. Das Wirtschaftsmagazin *Economic and Political Weekly*, Bombay, wies schon mehrere Male auf diesen Zuckerlug hin. In Broker-Kreisen beachtet man eher die Zahlen des deutschen Statistiker- und Analytiker-Unternehmens *F. O. Licht*.

Zuckerjahr (Okt.–Sept.)	Millionen Tonnen (nach Angaben der indischen Regierung)
1931	0,16
1950/51	1,1
1955/56	1,9
1960/61	3,0
1965/66	3,5
1969/70	4,2
1970/71	3,7
1971/72	3,1
1972/73	3,8
1973/74	4,1
1974/75	4,3
1975/76	4,2
1976/77	4,8
1977/78	6,5
1978/79	5,8
1979/80	3,8
1980/81	5,1
1981/82	8,4
1982/83	8,4 (nach Schätzung von *Licht*)

Der geschätzte Zuckerbedarf betrug 1972/73 etwa 6 Millionen Tonnen. Durch politische Manipulation war es möglich, die freigegebene Quantität systematisch herabzusetzen, um eine künstliche Knappheit zu erzeugen.

- Die Profite der Zuckerindustrie stiegen. Die Produktion fiel. Die Zuckerindustrie gebrauchte das Mittel des Produktionsrückgangs, um eine Atmosphäre einer «Zucker-Hungersnot» zu schaffen.
- Die Zuckerproduktion könnte ohne Schwierigkeiten vergrößert werden, denn die künstlich bewässerte Fläche für Zuckerrohranbau hat sich seit 1970 um über 3 Millionen Hektar vergrößert.
- Da die Regierung stark von den Zuckerrohrfarmern und der Zuckerindustrie abhängt, hat sie ein Interesse, die Preise für sie attraktiv zu halten. Das ist nur

möglich durch Subventionierung und Knappheiten, die eine Rationierung notwendig machen und dadurch auch eine leichte Manipulation ermöglichen.

– Die Subventionen werden über die Steuern hereingeholt. Sie kommen den relativ Reichen und Mächtigen zugute. Das Geld wird durch eine hohe Warensteuer von den armen Zuckerkonsumenten zurückgeholt. Etwas mehr als ein Drittel des Zuckerpreises sind Steuern. So nahm die Bundesregierung 1972/73 an indirekten Zuckersteuern 1,8 Milliarden Rupien ein; die Einnahmen der Zuckerstaaten betrugen etwa 300 Millionen Rupien.

Obwohl die indische Zuckerindustrie weitgehend staatlich kontrolliert ist, hat sie nichts von einer sozialistischen Politik an sich. Sie ist Teil eines korrupten kapitalistischen Systems. Die Zucker- wie die ganze Lebensmittelindustrie schaffen dauernd und systematisch Verknappung, um die Preise hochzutreiben und sich selbst damit zu bereichern. Das System hat sich bereits so weit eingespielt, daß eine demokratische Reform, die ja stets von den Betroffenen ausgehen müßte, kaum mehr möglich ist.

Sudan: Mit dem Zucker in die Verschuldung

Der Nil ist nicht nur die Lebensader Ägyptens, sondern auch des Sudan, des mit 2,5 Millionen Quadratkilometern flächenmäßig größten afrikanischen Staates. Heute werden nur wenige Prozent des Bodens landwirtschaftlich genutzt. Nach einer Studie der FAO vom Beginn der siebziger Jahre könnten jedoch 1981 Millionen Hektar landwirtschaftlich genutzt werden. Das nach einem UNO-Bericht aus dem Jahr 1971 «neben Kanada und Australien potentiell reichste Agrarland der Welt» könnte der «Brotkorb Afrikas, ja des gesamten Nahen Ostens» werden.

So sahen es auch die Politiker und Technokraten des Sudan, als sie Anfang der siebziger Jahre begannen, Superlative aufeinanderzutürmen: Der größten Baumwollfarm der Welt, dem *Gezira Scheme*, sollte der größte Kanal Afrikas, der *Jonglei-Kanal*, folgen. Durch Begradigung des Weißen Nils sollte der *Sudd*, der große Sumpf, trockengelegt und fruchtbar gemacht werden. Mit *Kenana* sollte das größte integrierte Zuckerprojekt der Welt entstehen. Superlativ der Superlative: Das gigantomanische Vorhaben wurde im Rahmen eines in der Dritten Welt bislang einmaligen 25-Jahres-Planes konzipiert. Und schon der Sechs-Jahres-Plan sollte die Durchbrechung der wirtschaftlichen Schallmauer bringen.

Die politische und die weltwirtschaftliche Großwetterlage schien Anfang der siebziger Jahre einmalig günstig: 1972 war in der Hauptstadt des benachbarten Äthiopien das Friedensabkommen zwischen dem arabisch-islamischen Norden und dem afrikanisch-christlichen Süden des Landes geschlossen worden. Die tiefen Wunden des 17jährigen Bürgerkrieges sollten nun im Rausch

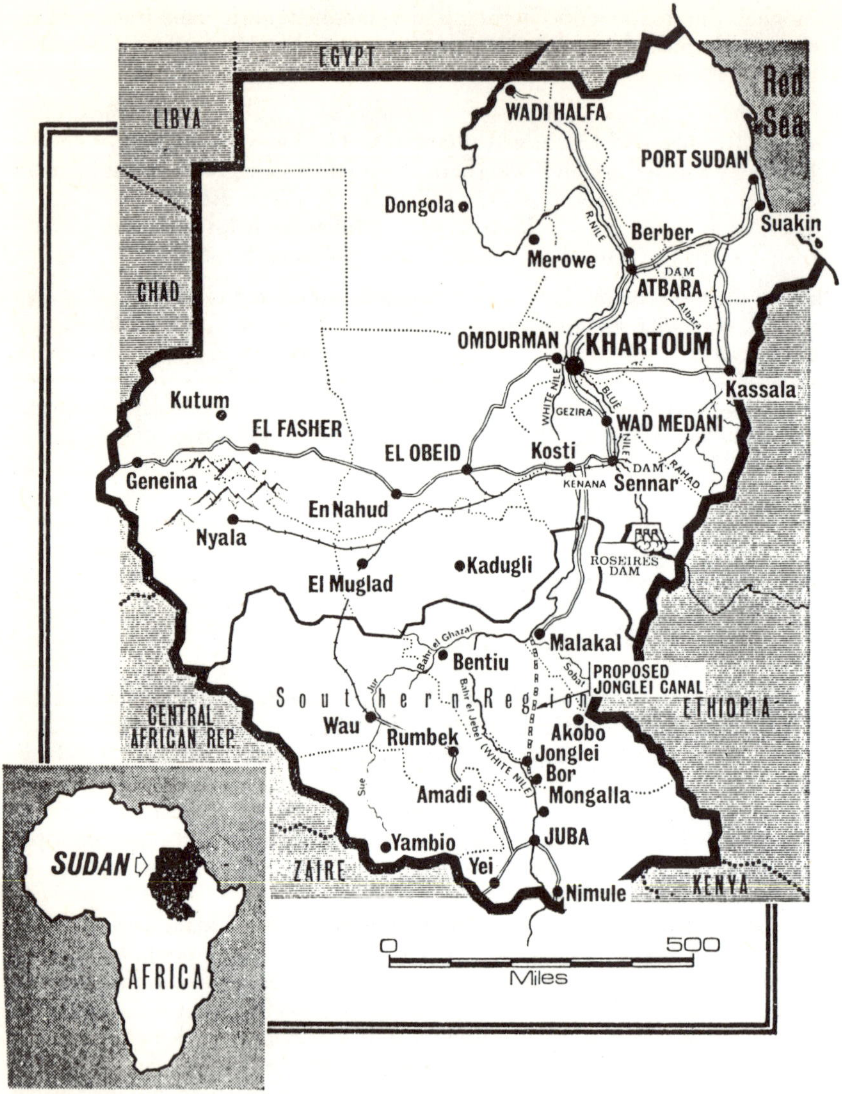

landwirtschaftlicher und industrieller Großprojekte rasch vergessen gemacht werden.

Ein Jahr später, im OPEC-Jahr 1973, schienen auch die finanziellen Quellen für die Verwirklichung der Großprojekte zu sprudeln. Nach dem vierten israelisch-arabischen Krieg verhängten die arabischen Ölproduzenten in der OPEC einen Lieferboykott gegen den Westen, erhöhten später massiv die Lieferpreise. Der Westen erlebte den ersten Ölschock: steigende Erdölpreise, Rezession. Es begann eine hektische Suche nach Abnehmern für Waren und Leistungen in den Öl- und anderen Staaten der Dritten Welt. Der riesige Sudan mit seinem ungeheuren ungenutzten landwirtschaftlichen Potential in unmittelbarer Nähe der reichen, aber landwirtschaftlich kaum entwickelbaren Ölstaaten der arabischen Wüste bot sich geradezu für eine (für alle Beteiligten profitable) Dreieckskooperation an. Big Business, vor allem Agro-Business, erkannte hier eine einmalige Chance. Hier sollte der Übergang «vom Nomaden zum Computermenschen» verwirklicht werden, der Übergang von der harten Handarbeit zum «süßen Leben eines Sugar Daddy».

Und wie in der Geschichte vom Hasen und vom Igel war *Roland W. Rowland*, auch «Tiny» Rowland genannt, mit seiner Firma *Lonrho* schon da. Ihn kümmerte es wenig, daß er sogar nach dem Urteil des konservativen britischen Premiers Edward Heath «das häßliche Gesicht des Kapitalismus» darstellte. Er handelte im Vollgefühl seiner bisherigen Erfolge, im Bewußtsein, daß er stets die Zeichen der Zeit frühzeitig zu lesen verstanden, rechtzeitig die richtigen «connections» herzustellen gewußt hatte. Lonrhos Einsatz im Superland Sudan mit Hilfe arabischer Ölgelder und westlicher Supertechnologie sollte alle Dimensionen des Gemischtwarenladens Lonrho sprengen. 1961 hatte der Sohn einer in Indien tätigen britisch-deutschen Familie die bis dahin kleine Kolonialwaren- und Spekulationsfirma *Lonrho* (*London and Rhodesia Mining and Land Company*, mit Sitz in Salisbury, Rhodesien) erworben. In den Jahren der afrikanischen Unabhängigkeitskämpfe kaufte Rowland nach und nach überall in Schwarzafrika von Weißen abgestoßene Geschäfte und Firmen, Minen und Farmen billig auf. Zudem gab er sich nun als Freund der unabhängigen Afrikaner und nahm stets Afrikaner in die Verwaltungsräte der vielen Tochterfirmen auf. Die Londoner Börse schockierte er, indem er bereits zu Beginn der sechziger Jahre als erster afrikanische Staaten mit Minderheitsbeteiligung von 49 % an «Joint-Ventures» beteiligte. Sambias Präsident Kaunda wies er sogar den Weg, als dieser ausländische Unternehmen verstaatlichte. Den Wolf im Schafspelz des Tiny Rowland verkennend, schrieb sogar die tansanianische Tageszeitung *Daily News* anerkennend: «Wenn andere gehen, kommt Tiny Rowland.»

Rowland kaufte sich bei den neuen Regierenden und verwaltenden Eliten ein, indem er sich auf Luxusimporte spezialisierte: teure Limousinen, Flugzeuge für die Politiker, Schmuck und Kosmetika für die Damen der Gesellschaft. Rowland wurde zum «persönlichen Freund» vieler afrikanischer Politiker: vom Sozialisten Kaunda über den Kapitalisten Houphouet-Boigny bis hin zum Generalpräsidenten Mobutu von Zaire. Und eben Sudans General Jafaar El Numeiry: Beim Putschversuch im Jahr 1971 befand sich Numeiry bereits in der Hand der Rebellen. Daraufhin flog einer von Rowlands Firmenjets die an einer Konferenz in Kairo teilnehmenden sudanischen Minister, als Nothelfer in letzter Minute, in die Hauptstadt Khartoum ein. Der Putsch scheiterte, und Tiny Rowland galt bei Numeiry nun als «mein bester Freund».

Nach OPEC-Boykott und Ölpreissprung kam Rowland Ende 1973 mit seiner magischen Dreiecksformel in Khartum an: «Sudan ist ein arabisches Land. Für den Westen gehört es nicht zu den Bösen. Die Araber müssen Geld investieren; bei Brüdern können sie nicht nein sagen. Die Konstellation ist einmalig.»

Die Formel lautete: Verbindung inländischer Ressourcen mit arabischem Ölkapital und westlichem Know-how. «Zucker ist immer gut. Beginnen wir die Agrarrevolution mit Zucker!» soll Rowland geraten haben.

Ein paar Tage später traf sich Rowland, der inzwischen britische Ingenieurbüros erworben hatte (wie man aus den Klatschkolumnen der *City* erfahren konnte), mit Vertretern von Ingenieur- und Consulting-Büros. Die Erdölkrise hatte ihre Aufträge aus Übersee stark absinken lassen.

«Wir und unsere Industrie brauchen Exportaufträge. Afrika ist arm, und Landwirtschaft im kleinen ist für uns geschäftlich nicht interessant», meinte Rowland in einer Rede in Lusaka 1961. «Den Ausweg bietet die Mitbeteiligung des Staates. Die afrikanischen Staaten sind buchstäblich süchtig nach Zucker. Raten wir ihnen doch, damit ihre Landwirtschaftspolitik zu beginnen und dem westlichen Modell zu folgen, bei dem der Staat am Zucker entweder mitbeteiligt ist oder stark subventioniert!»

So kam es zum größten Zuckerprojekt der Welt: Kenana, 200 km südlich von Khartum. Die Firma Lonrho plante und entwarf es. Die sudanesische Regierung stieg mit 40%, die staatliche *Sudan Development Corporation* mit 10% ein. Von arabischer Seite kamen 23% aus Kuwait (die kuwaitische Königsfamilie besitzt etwa 20% der Lonrho-Aktien) und 17% von der *Arab Investment Corporation*. Lonrho war mit 5,5%, *Gulf Fisheries* (Kuwait) und *Nissho Iwai* (Japan) mit je 2,5% dabei. Lonrho bekam einen exklusiven Management-Vertrag. Die französische *Technip* und *Nissho Iwai* erhielten den Auftrag, die Fabrik zu erstellen. Kenana sollte eine Jahresproduktion von 330000 Tonnen Zucker haben. Um die Fabrik herum wurden 50400 Hektar für Zukkerplantagen, die mit modernsten Systemen bewässert werden sollten, erworben. Man rechnete mit einer Bevölkerung von 120000, die sich in Zukunft um das Projekt herum ansiedeln würde.

Lonrhos Idee wurde rasch von anderen übernommen. Der Sudan lebte in diesen Jahren in einem Rausch von Großprojekten. Die weltweite Inflation ließ die Kosten des Kenana-Projekts rasch steigen; die erste Lonrho-Studie hatte 1973 die Kosten auf 107 Millionen Dollar veranschlagt. Bei Baubeginn 1975 wurden die Kosten bereits auf 250 Millionen angehoben. 1976 schrieb man schon von 350 Millionen, 1977 von 500 Millionen. Bei der Eröffnung waren bereits 600 Millionen «verzuckert». 1982 schrieb die *Financial Times*: «Am Ende werden es wohl 1 Milliarde Dollar sein.» Tiny Rowland wußte, warum er und andere von den Vorteilen der «mixed economy» sprachen: Die Firmen verdienten an der Lieferung von Ausrüstungsgeräten und Know-how. Die inflationär steigenden Kosten hatte der Sudan zu tragen.

1977 wurde Lonrho aus dem Vertrag entlassen. Die Araber hatten Lonrhos Doppelgesicht erkannt. Aber wer sollte an seiner Stelle in Kenana weitermachen? *Alexander & Balwin*, der amerikanische Zuckermagnat auf Hawaii, wurde zur Beratung beigezogen. Mit neuem Namen ging es wie bisher weiter. Nach sechs Jahren Bauzeit – vorgesehen waren drei – begann 1980 die Operation und im März 1981 die Fabrik mit der Zuckerproduktion. 40000 im Projekt-Gebiet lebende Menschen pflanzten im ersten Jahr 21000 Hektar Zuckerrohr an, und die Fabrik meldete einen Weißzuckerausstoß von 160000 Tonnen.

Soll die Fabrik kostendeckend produzieren, müßte die Tonne Kenana-Zukker 470 Dollar kosten (*Financial Times*, 4. 3. 1981). Wegen Staatsschulden in astronomischer Höhe mußte die Regierung den Preis für das Grundnahrungsmittel Zucker gleich um 62 % erhöhen. Unruhen brachen aus. Der süße Traum war ausgeträumt. In der Hauptstadt Khartum kam es zum Volksaufstand, der von Polizei und Armee blutig niedergeschlagen wurde. Sudans Wirtschafts- und Finanzminister gab 1982 eine Außenverschuldung von 7 Milliarden Dollar bekannt. Um Devisen zu erhalten, soll trotz Knappheit Zucker ausgeführt werden.

Kenana war nun ein Zuckerwerk in einem ganzen Zuckernetz. Das deutsche Konsortium *Buckau-Walther AG*, Grevenbroich, eine zum *Krupp*-Konzern gehörende Maschinenfabrik, und *BMA* (Braunschweigsche Maschinenbau-Anstalt) haben die zwei staatlichen Zuckerfabriken in Guneid und Kashim El Girba in New Halfa gebaut. Das *N. W. Sennar Scheme* wurde von der britischen Firma *Fletcher and Stewart* (zum Londoner Zucker- und Agrarmulti *Booker McConnell Ltd.* gehörend) errichtet.

Diese drei Werke produzierten 1976 130000 Tonnen Zucker für den lokalen Gebrauch und 40000 Tonnen Melasse zum Export. *Assalaya* und *Melut* sollten ab 1977 bzw. 1978 mit je 220000 Tonnen / Jahr an die Produktion gehen. Damit sollte nach dem Sechs-Jahres-Plan 1977–82 die einheimische Nachfrage gedeckt sein. *Mongalla* und *Kenana* waren laut Plan für den Export vorgesehen. Für 1981 sah die Planung einen Zuckerexport von 700000 Tonnen vor. Im Zukkerjahr 1981 / 82 produzierte der Sudan jedoch nur 247000 Tonnen. Der heimische Bedarf allein machte 450000 Tonnen aus. (Mongalla im Süden hatte keine einzige Tonne produziert. Es fehlten Ersatzteile, und diese kamen und kamen nicht.) *Blick durch die Wirtschaft* der FAZ schrieb am 12. 10. 1982: «Die gesamte Produktionskapazität aller sudanesischen Zuckerfabriken beträgt zur Zeit rund 670000 Tonnen pro Jahr und müßte ausreichen, nicht nur den einheimischen Bedarf zu decken, sondern darüber hinaus auch noch Zucker zu exportieren.»

Da dem aber nicht so war, holte die Regierung die britische Firma *Tate & Lyle* und die niederländische *HVA Maatschappijen* zu Rat und erteilte ihnen den Auftrag für ein Rehabilitationsprogramm. So bekamen zwei weltbekannte Zuckermultis wieder Arbeit. Das Resultat: Die Staatsverschuldung steigt weiter, und der Zucker wird immer teurer. Zwischen 1976 und 1981 ging Sudans Baumwollernte ebenfalls um 50 % zurück, die Einnahmen vom größten Devisenbringer sanken.

Liest man die Wirtschaftsseiten in *Financial Times, Wall Street Journal, Handelsblatt* oder *Neue Zürcher Zeitung*, dann werden stets drei Faktoren für die sudanesische Wirtschaftsmisere verantwortlich gemacht:

– «Die hohen Kosten der Erdölimporte sind Grund der Krise», schreibt das *Handelsblatt* am 1. 12. 1982. Aber hätten die Berater diese Kostensteigerung nicht voraussehen müssen? Sie wußten natürlich (und deshalb hat das Ganze auch mit Betrug zu tun!), daß die Erdölpreise nach 1973 nie mehr das frühere Niveau erreichen würden und die geplanten Projekte sehr energieintensiv (und verschwenderisch – wie auch europäische Zukkerfabriken) geplant waren. Angesichts dieser Großprojekte konnte es nicht verwundern, daß Sudans Ölrechnung von 12 Millionen Dollar im Jahr 1970 auf 500 Millionen 1981 anstieg. Die Misere ist also weniger die Schuld der Energiekosten als vielmehr der unwissenschaftlichen und exportorientierten Berater, Experten und Spezialisten.

- Der sudanesische «Staatssozialismus» soll schuld am Wirtschaftsruin sein. So verlangt zur Gesundung denn auch der Internationale Währungsfonds Reprivatisierung und Aufhebung der Subventionen. Damit wird Sudans Zuckerindustrie bestimmt nicht saniert. Im Gegenteil, der Zuckerimport wird ansteigen. Zudem ist das, was heute als Staatssozialismus abgetan wird, der Wunsch und die kalte Berechnung der Investoren zu Beginn gewesen.
- Spekulation, Ehrgeiz und Mißwirtschaft der Sudanesen seien schuld an der Krise. Aber Sudans Elan und Vision nach dem Bürgerkrieg 1972 wurde fast kriminell in die Einbahnstraße der Katastrophe beraten, geplant, gemanaged.

Ein ganzes Bündel von Faktoren hat Sudans Zucker bitter werden lassen. Ein Beispiel: 1978 brachte die Tageszeitung *Al Ayam* eine Karikatur, die den Nagel auf den Kopf traf. Zwei Männer diskutieren über die neuen Ölfunde im Sudan. «Du, sie sagen, daß sie 500 Faß Öl pro Tag ans Tageslicht schaffen werden», sagt der eine. Und die Antwort: «Ausgezeichnet, aber ... wo holen sie die Fässer her?»

Vieles wurde ins Luftleere hineingeplant. Ohne den Kontext, ohne die Infrastruktur zu berücksichtigen, eindimensional, punktuell, blind und – zuckerkrank. An Logistik und Kybernetik dachten die Unternehmer immer erst, wenn es um sie selbst und ihren Projektanteil ging. Da sollte plötzlich der kleine Hafen von Port Sudan allein und ausschließlich für sie dasein; die Eisenbahn allein für sie fahren. Wenn es nicht klappte, waren allein die Sudanesen schuld. Nie sie – die Monomanen.

«Die Nomaden und Viehzüchter müssen sich umstellen. Kleinbauern haben keine Zukunft», so eine Schlagzeile 1972 im englischsprachigen Monatsmagazin *Sudanow. Abdalah Mohamed Ibrahim*, der Leiter des *Jonglei-Kanal-Projekts*, sagte: «Wenn ich auf diese Weise ein paar Millionen Menschen mehr ernähren kann, ist es mir völlig egal, ob sich ein paar tausend Hirten ein bißchen umstellen müssen.»

Hand in Hand mit westlichen Experten hat die Regierung das Volk demobilisiert. Nicht der Staatssozialismus, sondern der Zynismus der Herrschenden trieb die Bauern in den Schwarzhandel und Nebenerwerb (statt Zuckerrohr pflanzen sie Nahrungsmittel – schließlich ging es doch auch der Regierung um Nahrungsmittel).

Der Sudan wurde zum Eldorado einer kapitalistisch-egoistisch ausgerichteten Maschinenindustrie, die die von Berater- und Ingenieurfirmen entworfenen und gebauten Großanlagen mit dem Allerneuesten und Teuersten bestückten. Der soziale Kontext blieb unberücksichtigt.

Wartung und Ersatzteilabsicherung interessierten manche Firmen kaum. Die größte Sorge der Zuckerfabriken heute ist die Ersatzteilbeschaffung, die noch dadurch erschwert wurde, daß der Internationale Währungsfonds die Devisen hierfür verknappte.

Selbst in Weltbankkreisen spricht man heute kritisch über «das schamlose Abschöpfen des Rahms» im Sudan. Sogar das *Wall Street Journal* stellte am 27. 11. 1981 die kritische Frage an westliche Experten und Repräsentanten des internationalen Agrobusiness: «Was haben Sie sich eigentlich gedacht, als Sie den Sudan in eine Zukunft hineinredeten, die niemand je wird bezahlen können?»

R. W. Rowland schreibt im Jahresbericht 1982 (veröffentlicht am 11. Februar 1983):

«Lonrho und seine Töchter sind Afrikas größte Nahrungsmittelproduzenten. Unser Ranch- und Farmgebiet umfaßt über 1,5 Millionen Acres ...

Lange Zeit waren unsere 7 Zuckerplantagen der Stolz der Gesellschaft. Sie trugen Jahr für Jahr 18 Mio. Dollar oder 10 Mio. Pfund zum Gewinn der Gruppe bei.

Nun sind sie jedoch vom Zusammenbruch des Weltzuckerpreises betroffen und verzeichnen daher einen kleinen Verlust. Es wurde jede nur denkbare Anstrengung unternommen, um die Betriebskosten zu senken und eine größere Effizienz der Produktion zu erreichen.»

Tansania: Wie verteilt man Zucker?

In der englischsprachigen Tageszeitung von Tansania, *Daily News*, standen am 6. Februar 1980 auf derselben Seite zwei sich scheinbar widersprechende Nachrichten:

- «Über 300 Tonnen Zucker haben sich angehäuft und warten auf Geschäftsfirmen, die ihn aufkaufen und ihn ans Volk verteilen.» Seit längerer Zeit habe die Mahonda-Zuckerfabrik auf Sansibar Mühe, ihren Zucker abzusetzen.
- «Die gegenwärtige Zuckerknappheit in Dar es Salaam wird bald beseitigt sein, nachdem am Donnerstag 10000 Tonnen Zucker mit der ALGAOS aus Frankreich angekommen sind.» Wenn schon die Hauptstadt Dar es Salaam, Schiff- und Bahnknotenpunkt, eine Zuckerknappheit erlitt, wie mußte es dann erst im Landesinnern aussehen? Zudem ist das großangelegte und voll integrierte Zuckerunternehmen *Kilombero*, von dem nach der Einweihung von Phase II am 3. August 1976 fast 80 % der tansanischen Zuckerselbstversorgung erwartet wurden, bloß 370 km von der Hauptstadt entfernt, auf geteerter Straße und per Bahn erreichbar. Aber wie verteilt man Zucker?

Ende August 1976. In der Gegend von Manyoni, einige 100 km westlich von der zukünftigen Hauptstadt Dodoma entfernt, an der Bahnlinie, wichtige Straßenabzweigung nach Norden, am Schnittpunkt zur Wüste, dennoch mit sehr regsamen Ujamaa- oder Gemeinschafts-Dörfern. Der einzige Laden weit und breit – für 27 Dörfer – öffnet morgens um 8 Uhr. Am Vortag war in Windeseile das Gerücht durch die Gegend gegangen: «Morgen gibt's bei Zacharias Zukker!» Schon am frühen Morgen begann sich vor dem Shop eine lange Schlange zu bilden. Alle wollten Zucker. Seit mehr als drei Monaten hatte es keinen mehr zu kaufen gegeben. Als Zacharias seinen Laden öffnete, erschrak er, als er die vielen Menschen sah. Er befahl seiner Frau, sofort auf den Polizeiposten zu gehen und sicherheitshalber eine Wache herzubeten. Es warteten über 400 Menschen.

Zacharias hatte 50 kg Zucker erhalten. Er blieb ruhig und verabreichte jedem Käufer ½ kg. Da gab es schlaue Familien, die sich aufgeteilt hatten und zu fünft anstanden. Zacharias kannte die meisten, und so vermochte er sie abzuweisen. Aber es kam, wie es kommen mußte. Etwa 100 Personen wurden abgewiesen; 100 erhielten Zucker. Und der Rest – mehr als die Hälfte – ging leer aus. Schimpfen, Fluchen. Der Kredit der Regierung bei der Bevölkerung fiel an jenem Augusttag ganz beträchtlich.

Wie verteilt man Zucker?

Am andern Tag sprach ich mit dem Ladenbesitzer Zacharias. Ich fragte ihn, warum er denn nicht mehr Zucker per Bahn kommen lasse. Was denn mit dem Kilombero-Zucker, der schließlich direkt an der Bahnlinie Dar es Salaam–Manyoni liege, geschehe?

Zacharias versuchte, mir die Sache zu erklären: «Wahrscheinlich gibt es genug Zucker im Land. Aber man hat nicht an den Händler gedacht, als der Staat vorschrieb, daß überall im Lande der Zuckerpreis gleich ist. Schön und gut. Aber wer zahlt die Transportkosten? Ich als Händler. Wer macht die Vorauszahlung? Ich als Händler und verliere daran, denn ich muß jedesmal Kredit zu 5 % im Monat aufnehmen. Bei der Reform wurde das Händlergesetz vergessen. Früher mußten auch die Inder den Zucker zu vorgeschriebenen Preisen verkaufen, aber er diente ihnen als Köder. Die Menschen kamen in den Laden und kauften auch anderes. So verdienten die Inder sehr gut. Aber heute haben wir auf allen Lebensmitteln und wichtigen Waren vorgeschriebene Preise. Es springt wenig heraus. Die Regierung möchte ja langfristig, daß es überall Gemeinschaftsläden mit Selbstverwaltung und Mitbeteiligung gibt. Die Regierung will uns Privathändler eigentlich nicht. So bin ich doppelt suspekt: bei der Regierung und beim Volk. Ja, sag mir doch, wie soll ich denn Zucker verteilen?»

10. Dezember 1976. In Mbeya, der letzten großen Stadt vor der sambischen Grenze, an der weltbekannten Uhuru-Eisenbahn und der von Amerikanern gebauten Verbindungsstraße zwischen Tansania und Sambia. Eine Stadt mit einem überengagierten Distriktkommissär, bekannt für seine 150%ige Treue zu den *Self-Reliance*-Prinzipien der Arusha-Erklärung von 1967. Der sozialistische Kommissär hatte durch Verdikt alle privaten Läden schließen lassen und Gemeinschaftsläden (*ushirika*) verordnet. Die Straßen mit den einstigen Geschäften sahen trist aus, wie nach einer totalen Plünderung. Alle Menschen, die ich traf, jammerten. Alles war knapp. Am schlimmsten stand es mit dem Zuk-

ker, obwohl doch im Lande unter der Politik von Präsident Nyerere die Zuckerindustrie massiv gefördert worden war und seit August fünf Zuckerkomplexe in Betrieb waren: *Msolwa* und *Ruembe* (Kilombero I und II), *Mtibwa, TPC Arusha Chini, Kagera* und *Mahonda* auf Sansibar. In Versammlungen gab man sich zuversichtlich, und jedermann war stolz auf das Erreichte. Doch in Mbeya gab es keinen Zucker. Wohin ging er denn? Wie sollte die Statistik lügen, die 90% Selbstversorgung feststellte?

Am Nachmittag traf ich den Verantwortlichen für Entwicklung in Mbeya. Seine Meinung: «Tansania hat bei der Vergrößerung der Zuckeranlagen hohe Schulden gemacht. Durch die schlechten Jahre und die zeitweilige Hungersnot ist die Produktion anderer landwirtschaftlicher Güter für den Export rückgängig. Wir müssen Getreide einführen. Woher kommen die Devisen? Zum Teil vom Zucker, der sehr gut sein soll und auf dem Weltmarkt abgenommen wird. Zudem: Die Erdölkrise hat uns einen gewaltigen Streich gespielt. Unsere Berechnungen stimmen längst nicht mehr. Es herrscht große Devisenknappheit. Vor allem wegen der teuren Energie. So produzieren natürlich auch die Zuckerfirmen längst nicht mehr das, was die ausländischen Beraterbüros planten und die Statistiker auf Papier haben. Und ein Drittes: Unser Transportwesen liegt darnieder. Im Augenblick sind in unserer Region über 70% der Lastwagen nicht in Betrieb. Sie alle warten auf eine Reparatur, weil die Ersatzteile aus dem Ausland fehlen. Wir werden sie erst im nächsten Frühjahr erhalten. Nicht weil wir sie zu spät bestellten. Nein, die wollen das Geld vorausbezahlt haben, und wir hatten in Gottes Namen keine Devisen, und unser Geld wollen sie ja nicht. Dollars wollen sie.

Sie sehen, der Zucker fehlt nicht, weil wir sozialisiert haben. Auch die privaten Geschäfte führen jetzt keinen Zucker. Aber am Zucker werden wir gemessen. Auch im Sozialismus. Wenn es Zucker gibt, dann ist der Sozialismus gut!»

Irgendwo mußte der Zucker sein. Aber wo? Wie verteilt man Zucker bei Devisenknappheit?

Auf dem Rückweg von Mbeya mache ich im großen *Kilombero Zucker Scheme* halt. Aber so einfach geht das nicht. Zucker muß ein mit Sicherheitsproblemen belastetes Gut sein. Die Wache bei der Einfahrt bedeutet mir, daß ich nur mit einer Beglaubigung entweder von der Regierung oder von SUDECO (*Sugar Development Corporation*, ein staatlicher Regiebetrieb, direkt dem Landwirtschaftsministerium unterstellt, Verwalter von allen Zuckerbetrieben) Zugang erhalte. Auf der Suche nach dieser Erlaubnis verliere ich zwei Tage. Ich stelle jedoch wichtige Dinge fest: Überall in der Umgebung wird *Jaggery* verkauft, der aussieht wie unser Kandiszucker. Woher der kommt? Die Arbeiter liefern einzelnes Zuckerrohr nicht in die Fabrik und bearbeiten es selbst. Viele hier in der Gegend besäßen «private Kleinzuckerfabriken». Der Preis von *Jaggery* ist frei. Niemand in der Planung hat an ihn gedacht. Und so ist er für die Arbeiter und die privaten Farmer, die Zuckerrohr für die Fabrik anpflanzen, zu einem guten Nebenverdienst geworden.

Die Menschen, die selbst nicht mit der Zuckerindustrie verbunden sind, verachten die *sugar people*. «Mit ihrem Zucker beuten sie uns aus!» sagt sogar ein

Pfarrer. Ein Lehrer: «Denen hat man alles gegeben, und nun spielen sie die großen Zuckerherren.» Eine Sozialarbeiterin: «Hast du schon das Wort *sugar daddy* gehört? Hier kannst du sehen, woher es kommt. Kleine Neureiche, die mit Zucker andere Menschen ausbeuten. Groß angeben, andere benutzen und dann liegenlassen. Nachher müssen wir vom Sozialdienst kommen und sozusagen den *sugar shit* einsammeln ...»

Am Abend treffe ich einen sogenannten *outgrower*. Das ist also ein Zuckerrohrbauer, dessen Land offiziell für die Zuckerfabrik hergerichtet und «entwikkelt» wurde. Es gehört ihm; er hat bloß die Pflicht, das Rohr der Fabrik abzuliefern und sonst nirgends zu verkaufen. Phase I von Kilombero wurde so entwickelt, daß 78% des Zuckerrohrs von den Plantagen der Company kommt. Der Rest wurde in die Hände von *outgrowers* gelegt. Sie sind nun die großen Sündenböcke für die Knappheit geworden. Bauer Mkufua jedoch sieht es anders: «Ich habe vom Zuckerrohr die Nase voll. Immer dieser Druck. Der Preis wird überall gedrückt. Dabei werden die Auslagen immer höher. Wie soll ich Nahrungsmittel für meine Familie kaufen? Gerade jetzt, da im Land diese Nahrungsmittelkrise herrscht und unser Präsident selbst immer wieder alle aufruft, zuerst das Lebensnotwendige anzupflanzen. Wer kann uns denn verbieten, auf unseren Feldern auch etwas anderes als Zuckerrohr anzupflanzen? Etwas zum Essen. Wenn daher die Produktion der Zuckerfabrik zurückgeht, ist es wohl einerseits das geringer gewordene Rohr, aber viel mehr liegt es an den Preisen und an unserem Kampf ums Überleben. Es spielt sich eine andere Form von Verteilung ein. Schließlich ist Zucker nicht das Wichtigste!»

Am andern Morgen werde ich im Zuckerreich Kilombero eingelassen. Was mir gezeigt wird, ist faszinierend. Es wird mir rasch klar, warum der Neid der Nachbarn berechtigt ist. Wenn ich die vielen Krawattenmenschen mit Ordnern, Papieren, Statistiken, Proben und Analysen sehe, wird mir auch die Abneigung der kleinen Zuckerrohrfarmer begreiflich.

Der Offizielle legt mir dar: «In line with Tanzania's development strategy ...» Ja, im Geiste der tansanischen Entwicklungsphilosophie, die Selbständigkeit anstrebt und Gewicht auf die Landwirtschaft legt, wurde Kilombero geplant. Mit Hilfe von *HVA*, Amsterdam, und der Weltbank sei das möglich gewesen. Kilombero werde dem Land jährlich 200 Millionen Shilling an Devisen einsparen und das Land näher an die Selbstversorgung heranführen.

Er redet weiter. Ich bleibe beim Wort «Selbstversorgung» hängen. Überall habe ich es im Bereich von Zucker gehört. Es scheint weltweit das magische Wort der Prognosen und Studien zu sein. Vor allem von den Beraterfirmen und den Industrien, die Exporte brauchen und stets dort ansetzen, wo andere Länder und Völker noch weniger haben ... Und falls eines Tages die Selbstversorgung Wirklichkeit würde – was dann mit den Firmen, die dieses magische Wort als Verkaufsschlager einsetzten? Bis dann gibt es längst neue Produkte, wo auch Selbstversorgung angestrebt werden muß: Kamille, Karotte, Kekse, Konserven, Krawatten, Korsette ...

Dann wird mir die neueste Anlage von Ruembe vorgeführt. Ein technisches Wunderwerk. Eine der modernsten Zuckeranlagen der Welt. Bloß sei gerade da ein kleines Problem, weil es noch keine Tansanier gebe, die Management, Wartung, Logistik und Planung übernehmen könnten. Dafür müsse erst ein Zuckerausbildungsinstitut gebaut werden.

Aber noch mustergültiger war die Dorfanlage mit Spital, verschiedenen Kirchen, sogar einer Moschee, Schulen, Gemeinschaftszentren, Tennisplätzen, Swimmingpools, Boxclub, Jazzlokal ... Ja, als Tansanier wollte ich auch hier sein. Da war wirklich alles verzuckert! Und hier klappte auch die Versorgung. Sechs volle Ujamaa-Shops führte man mir vor. Zucker in Hülle und Fülle. Aber ... Ja, die Leute kauften den schwarz hergestellten *Jaggery* außerhalb der Umzäunung. Dafür müsse man stets aufpassen, daß nicht Leute von außen wegen der anderen Waren hereinkämen. Aber der Umsatz sei befriedigend. Als ich am Abend Kilombero verlassen hatte, fiel mir auf, daß die Läden in der Umgebung auch voll waren und daß es die Waren aus den Kilombero Ujamaa Shops waren. Der Fahrer bestätigte mir: «Ein sehr profitables Geschäft für die Zuckerleute. Ich würde es auch tun, wenn ich könnte. Aber warum muß es denn so sein? Warum hat Kilombero alles und wir – gleich daneben – nichts?»

Ja, wie verteilt man im Land Zuckerfabriken, ohne neue Zuckerkleinimperien mit neuen Herrschaften aufzubauen? Ist Zucker ein unsoziales Gut? Kann Zucker gerecht verteilt werden?

Der Zucker war stets der Stolz und das Prestige der tansanischen Regierung gewesen. Aber je mehr sie für den Zucker tat, desto mehr vergiftete er die Politik und das soziale Klima. Tansania fand keinen «sozialistischen Weg für den Zucker». Zucker hat nun einmal das Stigma der Abhängigkeit, schrieb der französische Agronom René Dumont 1969 in seinem Report *Tanzania Agriculture After the Arusha Declaration*. Nyerere hatte ihn gerufen, um im Detail für Tansania einen landwirtschaftlichen Weg auf eigenen Beinen (Self-Reliance) zu suchen. Wie viele Franzosen brachte Dumont sehr viel Verständnis für Zucker mit. So war er relativ unkritisch mit den Zuckerplänen umgegangen, die bereits vorlagen. Er hatte nur vor zu starker Mechanisierung gewarnt und auf die verkannte Kleinindustrie landauf und landab von *Jaggery* hingewiesen. Aber Dumonts Bericht wurde von den Funktionären und Bürokraten nicht beachtet. Er galt als Spinner. Selbst Nyerere verstand ihn nicht. Erst zehn Jahre später begann er zu ahnen, und nochmals rief er Dumont für eine Analyse herbei.

Aber nun war es zu spät. Dumont mußte feststellen: «Selbst in seiner Armut ist Tansania ein Opfer unangepaßter Technologie geworden ... Internationale Beraterstellen haben dem Land stets das Allerneueste als notwendig vorgeschlagen, und Tansania konnte schon wegen der Weltbank nicht nein sagen ...» Dumont stellte das auch für die Zuckerindustrie fest: Statt zum Stolz des Landes wird sie zur Dauerbelastung. Weil Tansanias Zucker viel zu teuer war, kam die Verschuldung. Die Weltbank schlug mehr freien Markt vor. Der Zucker wurde noch teurer und für das Volk beinahe unerschwinglich. Die Verteilung schien schlichtweg unmöglich. Tansanias Zucker sollte vorderhand für Devisen exportiert werden. So einfach machte es sich die Weltbank als Ratgeber.

Die Feasibility-Studien von *HVA, BA* und *Tate & Lyle* wurden hingegen stets sehr ernst genommen. An ihnen hing Geld, denn nur aufgrund solcher Zweckmäßigkeits- und -dienlichkeitsstudien gewährten Regierungen und Banken Kredite oder Entwicklungshilfe. Die erste Feasibility-Studie wurde 1955 noch unter britischer Verwaltung an eine südafrikanische Beraterfirma (eine Tochter von *Tate & Lyle*) übertragen. Die Unabhängigkeitspartei von Julius Nyerere konnte bewirken, daß der südafrikanischen Firma gekündigt wurde. Und so kam 1958 *HVA*, Amsterdam (s. S. 62f.). Auf dem Prospekt steht: «HVA-International ist eine der größeren Organisationen, die Management und Beratung für Zuckerrohrindustrien anbietet.» Sie legte das Konzept und die Planung der tansanischen Zuckerversorgung fest. HVA hatte daher auf Tansanias Politik einen großen Einfluß. HVA hält auch das Management der *Kilombero Sugar Company* in Händen. Im ebenfalls integrierten *Kagera Scheme* (Plantagen und Raffinerie) überwacht sie den landwirtschaftlichen Sektor. Wo immer HVA mitwirkt, steht auch die holländische Regierung mit Entwicklungskrediten zur Seite. Beide Regierungen, hieß es in Dar es Salaam, haben vollstes Vertrauen in die Erfahrungen von HVA. Die Verteilungsfrage sei eine politische und keine technische, sagte der Regierungssprecher 1977 beschwichtigend.

Dennoch ließ die tansanische Regierung über die SUDECO eine neue Studie erstellen und übertrug diese Prospektiv- und Planungsarbeit der britischen *Booker Agriculture International* (BAI) und *Tate & Lyle Technical Services*. Das Resultat: Tansania muß die Zuckerwirtschaft ausbauen! Der Ausstoß von 160000 Tonnen im Jahr 1977/78 muß bis 1990 auf 470000 Tonnen jährlich verdreifacht werden. Sonst sei die Zuckerversorgung nicht gewährleistet. Es wird empfohlen, alle bestehenden Betriebe weiter auszubauen, die Plantagen direkt in die Verarbeitung zu integrieren, kein Zuckerrohr mehr über Kleinbetriebe anzupflanzen, mehr Melasse zu verarbeiten und zu exportieren. Von der landesweiten Verteilung – wir würden sagen vom Marketing – schweigt die Studie.

Tansanias Zuckernot hielt an. Dann kam der Krieg mit Idi Amin von Uganda. Seine Truppen fielen im Norden in die West-Lake-Region ein und zerstörten im Oktober 1978 ein weiteres Zuckersymbol Tansanias, die Raffinerie von Kagera. Dieser Betrieb war 1958 gebaut worden und galt als ein Eckstein der tansanischen Zuckerindustrie. Kageras Produktionskapazität war zwar klein: nur 8000 Tonnen im Jahr, viel zuwenig für eine so große und dazu abgelegene Gegend. Aufgrund der BAI- und *Tate-&-Lyle*-Studie wurde kurz vor der Zerstörung die Erweiterung auf eine Jahresproduktion von 32000 Tonnen beschlossen. Auf 14000 Hektar Land sollten jährlich 320000 Tonnen Zuckerrohr zur Verarbeitung angebaut werden. 4000 Menschen wurde Arbeit versprochen. Der Kostenvoranschlag lautete auf fast 600 Millionen Dollar. Das nötige Kapital fand sich relativ rasch, und so wurde das neue Kagera gemeinsam von Tansania, Holland, Indien; der indischen *Industrial Development Bank*, der *indischen Staatsbank* und dem *Abu Dhabi Fonds* für arabische Entwicklung finanziert. Ende 1977 erhielt die indische Firma *Walchandnagar Industries Ltd.*, Bombay, den Auftrag, für 34 Millionen Dollar die neue Fabrik schlüsselfertig zu liefern.

Als nach dem Grenzkrieg Präsident Nyerere am 1. Oktober 1979 den Grundstein zum Neubau persönlich legte, nannte er Kagera «ein Versprechen». Zwei Tage später plazierte *Walchandnagar* ein ganzseitiges Inserat in der *Daily News* mit dem Balkentitel: «Ein Versprechen», gefolgt von folgendem Text:

«Das Kagera-Zucker-Projekt.
Ein VERSPRECHEN an das tansanische Volk.
Ein VERSPRECHEN von Walchandnagar.
Von einem effizienten Werk, das fähig ist,
täglich 250 bis 300 Tonnen Zucker zu produzieren.
Zucker klar wie Kristall, rein, schön.

Ein VERSPRECHEN von Walchandnagar.
Das Unternehmen auf raschestem Weg zu vollenden
mit dem besten Ingenieurwissen.
Ein Betrieb sanftfließend im Ablauf.
Ein Betrieb von Präzision singend.
Ein Betrieb von höchster Ästhetik.

Ein VERSPRECHEN, das Walchandnagar halten wird,
komme, was da wolle.
Wo ein Wille, da ein Weg.»

Der Bau kostete unermeßliche Anstrengungen. Nur schon der Transport der 6000 Tonnen schweren Maschinen war eine gewaltige Herausforderung. Aber Walchandnagar brachte es fertig. Auch der Aufbau und Ausbau der Plantagen durch HVA kam zustande. Die technischen und organisatorischen Probleme wurden gelöst. Aber nicht die der Arbeiter und Bauern. Es gab Streiks. Die Firma mußte die Löhne drücken, um den Kostenvoranschlag einzuhalten. Die tansanische Regierung hatte ohnehin schon einiges dazuschießen müssen. Das Versprechen war eingelöst. Die Zuckerverteilung jedoch klappt bis heute nicht in Tansania. Ein HVA-Vertreter, zum Problem befragt: «Wenn die Industrie motiviert ist, bringt sie Wunder zustande. Die Verteilung ist eine politische Angelegenheit. In der Politik habe ich noch nie Wunder erlebt.»

René Dumont: «Beim Zucker erleben wir weltweit dasselbe: je konzentrierter die Produktion, desto schwächer der Leistungsgrad der Verteilung. Jede Konzentration erschwert die Verteilung. So müßte wohl auch Anbau und Verarbeitung des Zuckers dezentralisiert werden. Aber daran hat auch der Sozialismus bis heute kaum gedacht. Erst die Grünen greifen das Problem auf.»

Kuba: Die Vision der Gran Zafra

Am 8. Januar 1959 zog Fidel Castro mit seinen Guerilleros siegreich in Havanna ein. Nach der gelungenen Revolution stand das *movimento* jedoch vor ungeahnten und selbst mit allem Elan nur langfristig zu bewältigenden Problemen. Das korrupte Battista-Regime war zwar beseitigt, doch jetzt galt es, den Zucker zu revolutionieren. Die Welt hatte längst nur noch in Zahlen denken gelernt. Erfolg oder Mißerfolg wurden am prozentualen Wachstum gemessen. Kuba war längst für alle zu einer bloßen Zuckerinsel geworden. Da erwartete die Welt von Jahr zu Jahr gespannt die Resultate der Zuckerernte, der *zafra*. Und so herrschte schon bald Schadenfreude angesichts der rückläufigen Zahlen der Zuckerernte nach der Revolution. «Haben wir es nicht schon immer gesagt: Die Kubaner sind nicht fähig, mit dem Zucker umzugehen!» Oder: «Der Sozialismus versagt: Er ist nicht fähig, das Wachstum zu steigern.»

Castro und seine Revolutionäre kamen unter Erfolgsdruck. Sie mußten und wollten der Welt beweisen, daß Kuba es allein schaffen kann. Sie propagierten für 1969/70 die *Gran Zafra*, die apokalyptische Ernte, die die magische Schallmauer von 10 Millionen Tonnen Zucker durchbrechen sollte. Aber es war nicht zu schaffen. Ende Juli 1970 mußte Castro bekanntgeben, daß das Plansoll nicht erreicht sei. Es waren bloß 8,35 Millionen Tonnen geworden. Die Nachricht der Niederlage ging durch die Welt.

«Mißerfolg der kubanischen Zuckerernte», titelte am 28. Juli 1970 die *Neue Zürcher Zeitung*. Und Gräfin Dönhoff überschrieb ihren Artikel auf der ersten Seite der *Zeit* (31.7.1970) mit: «Castros Pleite». Wie schwer es Kuba hatte, in der öffentlichen Meinung zu bestehen, beweist Dönhoffs Schluß:

«Die Beweise für das Versagen seines Systems führte er (Castro) gleich selber an: Die Häfen sind verstopft, weil es zu wenig Transportmöglichkeiten gibt, die Industrieproduktion ist zurückgegangen, weil die Schlüsselkräfte in die Landwirtschaft abkommandiert wurden, die produzierte Ware überdies so schlecht, daß Schuhe nach fünftägiger Benutzung auseinanderfallen! Castro berichtete, die Zementerzeugung sei um 23 und die Herstellung von Düngemitteln um 32 Prozent geringer gewesen als im Vorjahr.

Die Symptome der ‹Schlamperei› hat der Regierungschef einleuchtend geschildert, wenn er auch zu erwähnen vergaß, daß Kuba mit 12 Milliarden Mark an den Ostblock verschuldet ist. Die Diagnose ist weniger überzeugend: ‹Das Erbe der Unwissenheit›, das die Revolution übernehmen mußte, sei, so erklärte er, eine Bremse für die Entwicklung. Frage: Wieso wird es dann immer schlechter und nicht besser, obgleich doch dem Lande sein segensreiches Wirken nun schon seit Jahren zugute kommt?»

Madame Gräfin von Dönhoff vergaß natürlich zu erwähnen, daß Kubas Revolutionäre eine totale Monokultur, eine Wirtschaft, die zu über 90% vom Zukker abhängig war, übernommen hatten und daß bis 1959 alles, aber auch alles, aus den USA importiert wurde.

Die Lage Kubas beschrieb Ronald Steel in *Pax Americana* 1968 wohl treffender: «Jede Glühbirne, die gekauft wurde, jedes Kilowatt, das verbraucht wurde, jeder Telefonanruf, der getätigt wurde, und fast die gesamten Lebensmittel, die verzehrt wurden, konnten bis zu einem amerikanischen Unternehmen und zu amerikanischen Aktionären zurückverfolgt werden. Wie die Wallstreet-Finanziers die kubanische Wirtschaft kontrollierten, so betrieben Gangster aus Miami die eleganten Spielkasinos in Havanna. Nicht einmal die berühmte Zuckerquote, durch die sich die Vereinigten Staaten verpflichteten, die Masse der kubanischen Zuckerproduktion zu Preisen zu kaufen, die über den Weltmarktpreisen lagen, kam den Kubanern zugute. Sie war vielmehr eine versteckte Subvention für die amerikanischen Zuckerrohrpflanzungen und für die Zuckerrohrindustrie in den Vereinigten Staaten selbst, die nur wettbewerbsfähig bleiben konnten, wenn die Preise für den kubanischen Zucker künstlich hoch gehalten wurden.»

Kuba war eine Kolonie der USA. Als solcher ging es ihr besser als den anderen karibischen Staaten. Kuba hatte das höchste Pro-Kopf-Einkommen aller karibischen Staaten. Aber was sagt dieser statistische Wert für den Mann auf der Zuckerrohrplantage aus? Denn nur einer kleinen Spitze (ähnlich wie auf den Philippinen) ging es gut. Große und kleine Zuckerbarone lebten in Saus und Braus. Der Rest der Bevölkerung lebte im Elend. Frei war auf Kuba – selbst zur «guten alten Zeit» – niemand. Frei konnten nur die sein, die von der Ferne her Befehle gaben, Profite machten und Reichtum anhäuften. Selbst die Politiker waren Puppen, Puppen der amerikanischen Zuckerindustrie, die hier (gerade weil Kuba so nah und überschaubar war; weil man rasch hinfahren konnte, um im Kasino zu spielen; weil man von Miami aus – knapp 70 Meilen entfernt – fast sein Geld wachsen sah) ein schamloses Geschäft betrieb.

Es ist nackter Zynismus, wenn diese Schicht nach der Revolution vom «Verlust der Freiheit für die Kubaner» sprach. Aber dieser Lobby gelang es, die gesamte internationale Presse und somit mehr oder weniger die öffentliche Meinung auf ihre Seite zu bringen. Daß im Laufe der Geschichte auf Kuba mehrere Millionen Menschen entweder am Zucker starben, zu Tode gepeitscht, verstümmelt oder aber unterernährt, verelendet, all ihrer Wünsche beraubt und entmenschlicht wurden, diese Dimension wollte niemand mehr sehen.

Diese Gefühle, diesen *Son*, diesen Lebensstil hat der größte moderne Dichter Kubas, *Nicolás Guillén*, geboren 1902 in Camagüey, einzufangen vermocht. Seine Gedichte sind Blues im kubanischen Sinn. Sie vermochten ein neues Selbstbewußtsein, Stolz, zu erzeugen. Ohne Nicolás Guillén gäbe es keinen Castro und somit keinen Aufstand gegen das Unrecht.

Eines seiner frühesten Gedichte ähnelt in seiner Kürze und Genialität dem japanischen Haiku. Es vibriert von der Stimmung der Schinderei:

Zuckerrohr

Der Neger
im Zuckerrohrfeld.

Der Yankee
über dem Zuckerrohrfeld.

Blut,
das uns schwindet!

1934 schrieb Guillén acht *Sons* mit dem Titel *West Indies LTD*. Hier taucht die Frage auf: «Soll es immer so weitergehen?» Der folgende *Son* zeigt, daß sich alles um *la zafra* dreht. Das ganze Leben und die Geschichte sind geprägt durch den Befehl von oben: «Auf zur Zuckerrohrernte.»

Fünf Minuten Pause. Die Charanga von Juan, dem Barbier, schlägt einen Son.

– Obristen aus Tonerde,
Politiker, die man einsetzt und wieder zurücknimmt;
Kaffee mit Brot und Butter ...
Daß der Son weitergeht!

Die Bürokratie ist damit einverstanden,
sich der Nation zu opfern;
zweihundert Dollar monatlich …
Daß der Son weitergeht!

Der Yankee wird uns Geld geben,
damit die Situation geregelt wird;
das Vaterland über alles …
Daß der Son weitergeht!

Die alten Führer lächeln
und reden dann von einem Balkon herab.
Die Zuckerrohrernte! Die Zuckerrohrernte!
Die Zuckerrohrernte!
Daß der Son weitergeht!

Um diesen Zuckermoloch aufzubauen und dann am Leben zu erhalten, hatten Unternehmer aus Afrika Sklaven geholt. Schiffe kamen mit Sklaven und fuhren mit Rohrzucker beladen wieder fort. Hier ein Ausschnitt aus der *Ballade von den beiden Großvätern*:

Soviel Schiffe, soviel Schiffe!
Soviel Neger, soviel Neger!
Welch breiter Glanz des Zuckerrohrs!
Welch eine Peitsche des Sklavenhalters!
Steine aus Seufzern und Blut,
Augen und Adern halb geöffnet,
und leere Morgengrauen
und Dämmerungen des Erlebens,
und eine große, starke Stimme,
die das Schweigen zerbricht.
Soviel Schiffe, soviel Schiffe,
soviel Neger!

Die Zuckerernte – *zafra* – war grausam, für alle Betroffenen. Muß der weiße, süße Zucker der Menschheit so voller Schweiß und Blut, Zittern und Zagen, Furcht, Angst und Entfremdung bleiben?

Hoffnung steigt auf. Die Vision eines neuen Zuckers und der *Gran Zafra*, wo nicht mehr Quantität, sondern das Erleben der Solidarität zählt.

Das Zuckerrohr – groß geworden – bebt
aus Angst vor dem Messer.
Die Sonne brennt, und die Luft lastet schwer.
Die Schreie der Vorarbeiter klingen
trocken und hart wie Peitschenhiebe.
Aus der dunklen Masse
von arbeitenden Bettlern
steigt herauf eine singende Stimme,
sprudelt eine singende Stimme,
macht sich frei eine Stimme voll Zorn,

erhebt sich eine Stimme von gestern und heute,
modern und barbarisch:
Schneidet die Köpfe ab wie das Zuckerrohr,
chas, chas, chas!
Verbrennt das Zuckerrohr und die Köpfe.
Laßt den Rauch bis zu den Wolken steigen,
wann wird es sein, wann?
Dies ist mein Messer mit seiner Schneide,
chas, chas, chas!
Dies ist meine Hand mit ihrem Messer,
chas, chas, chas!
Und der Vorarbeiter ist mit mir,
chas, chas, chas!
Die Köpfe abschneiden wie das Zuckerrohr,
das Zuckerrohr und die Köpfe verbrennen,
den Rauch bis zum Himmel steigen lassen ...
Wenn es soweit sein wird!

Und das biegsame Lied, am Abend
der Zuckerrohrernte und der Agonie,
bebt, blitzend und heiß,
angebunden an das gewölbte Dach des Tages.

«Zucker für den Kaffee: Was jenen versüßt, schmeckt mir, als hätte man Galle hineingegossen», heißt es in einem Gedicht der dreißiger Jahre. Die West Indies sind keine Orte der Menschen mehr, bloß «der groteske Sitz der Kompanien und Trusts».

Guillén verdichtet Stimmungen, vokalisiert das Leiden, nimmt einzelne in den Chor, und daraus entsteht ein Aufschrei und eine Widerstandsbewegung:

Zuckerrohr Manzanillo Armee
Kugel Yankee Zucker
Verbrechen Manzanillo Streik
Zuckerfabrik Partei Gefängnis
Dollar Manzanillo Witwe
Begräbnis Söhne Eltern
Rache Manzanillo Zuckerernte

Guillén ruft seinem Volk immer wieder zu, nicht länger mehr alles zu ertragen, sondern aufzustehen:

Daß der Marsch des Aufruhrs weitergehen möge!
Daß die barbarischen Banner wehen
und daß sich die Bauern entzünden,
über dem Aufruhr!

Der Kampf war siegreich. Dann begann der Neuaufbau. Aber konnte Zucker einfach sozialisiert werden? War Zucker nicht *in et per se* ein Produkt von Sklaven? Ein Kolonialprodukt?

Die Intelligenz ging ins Exil. Tausende von Wirtschaftswissenschaftlern, Juristen, Verwaltungsfachleuten, Ärzten und Lehrern hatten ihre Vision schon längst auf die *Gran Zafra* der USA ausgerichtet. Sie glaubten nicht an einen Neubeginn auf der Grundlage des alten Zuckers.

Die revolutionären (meist eher nationalistisch-populistischen) Idealisten glaubten anfänglich, man brauche nur die Amerikaner wegzujagen und das System selbst zu übernehmen, um es dann menschlicher zu gestalten. Sie realisierten kaum, daß die Plantagen und der Handel so angelegt waren, daß ein Wechsel an der Spitze den Zucker kaum menschlicher machen würde. Das Zuckerrohrschneiden ist unter Kapitalisten wie Sozialisten hart und gefährlich. Die Entkolonisierung konnte nur schrittweise geschehen. Sie mußte von der Manie wegkommen, mit einer *Gran Zafra* von 10 Millionen Tonnen beweisen zu wollen, daß die Opfer der Veränderung sich gelohnt hatten. Eine dritte Gruppe nennt Nicolás Guillén «Nachäffer». Sie begannen zu kopieren, sie wollten aus Kuba ein kleines Amerika machen. Guillén lacht sie aus:

Ich lache über dich, Schwarzer, der du nachäffst,
der du deine Augen vor dem Wagen der Reichen staunend
aufreißt,
und der du dich schämst, weil du deine dunkle Haut siehst,
obwohl du eine harte Faust hast!
Ich lache über alle ...
Ich lache über alles; ich lache über die ganze Welt ...

Guilléns satirische Gedichtserie über die *Gran Zafra* trägt den bezeichnenden Titel *El Gran Zoo*. Er weiß, daß die Unterentwicklung nicht nur auf der Ökonomie von Zucker basiert, sondern auch ein durch den Zucker zerstörtes Selbstbewußtsein beinhaltet. Die Revolution kann erst erfolgreich sein, wenn ein neues Verständnis von Kultur entsteht. So schreibt er 1972 das Gedicht *Probleme der Unterentwicklung:*

Monsieur Dupont nennt dich unkultiviert,
weil du nicht sagen kannst, wer
Victor Hugos Lieblingsenkel war.

Herr Müller hat angefangen zu schreien,
weil du nicht den genauen Tag weißt,
an dem Bismarck starb.

Mr. Smith,
Engländer oder Yankee, das weiß ich nicht,
explodiert, wenn du shell *schreibst.*
(Es scheint, daß du ein l ausläßt
und es darüber hinaus wie chel *aussprichst.)*

Gut. Na und?
Wenn deine Stunde kommt,
befiehl ihnen, cacarajícara zu sagen,
und wo der Aconcagua liegt
und wer Sucre war
und an welcher Stelle des Planeten

Marti starb.
(Aber bitte: Achte darauf,
daß sie immer in Spanisch mit dir reden.)

Der revolutionäre «Hans-im-Pech» (Juan-Sin-Nada) kann nicht über Nacht zum «Hans-im-Glück» (Juan-con-Todo) werden. Der rein technokratische Lösungsversuch erwies sich als zu kurz gegriffen. Zucker war ein Monoprodukt, gepaart mit einem Monomarkt, wie Che Guevara es nannte.

Die amerikanische Blockade nach der Nationalisierung war schlimmste Rachepolitik. Nach dem Willen der USA sollte der westliche Zuckermarkt für Kuba verschlossen bleiben. Wäre nicht der Franzose Maurice Varsano (s. S. 78 bis 83) zu Hilfe gekommen, Kubas Revolte wäre vielleicht erstickt, wie so mancher andere Versuch in der Karibik oder in Mittelamerika. Zudem folgten offene und versteckte Angriffe von außen. 1961 wurden in der Schweinebucht 1500 anticastristische Kubaner, unterstützt von amerikanischen Offizieren und der US-Luftwaffe, besiegt. Dieser Sieg stärkte zwar das kubanische Selbstbewußtsein, löste aber auch viel Mißtrauen und eine Spionagepsychose aus. Die Angst trieb Castro noch näher an die Sowjets, und so kam es 1962 zur großen Raketenkrise zwischen Chruschtschow und Kennedy.

Auch wenn es 1964 zu einer Vereinbarung mit der UdSSR kam und Kuba sich verpflichtete, 1966 3 Millionen Tonnen an Rußland, 1967 4 Millionen Tonnen und je 5 Millionen Tonnen bis 1970 zu liefern und sich die Sowjets im voraus auf einen Preis von 6 Cents pro pound verpflichteten, blieb Kubas Zukkerfrage dennoch ungelöst.

Manchmal wäre Kuba zu Verhandlungen bereit gewesen, aber die USA blieben stur. Immer wurde auf sie eingehauen wie auf einen «räudigen Hund», sagte 1976 ein kubanischer Diplomat in Paris. Kuba hatte sich nämlich stets einen «freien Markt» gewünscht. Vorher war es in den Fängen der USA; nun in den Händen der UdSSR. Ihm war es nicht möglich, sowohl an die USA, UdSSR, den Ostblock und auf dem «freien» Markt zu verkaufen. Die USA haben Kubas Freiheit immer wieder zerstört. Die permanente Tragödie der amerikanischen Blindheit kommt bei Guillén immer wieder zur Sprache. In vielen Gedichten erscheint die Gestalt des Kommunistenjägers McCarthy. So in der *Kleinen grotesken Litanei auf den Tod des Senators McCarthy*:

Das ist der Senator McCarthy
gestorben auf seinem Totenbett,
flankiert von vier Affen,
da ist der Senator McAffe,
gestorben auf seinem Carthy-Bett,
flankiert von vier Geiern;
da ist der Senator McGeier,
gestorben auf seinem Affenbett,
flankiert von vier Stuten;
da ist der Senator McStute,
usw.

Und selbst nach McCarthys Tod änderte sich nichts. Guillén: «Man sagt, McCarthy sei tot ... Aber sicher ist, daß er nicht gestorben ist.» Kubas Revolution rutschte in die ökonomische Krise. Der abhängigen Zuckerinsel gelang es nicht, sich vom Zucker abzukoppeln.

Kubas Vizepräsident Carlos Rafael Rodriguez dazu später: «Mit idealistischen Kriterien wurde die Lösung wirtschaftlicher Probleme versucht. Daraus ergaben sich schwerwiegende Fehler.» Aber aus Fehlern kann man lernen. Rodriguez: «Der Mensch entwickelt sich stetig, springt nicht vollendet hervor wie Athene aus dem Kopf des Zeus.»

Es galt, eine realistische Zuckerpolitik zu finden. Da Kuba längst «ein Agrarland ohne Landwirtschaft» (René Dumont) geworden war, galt es, verdrängte Kulturen wiederzubeleben. Nicht in der Produktion der magischen 10 Millionen Tonnen Zucker lag die Lösung, sondern in einer Diversifizierung und im Anbau von Lebensmitteln für den heimischen Konsumenten. Produktionssteigerung beim Rohr durfte auf keinen Fall durch Ausdehnung der Anbaufläche erreicht werden. Sie sollte mit technischer Erneuerung, neuen Sorten und neuen Fabriken, mit Senkung der Produktionskosten auf einem langen, mühseligen Marsch erreicht werden.

Während der *Gran Zafra* wurden alle Menschen in die Zuckerfelder mobilisiert. Diese Einseitigkeit bewirkte die Vernachlässigung aller anderen Sektoren der Wirtschaft. Sie machte deutlich:

- die Fehler in der Organisation der Landwirtschaft;
- die fehlende Infrastruktur – auch im industriellen Bereich;
- die nicht zu umgehenden Gesetze des internationalen Marktes: Produzieren allein genügt nicht; der Zucker muß auch verarbeitet und verkauft werden.

Das Problem des Vermarktens konnte bereits 1964 einigermaßen geregelt werden. Die Sowjetunion willigte in einen Langzeitvertrag ein und verpflichtete sich, 1966 3 Millionen Tonnen, 1967 4 Millionen Tonnen und dann jährlich 5 Millionen bis 1970 abzunehmen. Der Preis betrug 6 Cents pro pound und lag damit höher als der Weltmarktpreis. Mit der Zeit jedoch stieg der Weltmarktpreis, und so war Kuba versucht, auf den freien Markt zu gehen. 1968 trat die Insel dem internationalen Zuckerabkommen (ISA) bei und erhielt eine Quote von 2,5 Millionen Tonnen zugeteilt. Da 1970 der Vertrag mit der UdSSR ohnehin auslief, wollte Kuba möglichst viel Zucker für den ergiebigeren Weltmarkt erzeugen – auch um eine günstigere Verhandlungsbasis für ein neues Abkommen mit der UdSSR zu haben.

Denn Castro hatte die Erfahrung gemacht, daß die Sowjetunion Kubas Zukker nicht selbstlos kaufte, sondern ihn auf dem freien Weltmarkt zu höheren Preisen weiterverkaufte. Kuba hatte begriffen, daß es einen Mittelweg zwischen freiem und sowjetischem Markt gehen mußte. Es hatte gelernt, daß das Land auf einem so riskanten Markt mit stets unstabilen Preisen eine Absicherung suchen mußte. Dem Mißerfolg von 1970 folgte eine Reform im agroindustriellen Bereich. Besondere Aufmerksamkeit erhielt die Viehzucht, denn die Nebenprodukte des Zuckers vermochten eine große Zahl von Vieh zu ernähren. Gleichzeitig wurden neue Kreuzungen versucht. So steigerte Kuba seine Milch- und Fleischproduktion erheblich und verringerte seine Importabhängigkeit.

Die Zuckerindustrie wurde systematisch industrialisiert – auch um der

Kubas Zuckerexport (in Mio. t)				
	1978	1979	1980	1981
Insgesamt	7,23	7,27	6,19	7,07
davon UdSSR	3,94	3,84	2,73	3,20
andere Comecon-Länder	0,60	0,72	0,69	0,89
westliche Länder *	2,05	2,06	1,97	1,96

* inbegriffen Nahost und Angola; Quelle: berechnet nach The Economist Intelligence Unit, London.

Kubas Außenhandel (in Mrd. $)			
	1978	1979	1980 *
Exporte	3,4	3,5	4,0
davon Ostblock	2,9	2,9	2,7
in % der Gesamtexporte	85	84	67
Importe	3,6	3,7	4,2
davon Ostblock	2,8	3,1	3,3
in % der Gesamtimporte	80	83	79
Handelsbilanzdefizit (in Mio. $)	141	194	269

* vorläufige Zahlen; Quellen: offizielle Daten nach Banco Nacional de comercio exterior, Mexico City; The Economist Intelligence Unit, London.

Menschen willen. Die Ernte mit der Machete (Zuckerrohrmesser) ist gefährlich und gilt als unmenschlich. Seit 1973 wird ein stetig wachsender Teil der Ernte (1980 etwa 60%) mit im Land hergestellten KTP-1-Erntemaschinen (Combine) eingebracht. Sie werden mit sowjetischer Technologie auf Kuba selbst hergestellt und erlauben das Schneiden, Säubern, Teilen und Verladen der bis zu drei Meter langen Zuckerrohrstengel. Von Traktoren gezogene Anhänger bringen das Rohr zu den Sammelstellen, wo es mit Förderbändern auf Eisenbahnwagen verladen wird.

Kuba verstand es, eine zuckernahe Industrie aufzubauen. Sie umfaßt sowohl den Maschinenbau als auch die industrielle Verarbeitung. Kubas Zuckerindustrie hat heute wohl den höchsten Mechanisierungsgrad in einem Land der Dritten Welt erreicht. Der neue Fünf-Jahres-Plan 1981–85 strebt eine weitgehende technische Selbstversorgung an.

Kuba führt heute auch in der totalen Ausnutzung der Ressource Zucker, im Recycling. Der faserige Rückstand, die Bagasse, und die Melasse werden als wichtige Nebenprodukte genutzt und nicht wie andernorts in die Umwelt abgegeben. Bagasse dient zunächst als Heizmaterial und damit der Einsparung importierter Energie. Zudem werden heute daraus Papier, Pappe, Kunstholz und Faserplatten für die Möbelindustrie hergestellt. Das ist von enormer Wichtigkeit in einem Land, in dem die Zuckerindustrie in den letzten Jahrhunderten allen Wald aufgefressen hat und es fast zu einer ökologischen Katastrophe kam. Es wird damit experimentiert, die Endmelasse als Proteinquelle für die Viehzucht einzusetzen. Kuba beginnt auch einen Teil des Zuckers als Gasohol zu nutzen.

Diese gigantischen Umstellungen waren teuer, und so verwundert es nicht, daß Kuba eine hohe Verschuldung aufweist. Castro ist jedoch der Überzeugung, daß sie nicht mit derjenigen Mexikos, Argentiniens oder Brasiliens zu vergleichen ist. Im Januar 1983 sagte er zu einem Reporter von *Le Monde*: «Wir haben bei uns wirklich in die Zukunft investiert. Wir haben keine Prestigeprojekte unternommen. Es waren Anstrengungen, mit dem Zuckererbe fertig zu werden und das Beste herauszuholen. Unsere Investitionen sind solche, die sich langfristig bestimmt auszahlen werden. Niemand im Westen soll Angst haben. Kuba wird seine Schulden bis zum Letzten zurückzahlen. Das sind wir uns selbst schuldig.»

Der Zucker wird Kuba immer Sorgen bereiten – selbst der Sozialismus wird das nicht ändern können. Einst war Kuba für die Menschen eine Hölle. Auch heute ist es kein Paradies. Aber Guillén kann jetzt berichten:

Ich habe, schauen wir uns das an,
erreicht, daß ich schon lesen gelernt habe,
zählen,
ich habe schon schreiben gelernt
und denken
und lachen.

Ich habe erreicht, daß ich schon
eine Arbeitsstelle habe
und verdienen kann
das, was ich essen muß.
Ich habe, schauen wir uns das an,
das, was ich haben muß.

Die *Gran Zafra* bekommt mühsam und langsam eine neue Bedeutung: Es geht nicht um 10 Millionen Tonnen Rohrzucker, sondern um 10 Millionen Menschen.

Nicolás Guilléns Gedichte sind dem Band *Cuba – Lyrik* – Revolution entnommen (Pahl-Rugenstein, Köln 1981).

Brasilien: Voller Tank und leerer Magen

Brasilien ist seit dem 16. Jahrhundert einer der wichtigsten Zuckerproduzenten der Welt. Fast symbolisch breitet sich Rio de Janeiro am Fuße des Zuckerhuts aus. Das Land lag stets dem Zucker zu Füßen. Die reichhaltigen Böden des Nordostens wurden durch die jahrhundertelang betriebene Monokultur fast ganz ausgelaugt. In einer Broschüre der Internationalen Zuckerarbeitervereinigung heißt es 1978: «Die Herren der Plantagen pflanzten Zucker für den Export; Lebensmittel mußten importiert werden. Sie haben eine fruchtbare Gegend in ein Konzentrationslager für 30 Millionen Menschen verwandelt.»

Dennoch ist inzwischen Brasilien zum größten Zuckerproduzenten der

Welt geworden. 1977 setzte es sich das erste Mal mit 8,5 Millionen Tonnen Rohzucker an die Spitze. 1982 waren es 8,4 Millionen. Für 1983 schätzt das amerikanische Landwirtschaftsministerium die Ernte auf 9,4 Millionen. Unaufhaltsam nähert sich Brasilien der magischen 10-Millionen-Grenze. Der Zucker frißt immer mehr Land. Die Anbaufläche ist in den letzten sieben Jahren gewaltig ausgedehnt worden, in bestimmten Gegenden des Bundesstaates São Paulo bis zu 80%. Zwischen 1980 und 1985 ist eine Verdreifachung der Zuckerrohranbaufläche vorgesehen. Die größte Konzentration liegt heute in den Gebieten von São Paulo im Süden und Pernambuco (Recife) im Nordosten. Und all diese Anstrengungen in einer Zeit der größten Krise auf dem Weltzuckermarkt.

Aber Brasilien glaubt die Lösung des Zuckerproblems gefunden zu haben: Die Zuckerindustrie lebt heute vom und für das *Äthanol*. Zucker wird in Alkohol verwandelt, und mehr und mehr Autos fahren mit diesem Ersatztreibstoff. Damit will Brasilien sein Energieproblem auf originelle Weise lösen. Brasilien ist in das «größte Landwirtschaftsprojekt des Kontinents», in das «ehrgeizigste Alternativenergieprogramm der freien Welt», und in eines der «gigantischsten Unternehmen der Weltgeschichte» eingestiegen. Diese Superlative stammen aus brasilianischen Zeitungen und sind Selbstlob der Regierung. Aus dem «Zuckerkater» ist ein wahrer «Äthanolrausch» geworden. Der von Regierung und Industrie verströmte Optimismus vermochte in den letzten Jahren andere mitzureißen: Vor allem Südafrika, Australien und Thailand versuchen heute ähnliche Programme. Karibische und afrikanische Staaten schielen bereits mit Neid nach Brasilien. Ist das die Zukunft des Zuckers? Ein gangbarer Ausweg?

Der Energieschock traf Brasilien besonders stark, denn es hatte sich eben zu einer großangelegten Industrialisierung aufgemacht. Die plötzlich gestiegenen Energiekosten schienen alle Entwicklungspläne zunichte zu machen. Der Zukker, der immer wieder die Devisen für die Entwicklung einbringen mußte, war ein unzuverlässiger Rohstoff geworden.

Da Brasilien bereits eine längere Tradition in der Erforschung alternativer Verwendungsmöglichkeiten von Zucker kannte und schon seit 1929 regelmäßig Benzin-Äthanol-Gemisch an Tankstellen angeboten hatte, besann man sich 1973 auf Möglichkeiten des *komparativen Vorteils*, jenes Grundsatzes, der zur Monokultur führte: intensive Ausnutzung lokaler Kostenvorteile im Produktionsprozeß im Vergleich zu anderen Standorten. So wurde 1975 als Reaktion auf die Energiekrise das nationale Alkoholprogramm PROALCOOL lanciert. Es nahm sich vor, bis 1980 fünf Milliarden Liter Alkohol zu produzieren, um eine Äthanolbeimischung von 20% zum Benzin zu erlauben, denn dann sollte im ganzen Land mit diesem Mischstoff gefahren werden. Aber bald wurde die Erdölkrise zum Alltag.

1978 machte Erdöl bereits ein Drittel der Gesamtimporte aus. So wurde PROALCOOL modernisiert, ein Nationaler Alkoholrat (CNAL) geschaffen, der dafür sorgen sollte, daß möglichst rasch ein wirksames Programm auf die Beine gestellt würde. Das Pro-Alkohol-Programm sah vor:

- Sofortige und sukzessive Steigerung der Äthanol-Produktion auf jährlich 10,7 Milliarden Liter ab 1985. Diese Menge entspricht 185000 Faß Erdöl pro Tag. Sie teilt sich wie folgt auf: 6,1 Milliarden Liter reines

Äthanol für Autos; 3,1 Milliarden Liter wasserhaltiges Äthanol für die Mischung 20:80 für die Autos mit herkömmlichen Benzinmotoren; 1,5 Milliarden Liter Fuselöl für die chemische Industrie.

- Die Automobilindustrie wurde angehalten und unterstützt, bis 1980 250000 Autos mit auf Äthanol eingestellten Motoren zu produzieren, 1981 300000 Autos, 1982 bis 1985 jährlich 350000.
- Gleichzeitig sollten bis 1985 570000 Autos vom traditionellen Benzin auf Gasohol umgestellt werden.
- Die Regierung stellte großzügig Kredite zur Verfügung. Bis 1985 sollten staatliche Darlehen in der Höhe von etwa 5 Milliarden Dollar freigestellt werden.
- Mit gewaltigen Subventionen sollte neues Zuckerrohrland erschlossen, sollten Destillerien gebaut werden.
  So wurden 1979 pro Monat 6 Projekte verwirklicht; 1980 4,5 Projekte im Monatsdurchschnitt; in den ersten 8 Monaten 1982 betrug der Monatsdurchschnitt 1,7 fertige Projekte. So standen bis August 1982 389 Destillerien mit einer Jahreskapazität von 8,7 Milliarden Liter zur Verfügung. Produziert wurden 1982 4,2 Milliarden Liter Äthanol oder ein Äquivalent von 73000 Faß Erdöl pro Tag.
- Um die Bevölkerung zum Kauf von Alkoholautos zu animieren, wurden die Finanzierung erleichtert, die Steuer gesenkt und der neue Treibstoff deutlich unter dem Benzinpreis verkauft. Zudem sollte an Wochenenden ausschließlich Gasohol verkauft werden.
- Aufwendige Werbekampagnen wurden gestartet: Das neue Pro-Alkohol-Programm wurde zum Symbol des Nationalstolzes erhoben. «Brasilien ist das Land der Welt, das den Mut hat, anders als mit Benzin in die Zukunft zu fahren», ertönte es übers Radio.

Die Regierung Brasiliens wählte ihre Worte sehr geschickt. Große entwicklungspolitische Schlagworte werden aufgegriffen. Es wurde betont, daß mit einem solchen Programm die Landwirtschaft endlich «volle Priorität in der Entwicklung» erhalte. Zudem handle es sich um «integrierte Projekte». «Biomasse» werde voll ausgenutzt, und «erneuerbare Energie» schien in Brasilien erstmals voll verwirklicht. Die Militärregierung ging sogar so weit, diese Entwicklung «den Grundbedürfnissen angepaßt» und «armutsorientiert» zu nennen.

Die Regierung hob hervor, daß Brasilien sowohl Land als auch Arbeiter im Überfluß habe. Das neue Programm versprach, beides zu nutzen. Da Äthanol weniger Kohlendioxid abgibt, stand ein weiterer Vorteil fest: Die neue Energie war umweltfreundlich. Zur ökonomischen Seite wurde betont, daß damit weniger Erdöl importiert werden müsse und somit kostbare Devisen gespart würden, daß ferner das leidige Zuckerproblem endlich einer Lösung entgegengehe. Brasilien behielt beim Internationalen Zuckerrat die Exportquote von jährlich rund 2,5 Millionen Tonnen Zucker, aber bei Baisse war es nicht mehr auf

Export angewiesen. Der Zucker konnte intern verarbeitet und verbraucht werden. Man hatte zwei Spieße in der Hand: Vielleicht könnte das Pro-Alkohol-Programm sogar zu einer Belebung der Zuckerpreise auf dem Weltmarkt beitragen.

Die Bauwirtschaft würde durch den Bau von 170 Zuckerdestillerien angekurbelt werden. Sekundäreffekte erwartete man auch in der Traktorenindustrie und der Chemie, denn zwischen 1980 und 1985 sollten 20000 neue Traktoren zur Bewirtschaftung der Plantagen angeschafft werden, und um die Erträge zu steigern, benötigte man mehr Dünger (730000 Tonnen pro Jahr) und Pestizide / Herbizide (20000 Tonnen).

Sozialen Nutzen sollte das Mammutprojekt auch dem Arbeitssektor bringen. Man rechnete mit 136000 zusätzlichen Arbeitsplätzen in der Landwirtschaft und 36000 neuen Stellen in der Industrie. Als weiterer wichtiger Beitrag an die Wirtschaft wurden die Belebung des internen Kapitalmarkts, Steigerung des Bruttoinlandprodukts und damit Wachstum ins Feld geführt.

Diese Energieplantagen haben mit Agrikultur nichts, mit Landwirtschaft nur ein wenig und mit Agrobusiness sehr viel zu tun. Wenn in der Entwicklungspolitik die Priorität für die Landwirtschaft gefordert wird, meint man damit, daß der volle Magen vor dem vollen Tank kommt. Verschiedene Grundnahrungsmittel wie schwarze Bohnen (*Feijao*), Reis und Mais, die Brasilien früher in hinreichender Menge selber produzierte, müssen seit einigen Jahren importiert werden. Der Planungsminister Antonio Delfim machte für die Defizite im Nahrungsmittelbereich die Erdölkrise Mitte der siebziger Jahre verantwortlich. Sie habe zur Verteuerung von Düngemitteln und Chemikalien und dadurch zu einer übermäßigen Kostensteigerung in der Landwirtschaft geführt. 1979 erklärte er daher die Landwirtschaft zur «Priorität Nummer 1» der brasilianischen Wirtschaftspolitik. Sagte es, ging hin und weihte eine neue Zuckerdestillerie ein, hielt eine neue Rede und sagte: «Zucker hat seit je Brasiliens geschichtliche Größe bedeutet. Unsere Landwirtschaft wird dafür sorgen, daß es so bleibt ...»

Amaury Stabile, Landwirtschaftsminister unter Präsident Figueiredo, vertröstete sein Volk ebenfalls mit Zucker. Er sagte, daß Brasilien den Zucker sowohl für Devisen wie für Energie benötige. Die schwarzen Bohnen kämen erst an zweiter Stelle. Das Volk müsse Opfer für die Größe der Nation bringen, und so empfahl er: «Am besten ist es, das Volk gewöhnt sich die Feijao ab.» Im Bundesstaat São Paulo wuchs die Zuckerrohrfläche zwischen 1973/74 und 1978/79 um 347229 Hektar. Gleichzeitig fiel die Baumwollfläche um 9% und die Weidefläche um über 40%. Der Nahrungsmittelverlust dieser Gegend machte 51% aus: besonders Mais (über 50%) und Reis (etwa 40%). All dies weist auf eine sogenannte *negative Substitution* hin. Die Monokultur Zucker wuchs, und die Monotonie der Ernährung wuchs parallel zu dieser Entwicklung.

Natürlich besitzt Brasilien viel, sehr viel Land. Heute sind von einer Oberfläche von 850 Millionen Hektar 47 Millionen genutzt und weitere 50 Millionen Hektar sind zur Nutzung erschließbar. Aber der Zucker frißt sich meistens in bereits bebautes Land ein, vor allem weil es für das eher anspruchsvolle Zuckerrohr geeignet ist. So fällt der fruchtbare Süden und Südosten sukzessive dem Zucker zum Opfer. Das Alkoholprogramm löste einen neuen Run von außen auf brasilianisches Land aus. 32 Millionen Hektar Land wurden seit 1964 allein an amerikanische Unternehmen verkauft. Spekulation treibt die Bodenpreise hoch. Dieses Land wird zu teuer für den Anbau von Nahrungsmitteln; deshalb werden Exportprodukte angebaut. Vor dem Zuckerfieber war es der Sojarausch gewesen.

Die Land-Politik der Regierung hat systematisch die Kleinbauern von ihrem Boden verdrängt und in die *Favelas* (Slums) der großen Städte getrieben. Pro-Alkohol hat Großbetriebe gefördert: Die schon beträchtliche Konzentration der landwirtschaftlichen Nutzflächen auf Großbetriebe hat weiter zugenommen. Denn die erforderlichen Anbaumethoden fordern hohen Kapitaleinsatz, die Zinsen sind hoch, die Verschuldung der Kleinen nimmt somit zu und zwingt sie nach und nach, ihr Land an den Großgrundbesitzer zu verkaufen. Man nennt das auch in Brasilien «Rationalisierung». Zu «Zuckerscheichs» werden die neureichen Großgrundbesitzer und Großindustriellen. Die vertriebenen Bauern werden zu Arbeitern im Taglohn, *boias frias* genannt: «kaltes Geschirr».

Würde sich die Energie-Landwirtschaft (*energy farming*) überhaupt lohnen, wenn die sozialen Verhältnisse gerechter wären? Ein Auto mittlerer Größe und mit einem Jahresdurchschnitt von 15 000 km würde 1900 Liter Äthanol benötigen. Das entspricht 0,49 Hektar Zuckerrohr. Um sich eine Vorstellung machen zu können: Um alle 20 Millionen Autos in der Bundesrepublik Deutschland mit Äthanol zu füttern, müßte die Hälfte der BRD mit Zuckerrohr bebaut werden (Zuckerrüben würden noch mehr Land benötigen).

Brasiliens Plansoll für 1985 macht eine Ausdehnung der Plantagen auf über 6 Millionen Hektar notwendig. Wenn sich jedoch der angenommene technologische Fortschritt nicht einstellt, wird die Fläche viel größer sein, denn die Berechnung geht von einer Erhöhung des Hektar-Ertrages von 50 auf 70 Tonnen und einer Steigerung der Äthanolgewinnung von 60 auf 100 Liter je Tonne aus.

Langsam hungert der Zucker die Bevölkerung aus. Die kleinen Parzellen (*roças*), auf denen viele Bauern sich teilweise selbst versorgten, wurden ihnen im Namen von «integrierten Projekten» weggenommen. Seit Generationen hatten sie das Land bearbeitet und damit die Familie durchgebracht. Aber sie besaßen keine schriftliche Besitzerurkunde. So konnten die Großgrundbesitzer kommen und ihnen einfach alles auf «legale Weise» wegnehmen. Die Kleinen ziehen weg, in die Elendsviertel der Großstadt, in den Wartesaal ... Damit wächst auch der Hunger. Er breitet sich in Brasilien in unglaublichem und erschreckendem Ausmaß aus.

Viele beginnen sich bereits mit Wehmut an die Sklavenzeit zurückzuerinnern. Professor *Nelson Chaves*, ein Ernährungswissenschaftler, sagte 1980 zu Robert Linhart: «In der Kolonialzeit war die Lage besser. Die Sklaven bekamen gute Nahrung, weil die Herren darauf achteten, ihre Arbeitskraft zu erhalten. Danach wurde das Fortschreiten des Hungers in der Ökonomie der Plantage aufgehalten, solange die *roças* weiterbestanden. Doch mit den großen Fabriken und der Zuckermonokultur für den Export kam die Geißel der

Nahrungsmonotonie über das Volk» (*Der Zucker und der Hunger*, Verlag Klaus Wagenbach).

Es füllt sich der Tank der Autos und leert sich der Magen des Volkes. Mangelerscheinungen werden festgestellt. Körperliche und geistige Entwicklung bleiben zurück. Es fehlen Proteine, Mineralien und Vitamine (besonders der B-Gruppe). Auf dem Zucker entwickelt sich einerseits ein neues Pygmäenvolk und gleichzeitig ein Stamm geistig Zurückgebliebener. Eine Folge des Alkohol-Wahnsinns.

Der Zucker schafft keine echten Arbeitsplätze, sondern bloß die systematische Zerstörung der letzten Arbeitswürde. Natürlich besitzt Brasilien – wie die Regierung stets betont – ein riesiges Potential an Arbeitern. Aber dieselbe Regierung läßt es nicht zu, daß dieses Heer sich auch organisiert und für sein Recht kämpft. Sie wünscht sich billige Arbeitskräfte. Nur so sind große transnationale Firmen anzulocken und bereit zu investieren.

Betrachtet man die Lage in der heutigen Zuckerindustrie realistisch, so verdienen über 70 % der Arbeiter weniger als den staatlich festgelegten (und immer noch viel zu niedrigen) Mindestlohn von etwa 120,- DM im Monat. Über 85 % der Arbeiter im Zuckersektor sind ohnmächtig oder gar rechtlos, denn unter ihnen befinden sich Kinder, deren Arbeit rechtlich gar nicht erlaubt ist. Da sind zudem die Nichtregistrierten, die täglich mit Lastwagen aus den Favelas hergekarrt werden, Rechtlose, da nicht legitimiert, Klage zu erheben. Von dieser katastrophalen Form eines Frühkapitalismus sagte ein Gewerkschaftsführer mit Recht: «Traurig, aber wahr – selbst die Sklaven hatten einst mehr Rechte als wir. Diese wurden nämlich noch als Teil des Familienbetriebs gesehen; sie waren immerhin neben den Kindern die Kegel.»

Die Arbeitslosigkeit geht mit dem zunehmenden Hunger einher. Die kleinen Selbstversorger wurden vertrieben. Um die teuren Lebensmittel (meistens importiert) kaufen zu können, braucht der Arbeiter Geld, und dieses ist eben nur durch Arbeit erhältlich. Wie kaum ein Land Lateinamerikas kennt Brasilien offene Arbeitslosigkeit, offene Unterbeschäftigung und versteckte Arbeitslosigkeit. Sie treffen etwa einen Viertel der gesamten Bevölkerung. Da bedeuten die fragwürdigen Versprechungen von 1,2 Millionen zusätzlichen Arbeitsplätzen im Zuckerrohrfeld und 400000 in den Destillerien nichts.

Im Nordosten – so zeigen Untersuchungen – arbeiten die Taglöhner in zwei Schichten, je zwölf Stunden, für 664 Cruzeiros, weniger als 40 DM die Woche. Da die meiste Arbeit im Akkord geleistet wird, sind Kinder die erwünschteren, weil behenderen Arbeiter. Sie sollen versuchen, die 50 Cruzeiros im Tag zu schaffen. So findet man sehr viele verstümmelte Kinder, mit abgeschnittenen Händen und Fingern, denn Zuckerrohrschneiden ist gefährlich.

Und Gewerkschaften? Über 14 Jahre lang, zwischen 1964 bis 1978, hatte Brasiliens Militär Gewerkschaften gänzlich verboten. Gewerkschaftsführer wanderten ins Gefängnis, ohne daß der Westen wie im Fall Polen protestiert hätte. Dennoch streikten Ende 1980 etwa 240000 Zuckerrohrschneider im Nordosten von Pernambuco. Sie erreichten einen Bonus. Aber im Februar 1981 wurde *Luis Inacio da Silva*, «Lula» genannt, der Prozeß gemacht. Er hatte auf charismatische Weise und ähnlich wie zur selben Zeit Lech Walesa in Polen

Die Ethanol-Anlage

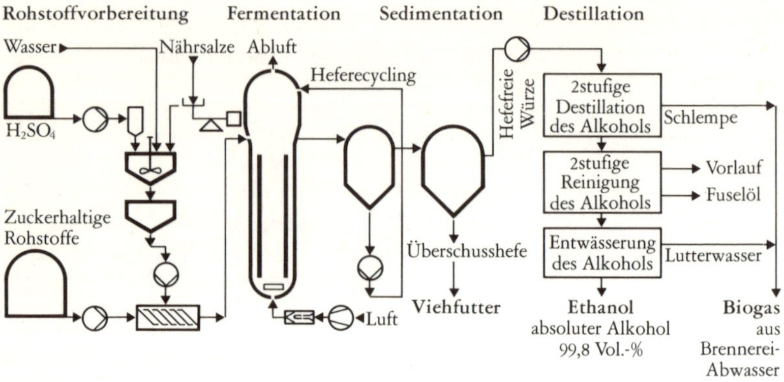

Brasiliens Arbeiter mobilisiert. Zusammen mit Lula wurden zehn Gewerkschaftsführer zu bis zu dreieinhalb Jahren Haft verurteilt.

Als General Geisel 1974 eine Liberalisierung einzuleiten versuchte, entstanden in kurzer Zeit 870 neue Gewerkschaften. Wirtschaft und Militär nannten diesen Prozeß «Radikalisierung». Die Frage kommt auf: Wie erstrebenswert sind Arbeitsplätze in einer solchen Zuckerindustrie? Hier noch von Arbeit zu reden ist Zynismus. Der Zucker hat der Sklaverei bloß andere Gesichter und Masken gegeben. Die Plantagen sind nicht befreit. Und eine Kolonialware ist der Zucker noch immer. Der Kolonialismus nimmt immer subtilere Formen an.

Die großen Gewinner des Pro-Alkohol-Programmes sind mulit- oder transnationale Firmen, allen voran die Automobil- und Mineralölfirmen. Die bereits bestehenden Zuckerimperien und -scheichs nahmen die 5 Milliarden Dollar staatlicher Kredite mit einer Verzinsung von 15 bis 17% bei einer jährlichen Inflation von über 100% gerne auf. So konnten sie ihre Plantagen, die Modernisierung oder den Neubau ihrer Destillerien fast ganz fremd finanzieren. Zudem versprach das Alkoholgeschäft traumhafte Gewinne. All dies auf öffentliche Kosten.

Selbst die Forschungs- und Demonstrationsprogramme wurden zu zwei Dritteln von der Regierung finanziert. Erstaunlich, wie wenig der Industrie selbst abverlangt wurde. So ging das Geld an die Automobilindustrie, an *VW, BMW, Daimler-Benz, Opel, MAN, KHD* oder an die mächtigen Mitglieder der Mineralölindustrie wie *Shell, Esso, Aral, Veba* und *BASF.* Diese zwei Bereiche verbanden sich mit der Zuckerindustrie zur neuen brasilianischen Trinität. Göricke und Reimann stellen in ihrer Untersuchung *Treibstoff statt Nahrungsmittel* (rororo aktuell, 1982) zu Recht fest: «Die Festlegung (auf Zuckerrohr) ist in Brasilien also eindeutig auf der Basis politischer Überlegungen erfolgt – dem Ziel der Herrschaftssicherung auf der Seite der politischen Institutionen und dem Ziel der Stabilisierung marktbeherrschender Positionen auf der Seite der multinationalen Konzerne.»

Man muß dabei bedenken, daß die Automobilindustrie hundertprozentig in ausländischen Händen liegt und die Mineralölgesellschaften durch die Nutzung ihres bereits bestehenden Verteilernetzes die einzigen waren, denen das Gasohol Profite einbrachte. Das gesamte Programm muß daher als großindustrielle Lösung, aber auf keinen Fall als Alternative bezeichnet werden.

Das neue Wirtschaftswunder fand nicht nur auf Kosten der Landwirtschaft, sondern auch auf Kosten der einheimischen Unternehmer statt. Die gesamte agrarische und industrielle Produktion geht mehr und mehr in die Hände ausländischer Investoren über. Vom Alkoholwunder profitieren neben einer winzigen Oberschicht in Brasilien nur ausländische, transnationale Unternehmen. Im Zeichen des Zuckers wird Brasilien neu erobert, neu strukturiert und imperial monokultiviert. Die eigene Bevölkerung wird an den Rand gedrängt, sie wird verarmt, verslumt, verelendet, verhungert.

Der Zucker zerstört nicht nur Menschen; er zersetzt schrittweise die gesamte Natur. Die Umweltfolgen dieses Programms sind verheerend. Jede Monokultur ist zerstörerisch. Will sie die vorgegebenen Produktionsziele erreichen, braucht sie riesige Mengen an Düngemitteln und Insektiziden. Diese mit kurzfristigem Renditedenken eingesetzte Chemie zerstört langfristig die Böden. Zuckerrohr ist anspruchsvoll. Bei derart «integrierten Projekten» kann jedoch der Anbau nicht mehr alterniert werden. Immer dasselbe, immer mehr! Das ökologische Gleichgewicht wird unweigerlich zerstört. Die aus weiter Ferne gesteuerten transnationalen Firmen und die abwesenden Landbesitzer läßt das unberührt.

Die im Augenblick augenfälligste Umweltverschmutzung findet beim Destillationsprozeß statt. Bei der Äthanolherstellung fallen große Rückstände an, vor allem beim Destillationsprozeß die *Vinasse* oder Zuckerschlempe. Sie wäre leicht in Dünger, Methangas oder Viehfutter umzuwandeln. Aber wer denkt in Monokulturen an Recycling? Wer unternimmt unter solchen Bedingungen selbständig mehr als vorgeschrieben?

So wird denn an fast allen Destillerien die Vinasse einfach in die Flüsse abgelassen. Eine mittlere Destillerie produziert davon täglich etwa 100000 Liter, was einer Umweltverschmutzung durch eine Stadt mit etwa 50000 Einwohnern gleichkommt.

Dies wirkt sich wiederum auf die Ernährungslage aus. Die Verseuchung hat im Nordosten und in der Gegend von São Paulo zu einem erschreckenden Rückgang von Süßwasserfischen geführt.

Auch der aufwendige Wasserverbrauch schafft ein ernsthaftes Umweltproblem. Bereits das Produktionsziel des Jahres 1985 benötigt jährlich rund 2 Billionen Liter Wasser. Will Brasilien im Jahr 2000 tatsächlich 75 Milliarden Liter Äthanol herstellen, würde dies eine Wassermenge von 15 Billionen Liter erfordern. Selbst beim brasilianischen Flußsystem bedeutet all das ein unkalkulierbares Risiko.

Der Gigantismus hat Brasilien in die Verschuldung getrieben. Anfang Februar 1983 teilte das *Wall Street Journal* mit, daß Brasiliens Schulden Ende 1982 83,8 Milliarden Dollar betrugen. Es war weltweit die größte Verschuldung eines einzelnen Landes. Der Rekord wurde erreicht «durch zu gigantische und einseitige Investitionen», hieß es. Brasilien wird eine «unwirtschaftliche Denkweise» vorgeworfen, denn nach einer einfachen Rechnung müsse der Ölpreis auf über 40 Dollar pro Faß steigen, damit Äthanol jemals wirtschaftlich sein könne. Von den sozialen und kulturellen Kosten wird hier gar nicht gesprochen. Die Investitionen seien viel zu einseitig gewesen, und vor allem habe sich auch der erhoffte Verteilungseffekt nicht eingestellt. 60 % des Nationaleinkommens kämen heute aus der Südostregion – genau dort, wo der Zucker wächst. Vor allem fressen die Ausgaben für Dünger, Insektizide, Pestizide, landwirtschaftliche Maschinen und Agrobusiness Know-how, die weitgehend importiert oder von transnationalen Betrieben unter künstlichen Vorzugbedingungen produziert werden, viel zuviel Devisen.

Damit schließt sich der Zuckerkreis bedrohlich, denn bald wird Brasilien wieder mehr Zucker exportieren müssen, um seine Schulden zu bezahlen. Was geschieht dann mit der einseitigen Gasoholisierung?

Die Fragen werden nicht von Laien, sondern von international respektierten Finanzzeitungen wie dem *Wall Street Journal* (am 31. 1. 83) und der *Financial Times* (11. 2. 83) gestellt. Da jede Monokultur äußerst verwundbar ist, ist es auch diese einseitige Energie-Alternative. Im Augenblick fällt die «Mißwirtschaft» voll auf die unteren Bevölkerungsschichten zurück. Militärs und Technokraten glauben, daß leere Bäuche weniger gefährlich sind als leere Tanks.

Das gesamte Pro-Alkohol-Programm hat bloß einer kleinen Schicht von Autobesitzern genutzt. Aber der Widerstand regt sich. Der Zucker könnte zur brasilianischen Bombe werden. In Brasilien gibt es bereits fast 100000 Basisgemeinden, die sich am Evangelium orientieren und nach Formen des gewaltlosen Widerstands suchen. Aus dieser bewußtseinsbildenden Arbeit einer Kirche an der Basis, mitten unter dem Volk, entspringen Gewerkschaften und Bauernorganisationen. Sie fordern das Verlassen der Einbahnstraße mit dem Pseudotreibstoff Äthanol. Zucker soll in den Dienst der Menschen und nicht des Autos gestellt werden.

Aus diesen Kreisen kommt auch die Warnung an andere Völker. Ein brasilianischer Bischof stellt offen die Frage: «Ist es ein Zufall, daß gerade Militärregierungen wie bei uns, in Südafrika, Thailand, auf Taiwan oder im Sudan so mit dem Zucker umgehen? Für alle diese Regierungen ist der Alkohol nur ein Übergang zum Atom. Denn die Fahrt mit dem Gasohol führt in die Sackgasse, und dann bleibt im Denken dieser Führer bloß noch die Kernkraft, die sie schon lange wollten, die ihnen aber aus militärischen Gründen nicht gewährt wurde, übrig ...»

Menschen in Zuckerprovinzen werden kleiner und dümmer

RIO DE JANEIRO, 15. September 1980 (AFP). Die Bevölkerung des «Zuckerstaates» Pernambuco im Nordosten Brasiliens leidet aufgrund der völligen Ausrichtung der Landwirtschaft auf die Monokultur Zucker und der damit verbundenen Ernährungsmängel an Proteinen, Mineralien und Vitamin B an fortschreitenden körperlichen und geistigen Degenerationserscheinungen.

Wie der brasilianische Ernährungswissenschaftler Nelson Chaves am Wochenende in Rio de Janeiro auf dem ersten internationalen Symposium über Vitaminforschung erläuterte, verzeichnet die Bevölkerung Pernambucos sowohl einen Rückgang der Durchschnittsgröße als auch des Intelligenzquotienten, der bei Vorschulkindern bereits gefährlich in die Nähe der Debilität gerückt sei. Nach einer Umfrage in drei nordöstlichen Städten Pernambucos schaffen nur 8,7 Prozent aller Kinder die Grundschule, berichtete Chaves.

Die Durchschnittsgröße der Bevölkerung gleicht sich mit rund 1,50 Meter bei den Frauen und 1,61 bis 1,63 Meter bei den Männern allmählich an die afrikanischer Pygmäenvölker an. Babys leiden schon bei der Geburt an starkem Untergewicht, und eine Durchschnittsmutter aus den Zuckeranbaugebieten kann ihr Kind höchstens mit einem Viertel der Milch einer «normalen» Mutter stillen.

Hauptgrund für diese beängstigenden Degenerationserscheinungen ist laut Professor Chaves die übertriebene Konzentration auf die Monokultur Zuckerrohr und die damit verbundene Zerstörung der für den Menschen unerläßlichen Nahrungsmittelstruktur. In den Flüssen Pernambucos gibt es wegen der Raffinerieabfälle kaum mehr Fische, und die Gemüse- und Obstgärten der Landarbeiter fallen der ständigen Ausweitung der Zuckerrohrplantagen zum Opfer. Folge ist eine weitere Verteuerung der inzwischen für die Arbeiter ohnehin untragbaren Obst- und Gemüsepreise.

Einzige Lösung ist nach Ansicht von Chaves die sofortige Einschränkung des Zuckerrohranbaus zugunsten von Getreide, Obst und Gemüse. Allgemein wird befürchtet, daß der brasilianische Wissenschaftler mit seinem dringenden Appell in Kreisen der Regierung und der Großgrundbesitzer auf taube Ohren stößt; denn im Rahmen der neuen Regierungskampagne für die Entwicklung eines Ersatztreibstoffes auf Zuckerbasis soll das Anbaugebiet für Zuckerrohr in den nächsten Jahren noch um 2,5 Millionen Hektar erweitert werden.

IV Markt und Machtpolitik

Illusionen und Visionen: Internationale Zuckerabkommen

Der sogenannte «Weltmarkt» des Zuckers ist ein Minimarkt, und auch wenn er «der freie Markt» genannt wird, so lebt er letztlich von Überschüssen und Abfällen. Im Grunde wünscht sich jeder Zuckerproduzent Marktsicherheit. So wird versucht, Verbündete zu finden, feste und dauerhafte Abnehmer. Das ist ein Grund, warum es verschiedene Blöcke gibt, die nicht zum «freien Markt» gerechnet werden.

- So gab es lange Zeit das *US Sugar Quota Scheme*, in dem mit einer Reihe von lateinamerikanischen Ländern und vor allem den Philippinen ein eigenes Zuckerabkommen geschlossen war. Diese Länder erhalten fixe Kontingente und einen zugesicherten Preis, der über dem des Internationalen Zuckerabkommens liegt. Heute ist dieses Abkommen «gelockerter» und stets offen, um politisch Druck auszuüben – wie der Fall Nicaragua zeigt.
- Großbritannien besaß bis zum Eintritt in die Europäische Gemeinschaft (s. S. 169f.) ein eigenes Abkommen mit den Commonwealth-Staaten. Die 14 betroffenen Länder waren alle, außer Australien, arme Entwicklungsländer mit einer kolonialen Zuckerlast. Mit der EG-Zuckermarktordnung und dem AKP-Protokoll war Australien die Vergünstigung gestrichen, und es betreibt nun als «Wegelagerer und Fallengelassener» sehr erbost und aggressiv den «freien Markt». Dabei kommt es immer wieder Thailand in die Quere, vor allem dann, wenn es um den Zuckerbedarf von Japan geht.
- Die EG (s. S. 166ff.) hat genauso einen intern organisierten und protegierten Markt wie das Comecon (s. S. 178ff.).
- Beide Blöcke haben Sonderverträge, Abkommen oder Garantien:
  - Die EG mit den ehemaligen Kolonien in Afrika, in der Karibik und im Pazifik (AKP-Länder);
  - die Ostblockstaaten (Comecon) haben aus «Solidarität» ein spezielles Abkommen mit Kuba getroffen. Die USA, die früher Kubas Zucker abnahmen, belegten es nach der Revolution (s. S. 144ff.) mit einer Blockade. Der Ausweg wurde mit europäischer Vermittlung (Varsano: s. S. 78–83) gefunden.

Für den «freien Markt» bleibt nach all den internen, bilateralen und multilateralen Abkommen wenig übrig. Auf diesen fallen jedoch auch die «überflüssigen» Zuckermengen sowohl der EG als auch des Comecon. Dennoch möchte die EG, daß der «sowjetische» Zucker anders als der ihre behandelt wird!

Der «freie Markt» ist in Wirklichkeit ein Börsenmarkt (s. S. 67–71) für Überschußzucker. In den sechziger und siebziger Jahren kamen auf diesen

Markt nur etwa 8 % der Weltzuckerproduktion. Gehandelt wird dieser Zukker an den zwei großen Börsen in London und New York. In den letzten Jahren haben die Franzosen einen eigenen Weißzuckerbörsenmarkt aufgezogen. Die Pariser Börse ist sozusagen der Markt des Rübenzuckers. Je mehr die Rübe an Wichtigkeit gewinnt, desto wichtiger wird der Pariser Börsenmarkt.

Gerade weil eigentlich nur ein Rest gehandelt wird, muß diese Börse massiven Schwankungen unterliegen. Vielleicht deshalb sind für sie Unwetter und Unglücke wichtig. Dieser freie Zucker lebt von Mißgeschicken.

Aus Mißgeschicken, Unglücken, Überschüssen, Abgesprungenen (wenn der Preis plötzlich steigt, scheren bestimmte Länder aus) und Liegengelassenen (z. B. einst Kuba, heute Nicaragua) wird nie ein vernünftiges System und damit ein «freier Markt» oder ein Abkommen aufgebaut werden können.

Seit über 100 Jahren wird eine Harmonisierung und Regelung versucht. Aber keiner traut dem andern. Wenn dennoch ein Abkommen geschlossen wird, setzt es ein Minimum an und kommt dann in der Realität eigentlich nie zum Tragen. Da es bei Zucker unverhältnismäßig hohe Preisschwankungen gibt (1974: bis 63,76 US-Cents pro pound, 1978: 6,03 US-Cents pro pound), möchte jeder in guten Jahren voll profitieren und nichts abgeben; nur wenn die Baisse kommt, möchte jedermann Garantien. Bei solchem Handelsegoismus ist natürlich jedes Abkommen immer nur Schein.

Bereits 1902 wurde in der *Brüsseler Konvention* ein Abkommen vereinbart. Ziel war, die Preisschwankungen besser in den Griff zu bekommen. Die Bemühungen blieben erfolglos. So ließen die Kontrahenten 1920 die Konvention fallen.

Die zwanziger Jahre brachten wieder eine Zuckerschwemme. 1927 kam es zur *Tarafa-Konferenz* in Paris. Deutschland, Polen, die Tschechoslowakei und Kuba wären zu Produktions- und Exportbeschränkungen bereit gewesen, doch die zwei Zuckergroßmächte Großbritannien und USA waren zu keinem Kompromiß bereit. Also ging alles im alten Trab weiter.

1931 versuchte man es von neuem. Im *Chadbourne-Abkommen* legten sich die Zuckerexporteure Begrenzungen auf. Theoretisch lief das Abkommen bis 1953. Dennoch handelte jeder stets zu seinem Vorteil.

Nach dem Zweiten Weltkrieg sind 1953, 1958, 1968 und 1977 *Internationale Zuckerabkommen (ISA)* abgeschlossen worden. Das erste wurde 1962 wegen Uneinigkeit suspendiert. Zögernd begannen neue Verhandlungen, die sich unendlich lang hinzogen. 1968 trat mit 33 Export- und 20 Importländern ein neues Abkommen in Kraft. Da jedoch die EG und die USA fernblieben, stand auch dieser Versuch von Anfang an auf tönernen Füßen, zumal im gleichen Jahr die Europäische Gemeinschaft ihre eigene Zuckermarkt-Ordnung (ZMO) durchsetzte. Diese verleiht der Zuckerwirtschaft in der EG einen Sonderstatus.

Das gegenwärtig gültige Abkommen von 1977, das Ende 1982 auslaufen sollte, wurde bis Ende 1984 verlängert. Seit 1983 laufen die Verhandlungen für ein neues Abkommen. Nach all den schlechten Erfahrungen möchten alle ein Abkommen, bei dem die EG mitmacht. So begannen denn auch die Verhandlungen mit der EG in einer ersten Runde im Mai 1983 in Genf.

Alle Abkommen hatten zum Ziel:

- das Preisniveau zu heben und besonders die Exporterlöse der Entwicklungsländer zu erhöhen;
- den internationalen Handel zu stabilisieren, zu große Preisschwankungen zu vermeiden, um mehr Stabilität zu sichern;
- eine weltweit ausreichende Zuckerversorgung sicherzustellen und den Importländern einen tragbaren Preis zu gewähren;
- den Zuckerverbrauch zu steigern – vor allem in Ländern, wo der Verbrauch pro Einwohner noch niedrig ist;
- die Zuckererzeugung und den Zuckerverbrauch in Balance zu bringen;
- Koordination und Organisation des Zuckermarktes zu erleichtern;
- dem Zucker aus den Entwicklungsländern einen besseren Zugang zu den Weltmärkten zu ermöglichen;
- die internationale Zusammenarbeit in Zuckerfragen zu fördern;
- die Entwicklung von Zuckerersatzstoffen und/oder künstlicher Süßstoffe kritisch zu verfolgen.

Die wichtigsten Maßnahmen, um diese Ziele zu erreichen:

- Es wird eine Preisspanne festgelegt: Minimalpreis 13 Cents per pound; Höchstpreis 23 Cents per pound.
- jedem Ausfuhrland werden Exportquoten zugeteilt. Diese dürfen nicht überschritten werden. So möchte man das Angebot verknappen;
- es wird ein Ausgleichslager von 2,5 Millionen Tonnen angelegt, um Zucker auf den Markt bringen zu können, wenn der Preis über den vereinbarten Höchstpreis hinausklettert;
- es werden Regeln für Importe aus Nicht-Mitgliedsländern (gemeint war natürlich vor allem die EG) aufgestellt;
- kleinere Exporteure erhalten Sonderrechte;
- die Sondervereinbarungen zwischen Kuba und der UdSSR werden respektiert.

Im Abkommen von 1968 wurde noch großes Gewicht auf die Bremsung des steigenden Rohrzuckeranbaus gelegt. Gleichzeitig begann jedoch die EG, die Zuckerrübenproduktion auszudehnen. Wie die Fallbeispiele zeigen, hat die Ölkrise 1973 die Selbstbeschränkung der Entwicklungsländer über den Haufen geworfen. Beinahe heuchlerisch begann die EG, den Zuckerausbau in bestimmten Entwicklungsländern zu fördern. Ein Spiel voller Irrungen und Täuschungen. Da die Partner solcher Abkommen letztlich alle Lobbyisten sind, wurde immer nur an Zucker gedacht. Die größeren Zusammenhänge wurden dabei nicht gesehen. So ist bis heute jedes Abkommen den Entwicklungen hinterhergerannt: der Preisentwicklung (Teuerung, Inflation, Verschuldung), neuen Produkten (Süßstoffe, Isoglycose), neuen Trends (Energiesparen und Energiekrise), neuen Einsichten (Zucker als soziales Problem).

Am kurzsichtigsten jedoch sind die Unterhändler den transnationalen Gesellschaften gegenüber: Diese haben den Begriff des nationalen Markts frag-

Die neun größten Produzenten (ohne EG) in der Produktion 1981/1982

Zuckerbilanzen einiger wichtiger Länder

in 1000 t Rohzuckerwert

Jahr[1]		Indien[2]	Brasilien	Kuba	UdSSR	USA
1978/79	Erzeugung	6384	7722	8048	9000	4466
	Einfuhr	–	–	–	3900	5520
	Ausfuhr	977	1930	7048	240	62
	Verbrauch	6654	5750	543	12200	9818
1979/80	Erzeugung	4199	7565	6787	7700	4114
	Einfuhr	143	–	–	4780	5443
	Ausfuhr	363	2539	6645	215	362
	Verbrauch	5891	5942	534	12300	9416
1980/81	Erzeugung	5558	9195	7542	7150	4357
	Einfuhr	114	–	–	5221	5219
	Ausfuhr	65	2227	6220	141	1091
	Verbrauch	5310	6197	520	12450	8804
1981/82	Erzeugung	9100	8200	7600	6000	4585
	Einfuhr	170	–	–	6400	4200
	Ausfuhr	550	2500	6800	60	500
	Verbrauch	6150	5800	520	12550	8600

		China (VR)	Mexiko	Süd-afrika	Polen	Welt
1978/79	Erzeugung	2725	3058	2324	1763	90965
	Einfuhr	1250	–	–	62	27096
	Ausfuhr	120	103	941	192	27681
	Verbrauch	3750	3027	1214	1657	89665
1979/80	Erzeugung	2724	2761	2133	1580	84857
	Einfuhr	1150	414	–	73	29551
	Ausfuhr	110	–	1087	75	30226
	Verbrauch	3850	3046	1216	1648	89596
1980/81	Erzeugung	3261	2518	1582	1130	88213
	Einfuhr	1100	707	21	170	28786
	Ausfuhr	220	–	565	35	29307
	Verbrauch	4000	3150	1260	1330	88570
1981/82	Erzeugung	3695	2800	2350	1848	98651
	Einfuhr	1200	475	–	60	29292
	Ausfuhr	220	–	825	200	29791
	Verbrauch	4400	3250	1300	1650	90299

1 September/August 2 ohne Khandsari Quelle: F. O. Licht, Ratzeburg

würdig gemacht. Was bedeutet etwa der Export der Dominikanischen Republik, wenn man weiß, daß dahinter fast ausschließlich *Gulf & Western* steht. Die Abkommen – so gibt *Tate & Lyle* zu – «haben uns sehr genützt».

Ein weiteres Phänomen wird ebenfalls nicht beachtet: die rapide Expansion des Spekulationsmarktes in den Termingeschäften. Letztlich sind alle Abkommen im liberalen Marktglauben verankert. Ein Beitrag zu einer neuen Weltwirtschaftsordnung sind sie nicht. Solche Abkommen müßten – sofern sie Sinn bekommen sollen – auch die Bauern und die Arbeiter an der

Basis miteinbeziehen. Gewerkschaften müßten gefordert werden. Minimale Abnahmepreise für alle Bauern (vom kleinen bis zum großen) sind wichtiger als die sogenannten «Exportpreise». Für die großen Zuckerexporteure der Dritten Welt müßten Diversifikationsprogramme unterstützt werden können. Das jetzige Quotensystem verhindert jede sinnvolle Umschichtung auf eine ausreichende Inlandversorgung mit Nahrungsmitteln. Regierungen benötigen Devisen, um ihre Bürokratien und Armeen in Gang zu halten. Sie werden also einerseits den eigenen Bauern und Arbeitern möglichst wenig bezahlen und andererseits einen möglichst hohen Exporterlös erzielen wollen. Das Prinzip der gerechten Preise müßte auf allen Ebenen angewandt werden.

Auch sind bis heute alle Umweltprobleme ausgeklammert worden. Immer ertragreichere Sorten werden gefordert. Diese gezüchteten Hybrid-Sorten verbrauchen viel Wasser, Dünger, Insektizide und Pestizide. Vielleicht müßte man an eine Preisteilung denken. Zucker ist nicht einfach Zucker. Der traditionell verankerte Zucker ist besser und teurer.

Die traditionellen Abkommen haben alle den Markt mit den reichen Industrieländern im Auge. Manches Land in der Dritten Welt hätte seine eigene Zuckerindustrie nicht so voluminös, prätentiös und skandalös teuer aufbauen müssen, wenn der Handel zwischen den Nachbarländern gefördert worden wäre. Die Entwicklungsländer müßten – schon wegen der Transport- und Energiekosten – einen Handel untereinander aufbauen. Das wäre echte Entkolonisierung und Entflechtung.

Die Form solcher Abkommen hat es in sich, daß jeder seine Karte voll ausspielt. Das führt zu einer völligen Isolierung der Probleme. Da aber gerade Zucker ein sehr komplexes Produkt ist und mit vielen Aspekten der Volkswirtschaften eng vernetzt ist, wird jedes Abkommen letztlich zu neuer Einseitigkeit und damit Abhängigkeit führen.

Auch der Entwicklungspolitiker muß auf diesem Hintergrund seine rührseligen Sätze zurückziehen. Seine Klage etwa: «Für arme, zuckerexportierende Staaten der Dritten Welt sind die Gewinnchancen auf diesem Markt gleich Null» muß zur Frage werden: «Warum und wozu soll ein armes Land in dieses Teufelsspiel mit dem Zucker einsteigen?» Es geht heute immer mehr um das ehrliche Suchen nach Prioritäten, nach Eigenständigkeit und nicht um ein billiges Mit-dabei-Sein. Exportzwang ist der Fluch der heutigen Entwicklung (bei uns und in der Dritten Welt).

Was die FAO, die UN-Organisation für Ernährung und Landwirtschaft, unter internationaler Agraranpassung versteht, muß endlich unter dem Gesichtspunkt eines soliden Aufbaus von Agrar*kulturen* und nicht dem von billiger und einseitiger Land*wirtschaft* oder gar nach den Interessen des Agrar*business* kritisch hinterfragt werden – zum Wohl aller Beteiligten.

Gescheitert ist die alte Strategie:

1. Förderung eines raschen Wachstums der Weltagrarproduktion mit Schwerpunkt in den Entwicklungsländern;
2. besseres Gleichgewicht zwischen Angebot und Nachfrage;
3. Ausdehnung des Weltagrarhandels bei stabileren Preisen und Märkten;
4. Erhöhung des Anteils der Entwicklungsländer am Weltagrarhandel.

Geradezu zynisch wirkt diese Strategie, wenn sie am Fall Zucker ausgestaltet wird. Aber genau sie ist die Grundlage für Rohstoffabkommen geblieben – auch im Rahmen der UNCTAD, der UN-Organisation für Handel und Entwicklung.

Zucker soll neue Energie geben und gar das Denken anregen – er soll einen Beweis dafür erbringen. Dringender denn je sind neue Ideen und Konzepte für den Zuckermarkt notwendig.

Weltzuckerpreis – Rohzuckerpreis

in Cents pro pound (USA-cts/lb)

Jahr	Durchschnitt	Niedrigste Notierung	Höchste Notierung
1946	4,18	3,68	4,83
1947	4,96	4,96	4,96
1948	4,24	3,75	4,50
1949	4,16	3,90	4,50
1950	4,98	4,15	5,95
1951	5,70	4,70	8,05
1952	4,17	3,62	4,75
1953	3,41	3,05	3,77
1954	3,26	3,05	3,43
1955	3,24	3,13	3,41
1956	3,47	3,22	5,00
1957	5,16	3,50	6,85
1958	3,50	3,35	3,85
1959	2,97	2,55	3,40
1960	3,14	2,85	3,40
1961	2,70	2,18	3,28
1962	2,78	1,96	4,75
1963	8,29	4,57	12,32
1964	5,72	2,45	10,76
1965	2,03	1,52	2,76
1966	1,76	1,24	2,50
1967	1,87	1,13	3,02
1968	1,85	1,26	2,84
1969	3,20	2,55	3,78
1970	3,68	2,77	4,28
1971	4,50	3,83	7,10
1972	7,27	5,12	9,68
1973	9,48	8,38	14,03
1974	29,71	12,73	63,76
1975	20,43	12,18	45,55
1976	11,56	7,10	15,65
1977	8,11	6,11	10,81
1978	7,82	6,03	9,30
1979	9,66	7,41	15,96
1980	28,66	14,43	43,10
1981	16,89	10,61	31,87

ab 1961 Preis des Internationalen Zuckerabkommens

Quelle: Statistical of the International Sugar Organization, London

4. 5. 1983

USA reduzieren drastisch ihre Zuckerimporte aus Nicaragua

Nach Angaben aus Managua vom US-Botschafter mitgeteilt

New York/Managua (AFP/AP). Gleichzeitig mit dem Beginn der Nicaragua-Debatte im Weltsicherheitsrat in New York haben die USA ihren Wirtschaftsboykott gegen Nicaragua weiter verschärft. Wie ein Regierungssprecher in Managua mitteilte, haben die USA eine Reduzierung ihrer Zukkerimporte aus Nicaragua um 88 Prozent von derzeit 58800 auf 6000 Tonnen für die Periode 1983/84 gedrosselt. Der amerikanische Botschafter in Costa Rica betonte die Bereitschaft der USA, eine Friedenstruppe in den Norden des Landes zu entsenden.

Nach Angaben des Außenministeriums in Managua haben die USA die Reduzierung der Zuckerimporte damit gerechtfertigt, daß Nicaragua wiederholt multilaterale Verhandlungen auf regionaler Ebene mit den übrigen Ländern Mittelamerikas abgelehnt habe. Als weiteren Grund nannte der Botschafter danach die Unterstützung für die salvadorianischen Guerilleros.

Managua hat die Entscheidung Washingtons als «neuen Akt der Aggression» verurteilt und Klagen gegen die USA bei den internationalen Wirtschaftsorganisationen angekündigt. Für Nicaragua bedeutet die Entscheidung einen Ausfall von rund 12 Millionen Dollar. Nutznießer werden vermutlich El Salvador, Honduras und Costa Rica sein.

Die amerikanische UNO-Botschafterin Jeane Kirkpatrick erklärte in der Debatte des UNO-Sicherheitsrats, die Forderung der Sandinisten Nicaraguas auf bilaterale, nicht multilaterale Gespräche unterstreiche deren Wunsch, ihre außenpolitischen Probleme zu lösen und gleichzeitig die Frage nach dem Export der Revolution, des Krieges und des Elends in die Nachbarländer auszuklammern. Die sandinistische Regierung habe erneut von den Vereinigten Staaten internationalen Schutz verlangt, während sie ihre Nachbarn destabilisiere. Frau Kirkpatrick wiederholte den Vorwurf, daß Nicaragua Aufständische, die die Regierung von El Salvador zu stürzen trachteten, mit Waffen versorgte. Unter offensichtlicher Anspielung auf die sowjetische Intervention in Afghanistan sagte die UNO-Botschafterin der USA: «Die Vereinigten Staaten dringen nicht in kleine Länder an ihren Grenzen ein. Wir haben keine 100000 Besatzungssoldaten in irgendwelchen Ländern der Welt, am wenigsten an unseren Grenzen. Unsere Nachbarn brauchen sich in dieser Hinsicht keine Sorgen zu machen.»

Rätselraten um den Zuckerpreis

Gewerkschafter der Zuckerrohrarbeiter auf den Philippinen, danach befragt, wer denn den Preis bestimme, antworteten: «Wir wissen es nicht. Irgend jemand da drüben in London.»

Dieselbe Frage beantwortete ein New Yorker Börsenspezialist in *Business Week* so: «Die Hausfrauen. Denn wenn diese nicht kaufen, läuft nichts. Beginnen sie zu hamstern, dann klettern die Zuckerpreise.» *Gill & Duffus* antwortet karg und klar: «Timing!»

Da ist die Antwort von der *Hannoverschen Zucker AG* klarer. Preis habe mit Freiheit zu tun. Nur in der freien Marktwirtschaft gibt es Preise. Da jedoch ein Großteil des Zuckers mit der Sowjetunion gehandelt werde, also mit einem unfreien Land, ist der Preis «unfrei». Zudem lüge die Sowjetunion: «Einer der größten Zuckerimporteure, die UdSSR, verunsichert durch falsche Vorhersagen über ihre Eigenproduktion den Markt.»

Claude Cheysson, damals noch EG-Kommissär, nannte 1977 den Zuckermarkt einen Skandal. Dieser sei gar kein Handel unter üblichen Wettbewerbsbestimmungen mehr. Zudem liege der gesamte Zuckerhandel «in den Händen einiger weniger». «Sobald man auch nur die leichteste Preisschwankung verspürt, mischen sich die Hände dieser wenigen, die sehr klug und sehr schnell sind, sofort ins Spekulationsgeschäft ein. Und sie sind in der Lage zu spekulieren, gerade weil sie so wenige sind.»

So sehen es natürlich die Vertreter der Gilde nicht: «Das an der Terminbörse alles beherrschende Prinzip ist Angebot und Nachfrage. Wir selbst sind ohnmächtig.» So der Börsenmakler von *Gulf & Western* in New York.

Da ist Maurice Varsano ehrlicher: «Ich habe mein Geschäft gemacht, weil die andern so dumm sind und einander kopieren.» Und weiter: «Das Dogma von Angebot und Nachfrage ist etwa mit der Unfehlbarkeit des Papstes vergleichbar. Kein vernünftiger Mensch glaubt das doch. Das Wichtigste war noch immer meine Nase.»

Europas ABC: Zucker in der EG

Wer die *Zucker-Grundverordnung, Verordnung (EWG) Nr. 1785/81 des Rates vom 30. Juni 1981 über die gemeinsame Marktorganisation für Zucker (ABl. Nr. L 177 vom 1.7.1981*, S. 4) liest, der staunt zunächst über die Klarheit, Sachlichkeit, Redlichkeit, das allseitige Bemühen, gerecht und ausgleichend zu sein. Jeder, der die 49 Artikel mit Anhängen, ob offiziell in deutsch, französisch oder englisch (damit alles klar ist und bleibt, wird selbst eine Synopse der Begriffe beigegeben), durchgeht, erhält den Eindruck einer rücksichtsvollen Grundordnung zur gegenseitigen Hilfe.

Bei den an diese Verordnungen anschließenden *Bestimmungen zur EWG-Zuckermarktordnung für das Zuckerwirtschaftsjahr 1982/83 ... Stand 1.7.1982* zeigt jedoch schon ein erster Blick, daß kein Bauer und gewöhnlicher Bürger mehr mitkommt. Da braucht es die elektronische Rechenmaschine, um die Europäische Währungseinheit Ecu (100 Ecu = 257,524 DM) richtig, genau und gerecht jedem Land zuzuteilen. Spätestens hier ahnt man, daß da keiner ohne gut beschlagenen und nach Schlupfwinkeln im Zucker-Kosmos suchenden Anwalt oder Juristen durchkommt. Man steht vor einem grandiosen technokratischen Meisterwerk.

Trotz Computern, viel Papier, umfassendster Gesetzgebung und einer fast perfekten Bürokratie erfaßt die ZMO (Lieber Leser, Sie müssen sich endlich an Abkürzungen gewöhnen, sonst haben Sie bei der EG den Anschluß verpaßt. Ein *Dictionnaire* der europäischen Kürzel umfaßt 367 1/2 Seiten. ZMO heißt *Zuckermarkt-Ordnung*) wohl einige Realitäten und Daten nicht ganz, denn bei aller Müh und Arbeit will das System einfach nie funktionieren: neue Überschüsse, Zuckerberge, mehr und mehr Ausgleichszahlungen, Schwindsucht der Agrarkasse, Exportprobleme, Anklagen auf internationalen Konferenzen, die EG als Sündenbock auf dem Weltmarkt. Und selbst die Entwicklungsländer, denen die EG doch im Lomé-Zusatz für die AKP-Länder so großzügig entgegenkam, meckern beständig. Mit ihrer «Ordnung» hat die EG ein weltweites Chaos geschaffen. Sie rief Geister, die sie nicht mehr los wird.

Die ZMO enthält ein ausgeklügeltes Quotensystem und umfassende Preisregelungen von der Zuckerrübe bis zur Fertigware. Der Rübenpreis ist für den Bauern genauso garantiert wie die Verarbeitungsspanne der Industrie. Die Produktion wird in den einzelnen Partnerländern nach Quoten zugeteilt. Die *Grundquoten* (die sogenannten *A-Quoten*) werden so festgesetzt, daß ihre Summe in etwa den Gesamtzuckerbedarf der EG deckt. Die A-Rüben werden zu vollem Garantiepreis abgenommen. Für die B-Rüben, die über die A-Quoten hinaus produziert werden, ist ein Abnahmepreis kalkuliert, der etwa um 30% niedriger liegt. Die *B-Quote* ist mit maximal 35% der A-Rüben-Menge fixiert. Der darüber hinaus produzierte Mehranbau fällt dann in die Kategorie der *C-Quote*, die nur auf dem Weltmarkt verkauft werden darf.

Seit 1968 gibt es dieses System der gestaffelten Produktionsgarantien. Seit dem 1. Juli 1981 ist diese gemeinsame ZMO neu angepaßt worden. Da die Überschüsse ungeheuerlich wurden, versuchte die neue ZMO, ihrer durch Produktionsbegrenzung Herr zu werden. Das war jedoch nicht leicht: Die französische Regierung setzte sich wie die Jungfrau von Orléans für ihre Bauern ein. Da hatte es die deutsche Regierung leichter, denn die deutschen Bauern mußten weniger Federn lassen.

Für die fünf Wirtschaftsjahre bis 1985/86 erhalten jetzt die zehn Mitgliedsländer der EG eine A-Produktionsquote von insgesamt 9516000 Tonnen Weißzucker («Zucker, weder aromatisiert noch gefärbt, mit einem nach der polarimetrischen Methode ermittelten Saccharosegehalt von mindestens 99,5 Gewichtshundertteilen, auf den Trockenstoff bezogen. Nach ISA-Umrechnung auf Rohzucker 92:100»). Für diese A-Quote wird ein Interventionspreis festgesetzt und gleichzeitig den Erzeugern eine Absatzgarantie gegeben. Wenn Überschüsse entstehen, kann diese A-Quote mit 2% Produktionsabgabe belastet werden. Die B-Quote beträgt für die EG insgesamt 2242000 Tonnen. Für diesen Teil kann eine Produktionsabgabe auf den festgesetzten Interventionspreis von bis zu 32% erfolgen. Sollte die Überproduktion besonders hoch ausfallen, kann die Produktionsabgabe auf den B-Zucker bis auf 39,5% des Interventionspreises erhöht werden.

Für bestimmte Bauern lohnend

Die bis 1981 geltende ZMO war für die Bauern noch großzügiger. Es lohnte sich, Rübenzuckerbauer zu sein. Wen wundert es da, daß der Drang zur Expansion nicht zu stoppen war. Die Anbaufläche für Zuckerrüben nahm beständig zu. Sie lag 1955 bei 1,27 Millionen Hektar. Die Rübenernte erhöhte sich im gleichen Zeitraum von 42 auf 80 Millionen Tonnen. Diese knappe Verdoppelung der Ernte bei einer Steigerung der Fläche um ein Drittel wurde möglich durch höhere Hektarerträge. 1955 wurden im Schnitt noch 333 Doppelzentner pro Hektar eingebracht. 1979 lagen die Erträge schon bei 445 Doppelzentnern.

Allerdings gibt es ein beachtliches Gefälle innerhalb der EG. 1979 lag Belgien mit 507 Doppelzentnern pro Hektar an der Spitze und Großbritannien mit 331 Doppelzentnern weit abgeschlagen am Schluß. Dennoch expandierte in England der Rübenzuckeranbau, zum Ärger der anderen Mitglieder, die der Ansicht sind, dort, wo es weniger lohnend ist, sollte die Anbaufläche zuerst verringert werden. Aber England redet von Selbstversorgung, denn nicht einmal innerhalb der EG trauen die Partner ihrem gemeinsamen Markt. Die Egoismen auf allen Ebenen – vom Bauern bis zum Staat – verhindern, das, was notwendig ist, anzubauen. Statt dessen orientiert man sich allseits an den Subventionen, lebt davon und wettert gleichzeitig überall gegen diese unwürdige Weise der Abhängigkeit.

An dem wird sich auch mit der verbesserten Ordnung kaum etwas ändern. Nach ihr sollten sich bei ungünstiger Entwicklung des Weltmarkts (das ist seit 1981 der Fall) und bei «weiterer Zurückhaltung der Verbraucher» die Produzenten, abgestuft nach A- und B-Quote, an den entstehenden Exportkosten beteiligen. Dennoch wachsen mehr und mehr «C-Rüben», die nicht in der EG, sondern in Drittländern, das heißt auf dem Weltmarkt, abgesetzt werden müssen.

Seit 1982 wurde die EG ihren C-Zucker einfach nicht mehr los. So wurde vorgeschlagen, diesen Zucker zu verfüttern. Das rief sofort einen Sturm bei den Futtermittelproduzenten und -importeuren hervor. Was aber sollte sonst mit diesen 3,2 Millionen Tonnen Überschuß C-Zucker gemacht werden? Allein die Lagerungskosten gingen in die Milliarden Mark. Zudem hatte die EG 2 Millionen Tonnen offiziell aus dem Handel gezogen und als Reserve eingelagert. Auch hier betrugen pro Jahr die Kosten ca. 2,5 Milliarden Mark. Dazu kommen Jahr für Jahr noch die im AKP-Abkommen 1975 vorgesehenen 1,3 Millionen Tonnen Rohzucker, die den begünstigten Staaten zum gleichen Preis, wie ihn die EG-Bauern erhalten, abgenommen werden. So stehen der EG gegenwärtig (April 1983) rund 6,5 Millionen Tonnen Zucker zum Verkauf zur Verfügung.

Da der Weltmarktpreis weit unter dem zugunsten der Bauern und Industrie gestütztem EG-internen Richtpreis liegt, muß der Export auf den Weltmarkt-Preis heruntersubventioniert werden. Dieser subventionierte EG-Exportzukker wird von den Nicht-EG-Ländern wiederum mit Einfuhrzöllen belastet, um den eigenen Zuckeranbau zu schützen. Diese Vermarktung des Überschußzukkers gefährdet wiederum die Absatzchancen insbesondere der lateinamerikanischen Entwicklungsländer.

Alles in allem ein äußerst kostspieliges Unternehmen. So betrug zum Beispiel 1978/79 der EG-Zuckerpreis DM 120,– für 100 kg. Auf dem Weltmarkt war der Preis aber nur DM 35,–. Die Differenz mußte von der EG bezahlt werden. In jenem Jahr kostete die EG allein der AKP-Zucker 1 Milliarde Mark. Vielleicht wäre in Europa die ganze Operation zu rechtfertigen, wenn sie kleine und arme Bauern betreffen und fördern würde. Aber auch in diesem Bereich (wie in allen anderen ohnehin) führt die scheinbar gerechte ZMO zum gegenteiligen Resultat. Die Konzentration zugunsten der Großen und Mächtigen nimmt zu – sowohl im Bereich von Zuckerfabriken und -unternehmen als auch erst recht bei den Zuckerrübenbauern. Überall nimmt aus Rationalisierungsgründen die Zahl der Fabriken ab, oder sie werden zu Töchtern von größeren

Unternehmen. In der BRD kam es in wenigen Jahren zu einer Verminderung von 58 auf 48 Zuckerfabriken. In den zehn Jahren seit 1963 nahm in der EG die Zahl der Rübenbauern von 187000 auf 85841 ab.

Ein weiterer Trend zeichnet sich ab: Da Zucker für Bauern lohnend subventioniert wird, fällt es keinem ein, auf andere landwirtschaftliche Anbauprodukte umzustellen. Neue Produzenten riechen das Zuckergeschäft. Die «subventionierte» Industrialisierung im Hinblick auf andere Verwertungen des Überflußzuckers nimmt zu. In Ochsenfurt und Jameln laufen Pilotprojekte, um aus Zucker Biogas, Äthanol, Arzneimittel, Kosmetika, Waschmittel, Farb- und Kunststoffe zu produzieren. Es scheint, daß auch die EG nicht mehr aus der Zuckersackgasse herausfindet.

Der Fall Großbritannien

Rückblickend bekommen die Engländer mit ihrem Widerstand gegen den Beitritt zur EG mehr und mehr recht. Großbritannien hatte ein verhältnismäßig vernünftiges Agrarsystem, das zwar historisch bedingt stark auf die ehemaligen Kolonien abgestimmt war und zu Vorzugsbedingungen Produkte von dort importierte, sie aber mit der eigenen Landwirtschaft wohl ergänzte. Die EG verlangte eine strikte Anpassung an ihr schon damals unvernünftiges System. Großbritannien hatte mit den Commonwealth-Ländern ein eigenes Zuckerabkommen ausgehandelt, durch das es sich verpflichtete, zu einem Vorzugspreis etwa 1,3 bis 1,5 Millionen Tonnen Rohzucker jährlich aus seinen früheren Kolonien einzuführen.

Das bedeutete Sicherung der Zuckerversorgung, und daher ließ Großbritannien bis auf unbedeutende Reste seine heimische Zuckerproduktion eingehen. Die Kolonien konnten Zucker nicht nur viel günstiger produzieren, sondern waren auch in ein System eingebunden, das sogar England abhängig machte. Denn der aus den Kolonien importierte Zucker kam in bloß roher Form nach England. Hier wurde er von der Firma *Tate & Lyle* (T&L) raffiniert. T&L hatte das Monopol für die Verarbeitung von Rohzucker in ganz Großbritannien. T&L war sowohl eine industrielle Macht (alle Zuckerberater der Regierung hatten ihre Erfahrungen bei T&L gemacht oder waren dort Angestellte) als auch ein wichtiger Betrieb in beschäftigungspolitischer Hinsicht. Ohne T&L konnte England keine Verhandlungen mit der EG vornehmen. Zudem fiel es der damaligen Labour-Regierung schwer, einen EG-Beitritt zu befürworten, weil dadurch wichtige Arbeitsplätze gefährdet wurden. Dadurch stand sie vor dem Dilemma, daß sie einen konservativen Monopolbetrieb unterstützen mußte.

Ein weiterer Faktor spielte eine Rolle: Eine Labour-Regierung hatte in den dreißiger Jahren versucht, das Monopol von T&L zu zerschlagen und auf eine eigene Zuckerproduktion umzustellen. Hierfür wurde 1935 vom Staat die *British Sugar Corporation* (BSC) gegründet. Seither standen sich T&L und BSC wie Hund und Katz gegenüber, und die beiden Firmen wurden sozusagen zu Parteiabzeichen. Noch etwas komplizierte die Sachlage: Auch zwischen den Nobel-Bauern (Lords) und den allmählich selbständig gewordenen Bauern bestand ein Konflikt. Der Adel mit seinem Land hatte natürlich ein zweites Bein im kolonialen Landwirtschaftshandel. Also war er für die Einfuhr des Zuckers aus Übersee. Die neue Bauernklasse war schon längst allen Regierungen böse und fühlte sich von den Tories wie von den Labours mißverstanden. Ein zentraler Punkt des Konflikts war seit den zwanziger Jahren das Verbot, Rüben anders als für Viehfutter zu verwenden. Obwohl also diese Bauern die Arbeiterschaft verabscheuten und von Verstaatlichung nie etwas wissen wollten, mußte ausgerechnet dieser Bauernstand für die *British Sugar Corporation* einstehen. Heuchlerisch konnte die Gegenseite erwidern, daß britische Bauern sowohl der Dritten Welt wie auch der Arbeiterklasse gegenüber keine Solidarität empfänden.

Dieses und vieles mehr stand hinter dem langen Ringen um den EG-Beitritt Großbritanniens. Sehr viel hing am Zucker.

Er ist denn auch bis heute das Sorgenkind geblieben. Denn mit dem EG-Beitritt ging langsam, ob offen oder versteckt, ein Strukturwandel einher. Der konservative T-&-L-Betrieb wußte ganz genau, daß, trotz der schönen Worte an die Adresse der produzierenden Länder des Commonwealth, langfristig der Rohzucker in Europa ausgespielt hatte und das Unternehmen eine Gnadenfrist bekommen hatte; seine Zuckerrohr-Raffinerien in England würden ziemlich bald zum Stillstand kommen. Die Macht der Rübenzuckerbauern andererseits hat seit dem EG-Beitritt von Jahr zu Jahr zugenommen. Ihr Betrieb (die BSC) wächst dank der EG-Zuckerrübenpräferenz, schaut mit Schadenfreude auf T&L, kann mit den Subventionen gut bestehen und konnte es sich leisten, reprivatisiert zu werden ... Die Mehrheit der Staatsaktien ist heute in Händen der durch Zucker neureich Gewordenen.

Solche Komplexitäten und Spannungen spürt keiner hinter den sachlichen Paragraphen der ZMO. Stärker als jede Marktordnung ist die ökonomische und soziale Komplexität des Zuckers, der eben mehr als eine Ware ist.

Wieder anders in Frankreich

Anders liegt die Sache in Frankreich. Da hatte die Französische Revolution eine langfristige Auswirkung auf den Bauernstand, der selbständiger, mächtiger und selbstbewußter als in England wurde. Diese Landwirtschaft wurde nicht wie in England fast ausschließlich von Adeligen beherrscht. Diese Bauern standen von Anbeginn den Kolonien und der kolonialen Landwirtschaft kritisch gegenüber. Im Bereich des Zuckers gab es daher seit Napoleon, der die Rübenzuckerbauern brauchte, kein Zurück mehr. So zeigen französische Rübenbauern denn auch heute wenig Verständnis für ein AKP-Abkommen. Sie sagen wohl zu Recht: «Das ist im englischen und nicht im Interesse der Dritten Welt» (auf einem Protest-Transparent 1981). Sie wollen nicht begreifen, warum die EG jährlich 1,3 Millionen Tonnen Rohrzucker zu überhöhten Preisen (denn die Produktionskosten sind nun einmal in Ländern der Dritten Welt billiger) einkaufen soll und anschließend auf diesem Zucker sitzen bleibt. Ihre «Wut» (*rage*) richtet sich also nicht gegen die Dritte Welt als solche, sondern gegen die «scheinheiligen Engländer», von denen sie genau wissen, daß sie ohnehin auf einem Schneckenmarsch sind, um aus der Rohrzuckerwirtschaft herauszukommen.

Der Skandal Elfenbeinküste

Aber wie frühere Kapitel klar zeigten, haben Bauern nur eine drittrangige Stimme. Die AKP-Zuckerordnung hat primär und bis auf den heutigen Tag niemandem anders als den transnationalen Zuckerunternehmen, der Bau- und Maschinenindustrie, Beraterfirmen, Expertenteams und sonstigen Dienstleistungsfabriken genützt. Wie skrupellos oder mindestens zusammenhanglos diese Unternehmen vorgehen, zeigt auch das Beispiel Elfenbeinküste.

Die Elfenbeinküste gehört zwar zu den AKP-Staaten, aber ist nicht unter den Begünstigten des EG-Zuckerprotokolls. Dennoch wurde in den letzten Jahren von britischen, deutschen und amerikanischen Unternehmen eine Zukkerindustrie von gigantischem Ausmaß in die Wolken gebaut. Sogar *Claude Cheysson*, früher EG-Kommissär und heute Außenminister Frankreichs, gab sich diplomatisch entrüstet, obwohl er wissen mußte, daß hier einige Franzosen an den Engländern für die AKP-Privilegien Rache nehmen wollten.

Obwohl der Eigenbedarf der Elfenbeinküste kaum 80000 Tonnen übersteigt, wurde von Beraterfirmen eine Produktionsanlage mit einem Ausstoß von 500000 Tonnen empfohlen. Man gaukelte Arbeitsplätze und Devisen vor. Heute arbeiten knapp 3000 Leute in diesem Sektor. Von den Lieferfirmen wurde der Staat (wie selbst in Brüssel nachträglich festgestellt wurde) um mindestens 300 Millionen Mark übers Ohr gehauen. Und selbst die EG wurde schändlich mißbraucht, wie G. Jarchow, ein Entwicklungsexperte der EG, deutlich sagt: «Die EG-Kommission wird dadurch zum Versicherungsunternehmen für Fehlinvestitionen degradiert.» Denn nun sitzt die Elfenbeinküste auf ihrem Zucker und pocht auf das gleiche Recht, wie es die britischen Kolonien beanspruchen. Anfang 1983 forderte die Elfenbeinküste, daß ihr nach dem AKP-Zuckerprotokoll eine Quote von mindestens 80000 Tonnen gewährt würde.

Dabei brachte sie geschickt das Argument ins Spiel, Zimbabwe sei auch erst vor kurzem eine Zuckerausfuhr-Quote in die EG neu zugestanden worden.

Bis anhin hatte sich die EG an die Limits von 1,3 Millionen Tonnen jährlich gehalten, da jedoch einige Länder einen starken Produktionsrückgang zu verzeichnen hatten, waren nicht alle Quoten ausgeschöpft worden. Die EG ist im Prinzip bereit, diese ungenutzten Quoten jeweils anderen Mitgliedern der AKP-Gruppe zukommen zu lassen. Aber darin liegt bereits neuer Konflikt verborgen: Was würde in einem Jahr mit der überall großen Zuckerrohrernte geschehen, und wer hätte dann Vorrechte? Die Forderung der Elfenbeinküste würde definitiv die 1,3-Millionen-Tonnen-Grenze sprengen. So hat geschäftliche Skrupellosigkeit eine sehr ernste Konfliktsituation geschaffen. Denn wird die Elfenbeinküste in den Kreis der Zuckerprivilegierten aufgenommen und werden ihr mehr als die vorgesehenen 2000 Tonnen zugestanden, werden andere Länder folgen. Hinter dem Zuckerberg der EG liegt also bereits eine weitere Zuckerlawine, denn Ähnliches geschah in mehreren afrikanischen Ländern.

EG-Quoten im Zucker (in 1000 t Weißzucker)

Mitgliedstaat	Grundmenge A	Grundmenge B
Deutschland	1990	612
Belgien	680	146
Dänemark	328	97
Frankreich	2996	806
Griechenland	290	29
Irland	182	18
Italien	1320	248
Niederlande	690	182
Vereinigtes Königreich	1040	104
Insgesamt	9516	2242

Ende 1982 kamen 16 AKP-Staaten in den Genuß des Zuckerprotokolls von Lomé mit folgenden Quoten (in t):

– Barbados	49300	
– Fidschi	163600	
– Guyana	157700	
– Mauritius	487200	
– Jamaika	118300	
– Kenia	4000	
– Madagaskar	10000	
– Malawi	20000	
– Uganda	–	
– Kongo	8000	ab 1. 7. 1983
– Swasiland	116400	
– Tansania	10000	
– Trinidad und Tobago	69000	
– Surinam	–	(ehemalig ÜLG*)
– Belize	39400	(ehemalig ÜLG*)
– Simbabwe	25000	(Neuling unter den präferenzbegünstigten Exporteuren)

* ÜLG = Überseeische Länder und Gebiete

Die Europäische Gemeinschaft schloß am 26. Februar 1975 in der togolesischen Hauptstadt Lomé das erste Abkommen mit früheren Kolonialstaaten aus Afrika, der Karibik und dem Pazifik (den AKP-Staaten). Dieser Vertrag lief 1980 aus, und an seine Stelle trat ein neues Abkommen, *Lomé II* genannt, dem Ende 1982 63 Entwicklungsländer angehörten.

Unter den wichtigsten Kapiteln des Abkommens weist das Kapitel über Zucker (bekannt als *Protokoll Nr. 3* im ersten Abkommen und *Protokoll Nr. 7* im zweiten) einige Besonderheiten auf. Während alle sonstigen Bestimmungen nach fünf Jahren erneuert werden müssen, gelten die Zuckerabmachungen unbegrenzt. Immerhin ist nach fünf Jahren eine beidseitige Kündigungsmöglichkeit mit einer Frist von mindestens zwei Jahren vorgesehen. Die Erneuerung des Abkommens von Lomé hatte daher keine Änderung in den Grundsätzen des Zuckerprotokolls zur Folge, «worin sein fast unantastbarer Charakter sich zeigt», schreibt euphemistisch die EG-interne Broschüre *Der Zucker, die Europäische Gemeinschaft und das Abkommen von Lomé* (Februar 1983).

Im Zuckerprotokoll steht: «Die Gemeinschaft verpflichtet sich für unbestimmte Zeit, bestimmte Mengen rohen oder weißen Rohrzuckers, mit Ursprung in den AKP-Staaten, zu deren Lieferung sich diese Staaten verpflichten, zu garantierten Preisen zu kaufen und einzuführen.»

Im Wortlaut klingt all das sehr human und großzügig. Der große alte Mann der Elfenbeinküste, Houphouët-Boigny, nannte das AKP-Abkommen einst «das ABC zu einer neuen Weltwirtschaftsordnung...» Wie gezeigt wurde, hat Maurice Varsano seinem Freund die «neuen» Wege des Westens gezeigt, nur daß dem neuen *fait accompli* noch das neue I-Tüpfelchen fehlt: eine Quote oder ein Stück Zuckerkuchen.

Die EG verpflichtet sich im Zuckerprotokoll, feste vereinbarte Mengen mit einer Preisgarantie zu kaufen. Eine solche Garantie ist auf dem Gebiet der Wirtschaft ein Unding für jeden, der psychologische Mechanismen auch bloß ein wenig kennt. Die Gegner werden stets gegen eine derartige marktwirtschaftliche Irregularität anlaufen, und langsam zerbröckelt die ganze Vereinbarung. Derjenige, der die Lasten zu tragen hat, der Steuerzahler, wird zunächst ganz einfach übergangen. Hat die EG gegenüber den AKP-Staaten nicht den Mund zu voll genommen?

Die finanzielle Lage in der EG wird immer schwieriger. Irgendwo muß gespart werden. Am Zucker ließe es sich am leichtesten bewerkstelligen, denn da sind auch die verärgerten EG-Bauern zu gewinnen. Zumal Zucker doch «nur» Zucker ist und die Rübe längst den Sieg davongetragen hat.

Es scheint mir offensichtlich, daß dieses Zuckerprotokoll von Lomé nichts weiter als eine Übergangsformel ist und ganz der britischen Zuckerindustrie angepaßt war. Großbritannien brauchte dieses Zückerchen, um eine konservative und sehr machtvolle Zuckerindustrie für die EG zu gewinnen. Jene weiß jedoch, daß ihre Uhr abgelaufen ist – daher schichtet T & L so «dynamisch» und ab und zu «nervös» (*Financial Times*) um.

Die Entwicklungsländer würden taktisch besser zweigleisig (weiter)fahren. Gerade in Afrika brauchen sie enorme Hilfe, um einen kontinentalen eigenen Zuckermarkt aufzubauen. Mit der jetzigen Formel (ob sie das nicht merken?) verkrusten sie in lange Zukunft hinein den Aufbau einer eigenen Zuckerindustrie und eines eigenen Markts. Die AKP-Formel klingt sehr hilfreich und gut, ist aber dennoch das ABC zum verzuckerten Neokolonialismus. In Afrika, in der Karibik und im Pazifik kann echte Entwicklungshilfe auf dem Sektor Handel letztlich nur heißen, beim Nachbarn zu beginnen. Die Nachbarn sollen sich aufeinander abstimmen, Prioritäten setzen, mit dem Austausch von Land zu Land beginnen, das größte neokoloniale Dogma des Imperialismus umstoßen und den Freihandel auf agrarischen Produkten stoppen.

Artikel 7 des Protokolls fordert natürlich die Lieferung der festgelegten Quoten: «Liefert ein zuckerausführender AKP-Staat während eines bestimmten Lieferzeitraums aus Gründen höherer Gewalt die vereinbarte Menge nicht in voller Höhe, so räumt die Kommission ihm auf Antrag die notwendige zusätzliche Lieferfrist ein.» Falls es nach geraumer Frist immer noch zu wenig

Zucker gibt, muß die Quote neu zugeteilt werden. Das Land geht dann der alten Quote für immer verlustig.

Diese als logisch erscheinende Gegenleistung hat für die Zuckerländer der AKP entwicklungspolitisch verheerende Auswirkungen:

1. Unter derartigen Umständen wird nie ein Land an Diversifikation denken und bleibt am Zucker kleben.
2. Um die festgelegte Menge zu erreichen, wird der Zuckeranbau sogar noch ausgedehnt, um ja der Quote nicht verlustig zu gehen. Damit gibt es in guten Jahren Überflüsse im eigenen Land. Dadurch kommt auch daheim der Zuckermarkt durcheinander. Die Ausdehnung geschieht stets auf Kosten der Grundnahrungsmittel.
3. Ausländische Berater (*Tate & Lyle, HVA, Booker McConnell*) werden daher ein leichtes haben, den AKP-Zuckerländern immer wieder neue Fabriken, Maschinen, Dünger, Chemikalien etc. anzubieten und zu verkaufen. Gleichzeitig – so schreibt das *Handelsblatt* am 25. 1. 1983 – wachsen «mit der Lieferung modernster Technik ... die Chancen der Berater».
4. Alle «Neuerungen» werden jeweils wieder als Entwicklungsprojekte des Europäischen Entwicklungsfonds mitfinanziert. Am Anfang läuft alles gut – wie im Falle der Elfenbeinküste. Sind einmal die saftigen Berater-, Gutachter-, Anlagebau- und Entwicklungsgelder eingestrichen, bleiben bloß noch die Schulden übrig. Alle 16 AKP-Staaten, die in den Genuß des Zuckerprotokolls kommen, haben sich am Zucker gewaltig mitverschuldet. Ganz kraß und eindeutig trifft das auf Tansania, Kenia, Swasiland, Jamaika und Belize (ausgerechnet hier, wo selbst die Plantagen der Privatfirma *Tate & Lyle* gehören!) zu.

Die Gefahr und der Widersinn solcher Vereinbarungen könnten am besten am Fall Tansania illustriert werden. Die AKP-Quote beträgt 10000 Tonnen. Zwar ging Tansania an den Aufbau einer Zuckerindustrie, um die eigene Versorgung zu gewährleisten. Um jedoch die sehr teuren Anlagen mitzufinanzieren, mußte es von Anfang an exportieren. Nur so konnte es einen Quotenanteil bei der EG erhalten. Mit derartigem Taktieren mußte die eigene Bevölkerung enttäuscht werden, konnte die Verteilung im Lande nie funktionieren, mußte das eigene Volk zornig werden ...

Ein anderes Beispiel: Belize. Hier besitzt T & L noch Plantagen. T & L weiß, daß sie diese an den Staat abtreten wird. Sie hat alles bestens vorbereitet, denn heute will die Firma die Risiken der Produktion nicht mehr tragen.

Sie läßt sich in dieser bereits lange dauernden Übergangsphase alles vom Staat und der EG finanzieren. Das Geschäft der Berater-, Bau-, Maschinen- und pharmazeutischen Firmen floriert. Die Staatsschulden wachsen. Die Schuld liegt – wie immer – beim Staat. T & L ist bloß Ratgeber.

Im Zuckerprotokoll steht ein weiterer verhängnisvoll sich auswirkender Zusatz: «aus Gründen höherer Gewalt ...» Es führte dazu, daß sich Entwicklungsländer in den letzten mageren Jahren Unwetter und Dürren geradezu herbeiwünschten. Zaire zum Beispiel stritt in Brüssel mehrere Jahre darüber, ob nicht sein Produktionsrückgang «wetter- und naturverschuldet» sei. Präsident Mobutu siegte weitgehend: Nicht seine Politik war schuld, sondern das Wetter. Nicht nur im Falle Mobutus war die EG in den eigenen Vorurteilen gefangen. Denn hätte sie politische Schuld zugestanden, dann hätte sie auch sich selbst und die EG-Bauern mehr politisch als bloß klimatisch unter die Lupe nehmen müssen.

In der EG redet man im Entwicklungsbereich ohnehin lieber vom Wetter als von der Politik. Selbst zu Hause nutzen die eigenen Bauern die EG-Zuckerordnung aus. Als es im Frühjahr 1983 lange naß war, haben die französischen Bauern die Zuckerrübensaat nicht ausgebracht. Aber sie suchten keinen Ersatz mit einer anderen Frucht. «Höhere Gewalt» zwingen die EG und den Staat, den Ausfall zu bezahlen – ohne Arbeit und Mühe ...

Der *Reuters Rohstoffpressedienst* meldete am 9. Mai 1983: «In Frankreich seien gemäß einer Sprecherin der Vereinigung der Rübenbauern (CGB) noch ca. 100000 Hektar zu bebauen, vor allem in Departements östlich und nordöstlich von Paris. Ein Umstellen der Produktion auf Mais oder Kartoffeln hielt die Sprecherin für unwahrscheinlich; die Bauern würden eher bis Ende Monat zuwarten, um, sofern die klimatischen Bedingungen dies zulassen würden, Zukkerrüben anzubauen. Sofern dies nicht der Fall wäre, würden die Felder mit großer Wahrscheinlichkeit brach liegengelassen ...»

Zwei AKP-Ländern wurde bislang die Quote weggenommen: Uganda und Surinam. Beide bleiben jedoch Mitglieder des Protokolls. Sowohl bei Kenia als auch bei Zaire wurde ein Kompromiß gemacht: Statt 5000 Tonnen wurden Kenia 4000 Tonnen zugeteilt, Zaire hat statt 10000 Tonnen immer noch 8000 Tonnen.

In beiden Ländern herrscht intern heute Zuckerknappheit. «Trifft ein Sack Zucker im Laden ein, gibt es Warteschlangen bis zu einem Kilometer», heißt es in einem Weihnachtsbrief 1982 eines Entwicklungshelfers aus Marsabit (Kenia).

Zwei französischsprachige Länder, Madagaskar und Kongo (Zaire), die nicht dem *Commonwealth Sugar Argreement* angehörten, zählen zu den Begünstigten des Lomé-Zuckerprotokolls. Im Rahmen des Protokolls wurden die Präferenzen auch auf die überseeischen Länder und Gebiete (ÜLG) ausgedehnt, die traditionell nach Großbritannien exportierten. Ursprünglich waren das drei Gebiete. Nun sind Surinam und Belize unabhängig geworden und damit AKP-Staaten. Nur für St. Kitts gilt noch die ÜLG-Regelung mit einer Quote von 7900 Tonnen.

Mit Indien, das kein AKP-Staat ist, mußte ein getrenntes Abkommen ausgehandelt werden. Es deckt sich zwar weitgehend mit dem Lomé-Protokoll. Es sah eine Quote von 25000 Tonnen vor. Sie ist jedoch in der Zwischenzeit auf Null gefallen: Sie wurde wegen Lieferausfall gestrichen.

Fast der gesamte Präferenzzucker geht an die britische *Tate & Lyle*, so daß das AKP-Abkommen ebenso ein T-&-L-Schutzgesetz ist. So ist es begreiflich, daß AKP-Länder und T&L Schulter an Schulter für das Lomé-Abkommen kämpften. Für ihren wirtschaftlich gefährdeten Großabnehmer hatten die Vertreter der Entwicklungsländer natürlich Sympathien. Das war für T&L ein

Startkapital für eine oftmals zu Beginn von der betroffenen Regierung nicht bemerkte Diversifizierung. Vor allem aber fallen bei einem solchen Klima die Ratschläge der T-&-L-Vertreter kaum auf taube Ohren: «Die Zuckerindustrie muß modernisiert werden!» Und schon stehen Berater vor der Tür, kommen Ingenieure mit neuen Fabrikplänen oder wird zur Effizienzverbesserung ein Gesamt-Management angeboten.

Ab und zu hat der Beobachter das Gefühl, alle Beteiligten seien sich klar darüber, daß es hier um einen Zucker-Totentanz geht: Jeder kauft oder verkauft, solange es noch geht und soviel als möglich. Das Zuckerprotokoll von Lomé ist für die AKP-Länder ein Abonnement auf eine Geisterfahrt. Die zukkerproduzierenden Staaten der Dritten Welt sorgen sich zu sehr um die Zugänge zu den westeuropäischen Märkten. Die Zuckerrübe wird nicht mehr aus Europa zu vertreiben sein. Und sie wird sehr bald selbst die Konkurrenz der Isoglycose zu spüren bekommen.

Die Zuckerpolitik der EG muß zwiespältig sein. Das vermag keine Schönschreiberei zu verbergen. Die EG kann einerseits nicht verleugnen, daß sie einem Traum von europäischer Einheit nachgeht und diese gerade mit Zucker besonders belastet wird. Andererseits waren europäische Länder wie Großbritannien, Frankreich, Deutschland, Dänemark, Holland, Italien, Belgien (so wie früher Spanien und Portugal) Kolonialmächte, die in der Dritten Welt sehr viel Unheil mit Zucker angerichtet und landwirtschaftliche Monokulturen aufgebaut haben. Europa trägt daher Mitverantwortung für die Dritte Welt. Nun kommt aus diesem Erbe heraus die Zwiespältigkeit: einerseits muß die EG Geld für Entwicklung ausgeben, und auf dem Sektor Zucker versucht sie dies mit Präferenzabkommen und Krediten zur Erneuerung der Zuckerindustrie in den AKP-Ländern; andererseits will sie die eigenen Bauern stärken und auch ihnen einen gerechten Preis zukommen lassen.

Aber heute fordert in Europa der Zucker die andern Bauern heraus. Sie fühlen sich gegenüber den Rübenzuckerbauern benachteiligt und provoziert. Zucker erzeugt somit Spannungen – hier in Europa und in den AKP-Ländern.

Im Zucker tickt eine Bombe, die in einem Bauernkrieg explodieren kann. Selbst in unserer Zeit der Spezialisierung muß die europäische Landwirtschaft wieder lernen, Vielfalt ernst zu nehmen. Die EG-Zukunft liegt in der Kunst des Mischens, Kombinierens und Vernetzens. Agrarkultur gibt es nicht ohne ein Zusammenleben von Mensch, Tier und Pflanze; gibt es nicht ohne Widersprüche und Spannungen, ohne Risiko. Die letzten 400 Jahre sollten Europa zeigen, daß Zucker nie der Kitt der Einheit war.

Schweizerische Zuckermarktordnung

In der Schweiz werden rund 45 % des von Industrie und Konsumenten verbrauchten Zuckers aus eigenem Zuckerrüben-Anbau gedeckt. Die restliche Menge wird fast ausschließlich aus dem EG-Raum eingeführt. Weil die EG bis heute dem Internationalen Zuckerabkommen ferngeblieben ist, sie aber Hauptlieferant der Schweiz ist, hat auch diese eine Mitgliedschaft am Abkommen aus naheliegenden Gründen abgelehnt.

Der Importeur hat pro 100 kg Feinkristallzucker eine Abgabe zur Fi-

nanzierung der im Inland angelegten, gesetzlich geregelten Zuckervorräte zu leisten. Ferner wird ein Finanzierungsbeitrag an die nicht gedeckten Produktionskosten der Schweizer Zuckerfabriken erhoben. Als weitere Grenzbelastung kommt ein relativ massiver Zollbetrag hinzu. Heute beträgt die Gesamtbelastung pro 100 kg eingeführtem Zucker:

1. Zoll (incl. Statistische Gebühr)	Fr. 22.65
2. Finanzierungsabgabe in Ausgleichsfonds der Inlandproduktion	Fr. 16.20
3. Beitrag für die Vorratslagerung zur Sicherung der Landesversorgung	Fr. 27.80
	Fr. 66.65
Weltmarktpreis franko Grenze, unverzollt (Stichtag 31.3.1983)	Fr. 49.35
Einstandspreis franko Schweizer Grenze verzollt (= Schweizer Weltmarktpreis)	Fr. 116.–

Weil der Schweizer Bauer den höchsten garantierten Zuckerrübenpreis der Welt (Fr. 15.– je 100 kg Zuckerrüben bei einem Durchschnitts-Zuckergehalt von 16%) erhält, die Zuckerfabriken aber das Fertigprodukt Zukker nur zum Schweizer Weltmarktpreis (vgl. oben) minus Finanzierungsabgabe gemäß Position 2 verkaufen können, besteht in der Schweiz eine spezielle staatliche Regelung. Das Rechnungsdefizit der beiden Zuckerfabriken Aarberg und Frauenfeld wird durch einen Ausgleichsfonds gedeckt. Dieser wird finanziert durch einen jährlichen Beitrag des Staates (heute 7,5 Mio. Franken), durch die Finanzierungsabgabe (Position 2), einen geringen Beitrag der Rübenproduzenten und einer flexiblen Zusatzleistung des Staates bei Überschreiten des Rechnungsdefizites.

Müßte heute in der Schweiz aus eigenen Rüben fabrizierter Feinkristallzucker kostendeckend verkauft werden, würde der Preis ca. Fr. 1.55 bis Fr. 1.60 je kg ab Fabrik betragen. Der Konsument bezahlt im Detailgeschäft ca. Fr. 1.42 je kg (Landesdurchschnitt per 31.3.83).

Es stellt sich die grundsätzliche Frage, ob es richtig sein kann, selbst so teuren Zucker zu produzieren und dadurch den zuckerherstellenden Dritte-Welt-Ländern die Absatzchancen zu nehmen.

Die Zuckerrüben-Produktion wird in der Schweiz vor allem aus agrartechnischen Gründen (Hackfrucht, nötig wegen Getreideanbaus), aber auch aus einkommenspolitischen Motiven der Landwirtschaft gestützt. Die Schweiz strebt eine für Zeiten knapper Versorgung (Krieg oder politische Erpressung) notwendige Versorgungs-Autonomie für Nahrungsmittel an. Verglichen mit der Pflichtlagerhaltung anderer Waren reichen die Zuckerbestände am längsten (12 Monate).

Zucker in der BRD konzentriert sich

Während 1948 allein in Norddeutschland noch in über 50 Zuckerfabriken die Schlote rauchten, wird heute im gesamten Bundesgebiet nur noch in 30 Unternehmen mit 48 Werken der Zucker (Saccharose) extrahiert. Branchengrößter ist die *Südzucker AG Mannheim* mit 7 Fabriken und einem bundesdeutschen Marktanteil von 28%. Der Umsatz des 1926 aus der Fusion von 5 Zuckerfabriken gegründeten Konzerns betrug 1979/80 1,17 Mrd. DM. Großaktionär ist die Deutsche Bank, die einen Anteil von 25% am Grundkapital hält. Die Zuckerrübenbauern konnten über ein Holding auf genossenschaftlicher Basis – eben die «SZVG» – ihren Anteil bei Südzucker von 25% 1972 auf 40% im letzten Jahr erhöhen. Gleichzeitig haben sich die Landwirte über die «SZVG» zu 75% an der drittgrößten Zuckerfabrik der BRD, der Franken GmbH Ochsenfurt, beteiligt

(Umsatz 1979: 450 Mio. DM). Bei Frankenzucker wiederum besitzt die Südzucker AG 25 % des Gesellschaftskapitals.

Die Südzucker AG versucht sich neben ihrer Hauptaufgabe, Zucker zu verarbeiten, mehr oder weniger erfolgreich im Diversifizieren. Erfolgversprechend scheint die Zusammenarbeit mit dem Chemiekonzern Bayer AG zu sein. Die gemeinsame Tochtergesellschaft Palatinit-Süßungsmittel GmbH hat einen Zuckeraustauschstoff – Palatinit – entwickelt, der dem kalorienbewußten Verbraucher entgegenkommt, allerdings zu saftigen Preisen. Auch in den wachsenden Markt des Fruchtzuckers (Fructose), der in bestimmten Fällen süßer als Saccharose schmeckt und in zunehmendem Maße von der Getränkeindustrie verwendet wird, steigt Südzucker ein. Neue Verwertungsalternativen für die Zuckerrübe sucht Südzucker in der Herstellung von Agraralkohol auf Rübenbasis. In diesem Jahr wird in Zusammenarbeit mit dem Landwirtschaftsministerium eine Pilotanlage in Betrieb genommen.

Der Konkurrent zu Südzucker sitzt in Köln. Es handelt sich um das alte publizitätsscheue und im Familienbesitz befindliche Zuckerproduktions- und Handelsunternehmen *Pfeifer und Langen*. Der Marktanteil am deutschen Zuckermarkt beträgt ca. 17 %, und 1978 wurde mit 5 Fabriken ein Umsatz von 730 Mio. DM erzielt. Gemeinsam mit dem Pfanni-Werk wurde die erfolgreiche Tochtergesellschaft funny-frisch Snack und Gebäck GmbH & Co KG gegründet. Der Anteil des Industriezuckers beträgt bei Pfeifer und Langen ca. 48 %, der Haushaltszuckeranteil liegt, ähnlich wie bei Südzucker, bei 30 %, der Rest geht in den Export.

Zwei der drei bestehenden Verkaufsgesellschaften, die Westdeutsche Zuckervertriebsgesellschaft mbH und Co KG Köln (WZV) und die Südzucker Verkaufs GmbH Oberursel (SZV), vermarkten zusammen drei Viertel der bundesdeutschen Zuckerproduktion. Die dritte Gesellschaft, die Norddeutsche Zucker GmbH und Co KG Uelzen, umfaßt bis auf wenige Ausnahmen alle Werke in Niedersachsen und Schleswig-Holstein.

(Aus Entwicklungspolitische Korrespondenz 2/82)

Comecon: Vermutungen über einen Markt, den es nicht geben darf

Die größte Unbekannte im Zuckerweltmarkt ist die Sowjetunion. Bis heute existiert auf westlicher Seite keine sachliche Studie. Es gibt Zahlen und Statistiken, meistens jedoch bloß Projektionen, die für die Börsenspekulation wichtig und notwendig sind; aber es lassen sich in mir bekannten Sprachen keine Analysen finden, die langfristig – aus der Vergangenheit in die Gegenwart hinein – die sowjetische Zuckerpolitik durchsichtig zu machen versuchen.

Viele Fragen werden schon gar nicht gestellt, zum Beispiel, warum die Sowjetunion nicht mehr für die Lagerhaltung (übrigens nicht nur bei Zucker) tut und sich den jährlich klimatischen Schwankungen, die nach Berechnungen amerikanischer Klimatologen und Geographen an der Colorado University der Intensität nach etwa 23mal stärker als in den USA sind, stets von neuem ausliefert. Oder warum die UdSSR überhaupt auf dem freien Markt kauft. Warum und wann sie importiert und exportiert. Warum sie sich so rege am internationalen an- und aufregenden Zuckermarkt beteiligt, da sie es nach westlicher

Klischee-Vorstellung eigentlich gar nicht brauchte. Warum wird der Zuckerkonsum nicht besser reguliert oder gar gedrosselt, denn schließlich liegt die Sowjetunion nach der F.-O.-Licht-Schätzung bei einem jährlichen Durchschnitt von 44 kg Zucker pro Kopf.

Von dieser Zahl geht denn auch die gesamte Börsenspekulation aus. Die Bevölkerung wird mit 269,9 Millionen eingesetzt, und somit kommen die Broker-Häuser auf einen jährlichen Bedarf von 12,9 Millionen Tonnen Rohwert. (Rohwert = allgemeiner Bezugswert für die internationale Zuckerstatistik. Der Weißzuckerwert ist 92 % vom Rohwert.) So wurde für 1982 ein Defizit von 5,8 Millionen Tonnen Rohwert errechnet. Dennoch hatte die Sowjetunion in den ersten neun Monaten von 1982 bereits 7,05 Millionen Tonnen Zucker (also weit über dem Rohwert) auf dem Weltmarkt gekauft (nach *Financial Times*, 21. 1. 1983).

Um einen Eindruck von der Größe und dem Ausmaß der sowjetischen Zukkerindustrie zu erhalten, ein paar Zahlen, die dem *Zuckerwirtschaftlichen Taschenbuch 1982/83* entnommen sind (alle Zahlen in 1000 Tonnen Rohzuckerwert).

Zuckerjahr	1978/79	1979/80	1980/81	1981/82 (Schätzung)
Erzeugung	9000	7700	7150	6000
Einfuhr	3900	4780	5221	6400
Ausfuhr	240	215	141	60
Verbrauch	12200	12300	12450	12550

Man sieht, daß 1981 ein katastrophales Zuckerjahr für die UdSSR gewesen sein muß. Nach den Angaben von F. O. Licht hat sie 60,6 Millionen Tonnen Zukkerrüben zur Verarbeitung geerntet. Im Vorjahr waren es dagegen 79,6 Millionen Tonnen. Da die geschätzte Ausbeute 10 % beträgt, wird von der Produktion die Zuckermenge errechnet. Und wie kommt man zu diesen Zahlen? Satellitenbilder werden laufend vom CIA für das amerikanische Landwirtschaftsministerium ausgewertet. Man geht von der Fläche der Pflanzungen, ihrer Dichte und Farbausstrahlung aus. Dann wird die Schätzung mit den Wetterfaktoren korrelliert. Eine sehr spekulative Exaktwissenschaft ... Aber da der CIA ja auch andere Aufgaben erfüllt, trauen selbst die Broker-Firmen diesen Zahlen nicht ganz. So gibt es heute unabhängige Ernte-Überwachungssatelliten, die von den großen Broker-Analyse-Firmen mitbenutzt werden. Deshalb gibt es verschiedene Zahlen. Deshalb auch blüht die Spekulation. Ein Spiel. Für das Kalenderjahr 1982 hat F. O. Licht folgende Schätzungen vorgelegt:

- Der sowjetische Plan hatte ein Ernteziel von 8,666 Millionen Tonnen Zucker gesetzt.
- Die Rübenernte wurde auf 78 Millionen Tonnen Rübenzucker geschätzt. Bei einer Ausbeute von ca. 10 % ergibt das einen Rohwert von 7,1 Millionen Tonnen.
- Daraus resultieren folglich 6,5 Millionen Tonnen Weißzucker.
- Der Einfuhrbedarf beträgt demnach 6 Millionen Tonnen.

Die Sowjetunion extrahiert den Zucker aus Rüben. Sie pflanzte 1981/82 eine Fläche von 3,633 Millionen Hektar an. 1976/77 waren es 3,17 Millionen Hektar.

Bei diesen Zahlen muß sofort der relativ geringe Ertrag aus der bebauten Fläche auffallen:

	1976/77	1979/80	1980/81	1981/82
Tonnen Ertrag je Hektar				
UdSSR	24,4	20,2	17,3	16,7
BRD	44,8	45,2	46	52,5
Schweiz	47,8	55,8	50,5	62,5
Tonnen Rohzuckerwert je Hektar				
UdSSR	2,91	2,07	1,93	1,63
BRD	6,83	7,65	7,16	7,95
Schweiz	7,56	8,43	7,83	9,34
Zuckerausbeute in Prozent vom Rohzuckerwert				
UdSSR	12,6	12,1	11,1	10
BRD	15,2	16,6	15,4	15
Schweiz	15,8	15,1	15,6	15

Vielleicht ist es begreiflich, daß die Sowjetunion in Surchandaja (hin zur afghanischen Grenze) Großversuche mit Zuckerrohr unternimmt. Vielleicht ist bei einem solchen Hektarertrag doch das Land zu kostbar für Zucker, so daß langfristig intern der Zuckeranbau vermindert und mehr auf dem Weltmarkt gekauft wird. Die Zuckeranalytiker haben errechnet, daß durch die tiefen Weltmarktpreise und geschickte Einkäufe die UdSSR gewaltig einspart, so daß insgesamt in einer Mischrechnung der sowjetische Zucker einer der billigsten ist.

Offenbar gibt es in der Sowjetunion zwei Denkströmungen (ähnlich wie bei uns):

Die eine vertraut dem Weltmarkt und hat in den letzten Jahren recht erhalten. Diese Schule sagt: «Der Westen hat einen solchen Zuckerüberschuß, daß er immer verkaufen wird.» Die andere Strömung ist die der Skeptiker und Beängstigten, die immer wieder vor einem westlichen Embargo warnen. Die UdSSR lebt zu großen Teilen von der «Embargo-Angst». Diese Schule propagiert Selbstversorgung.

Heute besteht wohl eine Mischung beider Richtungen. Bei niedrigen Weltmarktpreisen wird tüchtig eingekauft, und niemand ist sicher, ob nicht auch auf Lager, denn über Lagerhaltung und -bestände besitzen wir überhaupt keine Daten. Es wird bloß vermutet, daß die UdSSR bis anhin Lagerhaltung sträflich vernachlässigt hat. Aber ob die Wirklichkeit nicht anders ist und die Sowjets diesen Glauben dem Westen gleichsam als psychologische Kriegsführung lassen – darüber kann bloß spekuliert werden.

Die Sowjetunion steht nicht allein da, und für sie sind Verbündete genauso wichtig wie für Europa oder die USA. Das sowjetische Zuckerdefizit kann teilweise innerhalb des Comecon ausgeglichen werden. Die Verbindung zu Kuba ist geradezu auf der Zuckerbasis lebenswichtig geworden.

Innerhalb der sozialistischen Marktwirtschaft kann *Polen* Zucker in die

Waagschale werfen. Im Zuckerjahr 1981/82 haben die Polen eine Rekordernte von 1,83 Millionen Tonnen erreicht (1980/81: 1,13 Millionen Tonnen; 1979/80: 1,58 Millionen Tonnen). Trotzdem haben sie den Zucker rationiert und auf 18 kg pro Kopf und Jahr festgesetzt. So konnte Polen einen «Überschuß» von 280000 Tonnen exportieren. Das meiste floß in das Comecon. Über Preise ist nichts bekannt. Zudem wird mit der UdSSR meistens getauscht. Beobachter glauben, daß die Sowjetunion selbst ihren Verbündeten gegenüber ihre Industriewaren sehr hoch verrechnet und Rohstoffe zu einem bloß geringfügig aufgebesserten Weltmarktpreis von den Partnern abnimmt. Da scheint sich also die UdSSR sehr marktgerecht zu verhalten.

Die besondere *Beziehung der UdSSR und Kuba* wird sowohl von den USA als auch von der EG mit Mißtrauen betrachtet. Ab und zu erinnert es einen an den Raketenkrieg. Der Westen will auf keinen Fall den Osten verstehen. Tun die Sowjets das gleiche wie die Amerikaner, dann ist das anders, böse, maliziös und immer der Grund der Unruhe. So wurden an der ersten Sitzung zum Zuckerabkommen in Genf Anfang Mai 1983 immer wieder die Russen für das Chaos auf dem Weltzuckermarkt verantwortlich gemacht. Ihre Sondervereinbarungen würden den Weltmarkt durcheinanderbringen, sagte laut *Wall Street Journal* (6. 5. 83) der Sprecher der amerikanischen Delegation. Er verlangte den Einbezug der kubanischen Lieferungen an das Comecon in ein neues Zuckerabkommen. Auch die *Neue Zürcher Zeitung* vom 21. 5. 1983 schreibt von den «undurchsichtigen Tauschgeschäften zwischen Kuba und Osteuropa» und ihren Auswirkungen auf die bisherigen wirkungslosen Abkommen. Auch die EG legte drei Bedingungen für ihre Teilnahme an einem neuen Abkommen auf den

Zuckerernte, Ein- und Ausfuhr der Ostblockländer

	1981/82 **Ernte** in 1000 t	**1981 (Handelsjahr)*** **Einfuhr**	**Ausfuhr**
		in 1000 t Rohzuckerwert	
Bulgarien	150	267	3
DDR	747	277	108
Jugoslawien	859	169	1
Polen*	1848	180	14
Rumänien	663	215	29
Tschechoslowakei	729	101	213
Ungarn	580	76	16
UdSSR	6000	5204	183

* Zucker- und Handelsjahr sind sich nicht gleich. Deshalb divergieren die Zahlen von Polen gegenüber oben:

1981/82	Erzeugung	1848
	Einfuhr	60
	Ausfuhr	200

Zudem wird in der Statistik mit Rohzuckerwert gerechnet. Im übrigen wird es offensichtlich, daß der Ausnahmezustand in Polen zu einer starken Vergrößerung der Zuckerimporte führte.

Tisch. Zwei davon waren ebenfalls ein Stachel gegen die UdSSR. Die Bedingungen lauten:

1. Lösung des Problems der Substitutionserzeugnisse, insbesondere der Isoglykose;
2. Berücksichtigung der Sonderabkommen (Beispiel Kuba–UdSSR);
3. Regelung der Frage der Pseudoimporteure, die in Wirklichkeit Nettoexporteure sind (Beispiel UdSSR).»

(EG-Pressedienst, Febr. 1983)

Im Pressecafé der UNO in Genf sagte während der ersten Verhandlungsphase zu einem Abkommen im Mai ein UNCTAD-Sachbearbeiter: «Es ist unglaublich und wirklich anachronistisch, daß das Zuckerproblem kein Nord-Süd-Problem sein soll, sondern ein Auswuchs aus dem Ost-West-Konflikt.» Ein weiterer Ausspruch: «Die Verhandlungen laufen in einem Klima voller Verlogenheit ab. Die gleichen Leute, die am Börsenmarkt spekulieren und letztlich über den Unsicherheitsfaktor UdSSR ganz glücklich sind, machen hier auf den Sitzungen die Sowjets zu den Sündenböcken des Zuckerchaos.» Soll nun die Menge Kubas an die Sowjetunion eingeschlossen werden oder nicht? «Es kommt mir vor», sagte derselbe Fachmann, «wie das Spiel mit den französischen und britischen Raketen und ob sie zählen oder nicht ...»

Keiner ist ein Heiliger auf dem Zuckermarkt. Auch die Sowjetunion nicht. Interessant ist nur, daß die UdSSR nicht anders als alle anderen handelt. Beim Zucker scheint es zwischen kapitalistischer und sozialistischer Wirtschaft keinen Unterschied zu geben. Wer dabeisein will, muß ein durchtriebenes Spiel spielen.

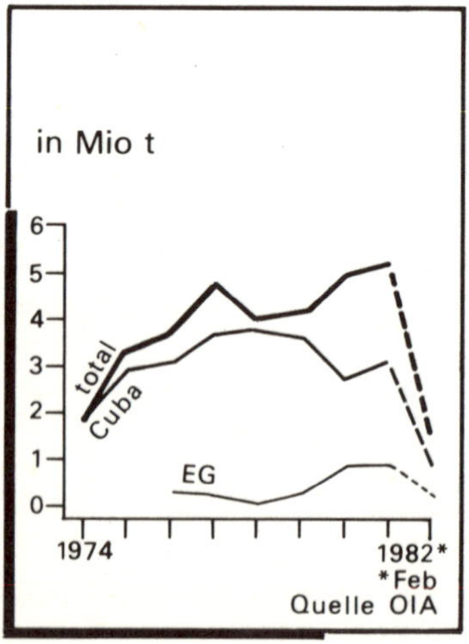

Importe der Sowjetunion an Zucker

V Wege aus dem Zucker

(K)ein Fazit

Zum Abschluß will ich keine fixfertigen Patent-Aktions- und Kochrezepte anbieten. Es folgen vielmehr Denkanstöße oder *Pensées*, Auf- und Ausrufe, *provocationes*. Thesen werden angeschlagen, und es wird zur Disputation geladen. Mit vielen Menschen in Entwicklungs- und Industrieländern hoffe ich auf eine Zucker-Reformation. Man kann diese Thesen aber genauso als Fragen oder *quaestiones disputatae* bezeichnen. Sie ergeben sich aus dem gesammelten und im Buch vorgelegten Material. Es sind nicht in philosophisch-westlichem Sinn fortschreitende Gedanken, sondern Einkreisungen, bei denen ein Gefühl des Protests und auch der Wut, aber noch viel mehr des Aufstehens und Aufstandes geweckt werden soll.

Zucker in der Volkswirtschaft

- Zum Wohle einer gesunden Wirtschaft und soliden Politik muß Zucker radikal unter die Lupe genommen werden. Überall hat sich nämlich ein klebriger Freund eingeschlichen.

- Zucker muß wieder der Moral und Ethik unterstellt werden: Sein freier Siegeslauf kann nicht mehr verantwortet werden.

- Ist der Zucker wirklich ein Volksgut, dann muß er auch wirtschaftlich und politisch endlich demokratisiert werden. Ist das nicht möglich, dann soll er der Subversion angeklagt werden.

- Jedes Land soll seinen Zucker haben, aber es ist ein Unsinn, für jedes – auch das kleinste – Land eine Zucker-Autarkie aufzubauen. Vor dem Zucker kommt die Kost des Lebens, deshalb haben nationalökonomisch betrachtet Grundnahrungsmittel den Vorrang. Der Zucker ist ein süßer Luxus, der nicht überall die Nase zuvorderst halten sollte.

- Zucker ist so vieles in einem, daß er niemals nur wirtschaftlich erfaßt werden kann. Daher kann Zucker nie über Markt und Wirtschaft allein in den Griff genommen werden. Zucker darf daher nicht nur der Land*wirtschaft* eingeordnet werden; er sollte mithelfen, eine neue Agrar*kultur* aufzubauen. Die moderne Wirtschaft ist eindimensional allein auf Wachstum und Gewinn ausgerichtet. Eine Agrarkultur vermag den Zucker selbst als Nebensache wichtig zu nehmen und an den richtigen Platz des Genusses zu setzen.

- Zucker gibt es heute längst genug; er braucht keinen Staatsschutz mehr. Zum Rohr gesellte sich die Rübe; dann wurden beide vom Saccharin bedroht. Heute stehen bald gegen hundert Austausch- und Ersatzstoffe zur Auswahl. Die Glaubenskriege um Zucker und Süßstoffe, um gesund, gesünder, am gesündesten etc. zu leben, werden nicht zum Wohl des Konsumenten, sondern als Machtkampf geführt. Nach den Glaubenskriegen kamen die Zuckerkriege. Wir brauchen eine Zucker-Abrüstung.

- Der Zucker hat schon viele Staaten erobert, und dann muß ihm als dem «süßen Kalb» geopfert werden. Zuckerkonsum ist zu oft zum Akt der Landesverteidigung und ein Zeremoniell der Staatserhaltung geworden. Daher muß endlich eine langfristige Befreiung oder Entkolonisierung des Zuckers eingeleitet werden. Erst wenn der Staat sich vom Zucker löst, wird es auch dem Bürger und Konsumenten möglich, vom Zucker mehr Abstand zu gewinnen.

- Wenn der Staat derart gigantische Leistungen und Subventionen erbringen muß, wird der Zucker zu mächtig – allein schon deshalb, weil sich die Staatsmacht immer wieder um ihn kümmern muß. Die Subventionen führen zu eigenen Bürokratien und mit ihnen verbunden zu verwalteten Privilegien. Genauso verhält es sich in der Verlängerung zum sogenannten Zuckerbauern, der der letzte in einer Kette ist. Subventionen bedingen früher oder später den Protektionismus, und dieser hat im Bereich des Zuckers eindeutig zur Konzentration der Zuckerwirtschaft geführt.

- Subventionen und Protektion können im Agrarbereich sinnvoll sein; sind es jedoch längst nicht mehr im Sektor Zucker. Im europäischen Raum sind Zukkerbauern und -industrie längst zu neuen Eliten und Privilegierten – zur Zukkerklasse – geworden. Gerade ein derart schädliches und dubioses Produkt wie der Zucker soll auf dem Markt im Wettbewerb seinen Platz erkämpfen, nichts gestützt oder gar noch mit dem Heiligenschein umgeben werden.

- Das Argument, die Zuckerrübe sei für die Fruchtfolge notwendig und erhöhe den Getreideertrag, ist Augenwischerei. Natürlich ist das Anpflanzen von Zuckerrüben ökologisch sogar löblich; der springende Punkt jedoch ist die Frage: Was macht der Erzeuger mit seinem Produkt? Der Weg müßte so verlaufen: Rüben wieder als Viehfutter verwenden, um dadurch weniger Zusatzfutter importieren zu müssen.

- Subventionen werden zur Garantie, und diese erlaubt Spekulation. Deshalb wohl ist die Zuckerbörse in den letzten Jahren so stark angewachsen. Niemand traue dem Argument, Spekulation helfe dem Kunden, oder gar: Spekulation verbillige das Produkt. Wer zahlt denn das Dazwischen?

- Eine weitreichende und weitsichtige Entkolonisierung des Zuckermarktes hat noch nicht begonnen. Das gilt für beide Seiten. Die Betroffenen oder Opfer müssen sich bewußt sein, daß eine äußere Unabhängigkeit, ein neuer Name oder selbst eine neue einheimische Spitze wenig bringt. Längst sind nämlich alle dem Kolonisator weit näher gekommen, als gemeinhin angenommen wird. Sie haben seine Seele, seine Art, seine Sprache, seine Denkweise kopiert. Die einstigen Kolonisatoren auf der anderen Seite müssen sich bewußt werden, welch bitteres Zuckererbe sie hinterlassen haben. Diese Grundlagen allein schon zwingen zu einem gemeinsamen Vorgehen. Die Beziehung zwischen heutigen Entwicklungsländern (Kolonien) und Industrieländern muß mit neuer Phantasie angegangen werden.

• Abkommen im Rohstoffbereich sind viel zu konventionell, um eine neue Wirtschaftsordnung des Zuckers zu begründen. Sie führen den Status quo weiter, sichern ihn ab, verhärten. Kein Abkommen kann zu einer Entflechtung führen. Zucker muß in vielen Ländern der Dritten Welt nicht ausgebaut, sondern abgebaut und diversifiziert werden. Abkommen und Quoten sind dazu die allerschlechtesten Hilfsmittel. Präferenzabkommen wie dasjenige zwischen EG und AKP sind noch viel gefährlicher. Sie spalten zuerst einmal die Entwicklungsländer, da nur wenige diesen vergünstigten Marktzugang erhalten. Das schafft Mißtrauen und böses Blut. Präferenzabkommen mit garantiertem Markt fördern Korruption und Betrug (wie im Falle der Elfenbeinküste).

• Es wäre wohl vernünftiger gewesen, statt in Tansania eine so kostspielige Zuckerindustrie als Entwicklungshilfe aufzubauen, der Insel Mauritius mit ihrer Zuckermonokultur, die der Kubas vergleichbar ist, den Markt in Tansania zugängig zu machen, d. h., diese Ausfuhr und Einfuhr aufbauen zu helfen. Das EG-Präferenzabkommen trägt niemals zu einem Bemühen bei, in den Nachbarländern seinen Zuckermarkt zu suchen.

• Es gibt längst auch dezentrale Zuckerabkommen. Diese wären – wenn schon – weiterzuentwickeln. Wer will denn alles – und warum – unter einen Hut bringen? Heute herrscht zwischen den Zuckerblöcken ein Rohstoffkrieg. Auch Abkommen sind das längst nicht mehr. Das ist Blockbildung und gehört daher nicht zur Volks-, sondern zur Kriegswirtschaft.

• So wie der Zuckermarkt heute in Wirklichkeit lebt, ist es eine Farce *national*-ökonomisch zu verhandeln. Wieso sollen hier sozusagen die Staatsspitzen am Verhandlungstisch sitzen? Nur weil Lobby und Werbung sie alle glauben gemacht haben, ohne Zucker gäbe es keine Nation?

• Hin- und Her-, Ab- und Wegschieben von Zucker ist längst zu einer volkswirtschaftlichen Fragwürdigkeit geworden. Selbst wenn der Zucker ein großer Energiespender sein soll, fällt die End-Energiebilanz mager aus. Wer die Last des Zuckers hat, muß zu Hause beginnen, dann mit den Nachbarn ins reine kommen, eher austauschen als verkaufen, ergänzen statt aufblähen.

• Zuckerwasser in Treibstoff zu verwandeln ist im großen und weltweit heute unverantwortlich, aus ökologischen Gründen und erst recht, solange es an Grundnahrungsmitteln mangelt. Im kleinen und dezentral kann der Weg der Energiegewinnung beschritten werden, vor allem wenn es um den langsamen Abbau einer Zuckermonokultur geht.

• Integrierte Zuckerfabriken (wie in Tansania) sind als Betrug in der Entwicklungsarbeit zu entlarven. Dem Bauern muß überall das Recht gewährt werden, neben dem Rohr- und Rübenanbau auch seine eigene Nahrung erzeugen zu dürfen.

• Die Bauern und Arbeiter, beide, haben das Recht, sich zu organisieren. Es braucht lokale Genossenschaften und Gewerkschaften, um sinnvoll an der Basis agrarkulturelle Verhandlungen für mehr Gerechtigkeit und weniger Monokultur zu führen. Wenn sich der Betrieb nur mit Ausbeutung aufrechterhalten läßt, soll er sofort geschlossen werden, denn Zucker gibt es genug. Die Bauern-

und Arbeiterfrage geht bei Abkommensverhandlungen ganz unter. Wen vertreten eigentlich die nationalen Delegationen? Natürlich die Großindustrie und -verbände.

• Weltweit gehören die Zuckerfabriken und -raffinerien zu den ökologisch fragwürdigsten Anlagen. Sie sind sofort kritisch unter die Lupe zu nehmen. Vor allem dort, wo die Fabriken übermäßigen staatlichen Schutz erhalten. Vor allem muß die ganze Wasser- und Abwasser-Frage im Lichte der neuen Einsichten der Begrenzung neu studiert werden.

• Weltweit ist die Rechnung mit dem Zucker erst dann gemacht, wenn alle Kosten nach dem Verursacherprinzip und einer sozialen Bilanz (mit allen Folgekosten) in die Buchhaltung einbezogen werden. Weitere Zuckerprojekte müssen ab sofort weltweit sistiert werden, bevor nicht der Nutzen und die Folgen sachlich und von unabhängigen Instanzen untersucht und berechnet sind.

• Experten und Wissenschaftlern ist primär zu mißtrauen, denn es gibt heute – selbst im universitären Bereich – kaum mehr freie und vor allem unabhängige Wissenschaftler. Sie müssen und wollen ihr Brot verdienen, und «wes Brot ich ess', des Lied ich sing'».

• Am allerschlimmsten ist es im Ernährungsbereich. Vor lauter kleinen Teilen geht niemand mehr das Ganze an. Das heißt nicht, daß alles, was gesagt, gelehrt und geschrieben wird, falsch ist; aber es fehlt der Zusammenhang, die echte Korrelation, die ein Indiz ergibt. Was im Recht heute der Fall ist, gilt auch als Gefahr für die Wissenschaft: statt sturer Paragraphenreiterei die Fixierung auf kleine Teilchen, um vielleicht naturwissenschaftlich eine Kausalforschung zu machen. So wie der Zucker ist der Wissenschaftler ein Opfer der Monokausalität geworden.

• Noch viel größere Vorsicht gehört sich Journalisten gegenüber. Nicht weil sie popularisieren, sondern weil die meisten nach den Lippen anderer schreiben müssen. Jede Popularisierung ist zu begrüßen. Verketzern wir Journalisten, die solches wagen, nicht, sowohl der Wissenschaftler wie der Firmendirektor lassen sich nicht gerne in die Suppe gucken. Sogenannte wissenschaftliche Worte können genauso verdunkeln wie Geschäftsberichte. Der Leser und Hörer der heutigen Medien hat Anrecht auf bessere Informationen über den Zucker als bloß die Börsenberichte. Auf dem Hintergrund, den heute die Medien vermitteln, ist kein Entscheid weder im politischen noch im ökonomischen Bereich möglich und zu verantworten. Wissenschaft und Medien versagen als Vermittler und verunmöglichen so dem Bürger (der sie auch noch zahlt) eine Analyse. Die Entscheidungsgrundlagen für eine Demokratie fehlen. So wie andere Produkte, aber allen voran vergiftet der Zucker die Politik. Er ist schon daher gefährlich – vielleicht noch gefährlicher als im gesundheitlichen Bereich.

• Es gilt, das Innere des Zuckers neu zu sehen, ihn sinnvoll – sowohl wirtschaftlich wie soziokulturell – zu orten. Dabei kann der Zucker kaum der Verlierer sein. Er wird befreit und erhält so wieder seine eigentliche Qualität zurück.

Signale für Konsumenten

- Der Konsument darf sich nicht bloß am Preis, sondern muß sich auch am Volkswohl orientieren. Wird dem Bauern und Arbeiter in der Produktion ein gerechter Lohn bezahlt? Dürfen diese sich organisieren, um vereint ihre Rechte zu verteidigen? Stammt das Produkt aus einem schädlich oder monokulturell bearbeiteten Boden? Etc.

- Zucker kann und darf nicht billig sein. Auch der Konsument muß an den ungeheuren sozialen Kosten des Zuckers mittragen. Solange Zucker so billig ist, muß er als Köder bezeichnet werden. Seinen wahren Preis zahlt der Konsument ja ohnehin irgendwo. Wird sein Preis mit Steuergeldern verbilligt, so ist er schlichtweg ungerecht denen gegenüber, die mit Zucker verantwortungsbewußt umzugehen versuchen.

- Da heute vor allem Fertigprodukte angeboten werden, muß der Konsument überall den versteckten Zucker in Kauf nehmen. Sehr oft wird dieser nicht deklariert oder höchstens mit für den Konsumenten verwirrenden oder nichtssagenden Begriffen. Es muß unbedingt und mit aller Härte von allen Firmen mehr Transparenz in Sachen Produktherstellung und -zusammensetzung verlangt werden. Für eine Energie- und/oder Ökobilanz ist auch die Angabe der Ursprungsorte der verwendeten Produktbestandteile notwendig.

- Nicht alles, was sich als verfeinert und veredelt oder als raffiniert und bearbeitet gibt, ist besser. Meistens ist das Gegenteil der Fall. Stark bearbeitete Produkte haben einen geringeren Nährwert, sind energieintensiv und sind Ausdruck des schonungslosen Umgangs mit der Umwelt.

- Naturprodukte wie Honig, Früchte, Algen (und selbst Zuckerrohr) können unseren Zucker weitgehend ersetzen und sind viel gesünder und vitaminreicher. Dazu ist der Umgang mit ihnen sogar noch phantasievoller als bloß mit Zucker.

- Zugunsten seiner eigenen Gesundheit wie der Gesundheit der Natur muß der Konsument zu einem anderen Einkaufs- und Eßstil übergehen. Zucker spielt dabei eine Schlüsselrolle. Wichtig ist, daß unser Essen wieder vielseitiger und vielfältiger wird, denn heute sind nach Untersuchungen des Ernährungsinstituts von Tutzing (1983) 80% der Bevölkerung mit Nährstoffen, besonders Vitaminen und Spurenelementen, unterversorgt. Schuld daran ist die einseitige und die (fast zynisch) sogenannt veredelte Nahrung – *allem voran der Zucker.*

- Zucker ist der Hauptangeklagte. Er gibt rasch Energie ab, putscht hoch, aber läßt auch sehr bald das Hoch wieder absacken, und schon muß wieder neu gegessen werden. Kommt es dann – besonders bei Kindern und Jugendlichen – zur Hauptmahlzeit, dann ist zuwenig Hunger(gefühl) vorhanden, es wird nicht richtig gegessen, aber kurz danach muß wieder etwas geschleckt werden ... Das ist der Zuckerteufelskreis der Ernährung.

- Sportler, die für Süßwaren, Süßgetränke oder gar Zucker werben, handeln verantwortungslos. Langfristige Leistung ist nicht mit Zucker zu erreichen. Dafür kommt nur eine gesunde und reichhaltige Kost in Frage.

Kind und Zuckerkonsum

• «Verführung zum Süßen ist Ausbeutung der Kinder», stellt die staatliche Marktüberwachungskommission FTC in den USA fest. Ein langes Hearing konnte trotz des wohlwollenden Gremiums dieser Kommission die Zuckerindustrie in den USA nicht reinwaschen. Bei uns ist es genauso. Das Kind wird in der Werbung schamlos mißbraucht. Im Supermarkt selbst wird das Kind ausgebeutet, und die Eltern werden erpreßt, indem mittels erfolgversprechenden Plazierungen Zucker «handgreiflich» wird. Auch im Laden um die Ecke soll dem Kind beim Einkauf kein Bonbon zur Belohnung gegeben werden.

• Zu Hause sollte das Kind nicht mit Zucker erzogen, beschwichtigt, beruhigt, belohnt oder beschenkt werden. Zucker ist ein ganz verfehltes Erziehungsmittel. In Kindergärten und Schulen sollten keine Süßigkeiten oder stark zuckerhaltige Nahrungsmittel oder Genußmittel verkauft oder abgegeben werden.

• Im Verlaufe der letzten Jahre haben verschiedentliche Gruppierungen und einzelne verlangt, daß ein Verbot der Fernsehwerbung für Kinder und mit Kindern im Zusammenhang mit Zucker ausgesprochen wird.

• Unbarmherzig ist gegen die vielen Verkaufsautomaten mit Süßigkeiten vorzugehen. Gegen Spielautomaten wird immer wieder die Moral herbeizitiert. Warum schweigt man beim viel gefährlicheren Zuckerautomaten?

• Die geheimen und gemeinen Verführer stehen an allen Ecken. Sie erschweren nicht nur, sondern verunmöglichen eine Erziehung der Kinder für eine vernünftige und gesunde Ernährungsweise. Die Eltern müßten längst zu einem Aufstand gegen ihre Entmachtung aufgestanden sein.

• Bereits unter Kindern gibt es heute viele Diabetiker. Die anderen Kinder sollten mit dieser Krankheit konfrontiert werden und lernen, bei Anwesenheit von zuckerkranken Kindern aus Rücksicht nicht zu schlecken. Weil heute aber auch viele Erwachsene entweder zuckerkrank oder durch Zucker zu dick geworden sind, müßten Handel und Werbung mehr auf diese starke Minderheit Rücksicht nehmen.

• Auf allen Ebenen muß eine bessere Information gefordert werden, denn nur so können die Konsumenten die verschiedenen Zusammenhänge sehen lernen. Das beginnt in der Schule und soll sich fortsetzen in den verschiedenen Medien. Aber all das ist heute durch den immensen Druck der verschiedenen Zucker- und Süßwarenlobbies nicht möglich. Solidarische Konsumenten aber könnten bei ihrer Zeitung, dem Radio oder dem Fernsehen mehr Einblick fordern.

• Information frei und breit gestreut nützt nicht viel, wenn sich die Informierten nicht organisieren und selbst zu kämpfen beginnen. Information muß in Aktion übergehen.

• Es wird zu Konflikten kommen. Diese sollten jedoch auf der sachlichen Ebene ausgetragen werden. Die Zuckerindustrie arbeitet gegen ihre Gegner mit einigen unsachlichen Leitsätzen, die man kennen muß, zum Beispiel:

- Dementiere alles, was dein Gegner nicht lückenlos beweisen kann (und dieses Buch zeigt, daß dies niemals möglich ist).
- Widerlege vor allem das, was dein Gegner nicht behauptet hat.
- Greife ein nebensächliches Detail heraus und spiele es voll gegen den Gegner aus (etwa eine falsche Zahl, ein fragwürdiges Foto).
- Beweise, daß alles schädlich sein kann und auch in der Natur Schadstoffe enthalten sind.
- Laß ein Gefälligkeitsgutachten von einem dir wohlgesinnten Wissenschaftler erstellen und zitiere es immer wieder.
- Dasselbe mache bei Redaktionen und Journalisten.
- Wird ein Gegner penetrant, versuch ihn in Mißkredit zu setzen, indem du in seinem privaten Leben nach Schwächen nachforschen läßt oder ihn der Systemveränderung verdächtigst.

Über solche Methoden der Lobbies muß der Konsument besser aufgeklärt sein. Erst dann kann er sich gegen die Manipulation wehren, die mit Zucker täglich stattfindet.

Generelle Grundsätze

Wage, wieder in Zusammenhängen zu denken! Überlegen und abwägen ...

Ob du das vernetztes oder kybernetisches Denken nennst, solange du den Mut hast, nicht emotional dem erstbesten Argument zu folgen, sondern zu fragen, was die Folge deines Schrittes sein wird und wie du dann auf seine Auswirkungen erneut reagieren willst, bist du auf dem rechten Weg. Du kannst nicht bloß an dich allein denken. Du lebst in einer menschlichen Gesellschaft, hast Nachbarschaft, bist von Mitwelt umgeben, besitzt eine Nationalität und lebst – ob du es willst oder nicht – mit allen Menschen in allen Kontinenten irgendwie verknüpft oder eingespannt. Mit dir wird Politik, Wirtschaft, Religion, Gesellschaft, Kultur ... und Geschäft gemacht. Aber auch du hast mehr in deinen Händen, als du gemeinhin annimmst:

- wenn du an Mahatma Gandhi denkst,
- wenn ein einziger Spion ein Land verraten soll,
- wenn ein Dutzend junge Menschen einen Nestlé-Konzern nervös machen,
- wenn ein paar Dichter den DDR-Staat erschüttern sollen ...

Je einseitiger und verengter du selbst denkst, desto größer ist auch dein Beitrag zur Monokultur.

Monokulturen gibt es überall dort, wo entweder monoman (religiös, politisch, wirtschaftlich etc.) oder monokausal (alles auf eine einzige Ursache zurückführend) gedacht wird. So gibt es nicht nur die Zuckerrohr- und -rübenmonokulturen, sondern auch eine rein ökonomistische monokulturelle Denkweise, monokulturelle Lobbies (die bloß noch ihre Interessen sehen und fanatisch verteidigen), aber auch monokulturelle Wissenschaftler (die nur Krebs, nur Karies, nur Markt, nur Zahlen etc. sehen) – und monokulturelle Gegner des Zuckers.

Im Bereich der Verbesserung der Rohstoff-Austausch-Bedingungen hilft die Sündenbocktheorie nicht zu einer Veränderung. Nachdem du die Splitter in den Augen aller anderen festgestellt hast, such nach deinem eigenen Balken.

Natürlich gibt es die Zuckerlobby, die raffinierte Zuckerwerbung und einen fast allgegenwärtigen Zuckermarkt. Aber jemand muß sich verführen lassen. Und das bist du ... und bin ich. Du mußt auch etwas tun, um den Zucker zu entmachten. Du kannst den Konsum reduzieren, kritischer einkaufen oder dich auch einmal zuckerpolitisch zur Wehr setzen. Trau nicht jedem Wissenschaftler und Journalisten aufs erste Wort (oder auf den ersten Blick), und vor allem, lies und hör nicht nur das, was dich bestätigt. Dem sehr komplexen und komplizierten Zuckerproblem ist mit keinem kalten Krieg, sondern nur mit größter Offenheit und Denken in Rückkoppelungen beizukommen.

Wenn du ohne ein bestimmtes Produkt nicht mehr leben kannst, frag nach den Wurzeln!

Auf den Zucker übertragen, mußt du dich befragen: Vielleicht belügst du dich selbst, indem du dir einredest, Zucker gehöre wie Brot und Wasser zum Leben und sei daher ein Grundnahrungsmittel. Vielleicht bist du zuckersüchtig geworden, auch wenn man dir einredet, es gäbe keine Zuckersucht. Vielleicht ist Zucker für dich eine Art von Psychopharmakon geworden, weil du vereinsamt, liebesbedürftig oder verbittert bist.

Vielleicht magst du ihn einfach, und es dürfte leichtfallen, ihn liebevoller, mit mehr Maß und Rücksicht zu behandeln ...

Der Zucker hat unser Leben vergiftet; um ihn wieder in den Griff zu bekommen, braucht es vorrangig nicht Gesetze und Verbote, sondern einen neuen Lebensstil: mit Entzug, Entwöhnung, Säuberung.

Die Zuckerfrage ist längst nicht nur eine landwirtschaftliche, handels- und entwicklungspolitische oder gar ernährungstechnologische Frage, sondern eine, die die Lebensform als Ganzes betrifft. Es beginnt mit deiner Einstellung zur Geschichte (wie weit hast du an den Fehlern der Väter und Mütter verantwortlich mitzutragen?), Landwirtschaft (wozu produziert der Bauer vornehmlich: Nahrung oder Geld?), Verarbeitung (glaubst du auch: je verfeinerter, desto teurer und daher um so besser?), Markt (alles aus jeder Gegend der Welt muß zu jeder Zeit für dich erhältlich sein) oder zur Ernährung (husch, husch und daher quick, quick mit Fertigprodukten und viel verstecktem Zucker). Wer in Zusammenhängen denken lernt, nimmt Rück-Sicht auf Mit-Mensch und Mit-Welt, auf Nachbarn und Umwelt, auf Tradition und Zukunft, auf Lokales und Globales.

Du allein kannst keinen neuen Lebensstil schaffen, dazu braucht es die Mithilfe von Institutionen. Eine Wolke allein verändert keine Wüste.

Du kannst wohl deine Haltung und Einstellung zu Leben und Zucker ändern und damit einen Ausgangspunkt schaffen. Aber du mußt andere gewinnen und mitnehmen. Du mußt aktiv werden. Erst dann werden Institutionen zu reagieren beginnen und sich ganz langsam und träge den «neuen Trends» anpassen. Die Konsumentenbewegung muß stärker werden und sich auch auf ganzheitliche Fragen einlassen, um vom Spießbürgerlichen und Kleinlichen befreit zu werden ...

Die Erziehung muß den Zucker anders in den Griff nehmen ...

Der Staat muß andere Qualitätskriterien schaffen. Und so weiter ...

Die Frage nach neuen Maßen und Maßstäben wird vordringlich – gerade beim Zucker.

Nochmals sei an Paracelsus erinnert, der schrieb: «Nichts ist Gift. Alles ist Gift. Allein die DOSIS macht, daß ein Ding Gift ist.» Sofort muß jedoch daran erinnert werden, daß sowohl Zucker als auch Gift nicht bloß in bezug auf den Menschen gesehen werden dürfen. Zucker ist nicht nur für dich ein Gift, sondern auch für die Mit-Welt (d. h. für Gesellschaft und Natur). Deshalb mußt du fragen, wieviel Zucker erträgt es – sowohl bei dir als auch in der Natur. Wenn selbst relativ klein, dein Zuckerkonsum gibt Produktionsanstöße, hilft mit zur «sugarization» von Land; genauso jedoch mag dein Auto Anlaß sein, daß eines Tages Zucker als «energy farming» angebaut wird. Du mußt daher messen, abmessen, bemessen, ermessen lernen.

Jede Monokultur, jedes Monopol, jede Konzentration, jede transnationale Firma, jede Großräumigkeit und (scheinbare) Zeitlosigkeit überschreiten (menschliches) Maß.

Als Korrektiv – gerade auch beim Zucker – versuche es mit weniger, verteilter, vielfältiger, reichhaltiger. Merke dir, daß zu große Distanz Bezugslosigkeit schafft. Es ist zwar leicht, vom Floriansprinzip zu reden und zu behaupten, hätte man stets auf die lokale Bevölkerung und auf einzelne Rücksicht nehmen müssen, wo ständen wir heute, dennoch kann mit Sicherheit gesagt werden, wir hätten dann weder diese Abgründe zwischen Nord und Süd noch die sozialen Spannungen in den «entwickelten» Ländern (wobei die USA das krasseste und tragischste Beispiel sind). Aber auch die Kurzlebigkeit hat dich vergessen gemacht, daß du langfristig an Nachkommen und Nachwelt denken solltest. «Kleineres Maß» muß und kann nicht «kleinlicher» heißen.

Das Zuckerproblem muß sowohl großräumig neu angepackt als auch im kleinen Raum neu konzipiert werden.

Zucker ist längst weder Problem der freien, privaten Nachfrage noch ein nationales Problem der Selbstversorgung oder der Kriegswirtschaft. Hier wird manipuliert und mit Schlagworten bombardiert. Erstens heißt Selbstversorgung nicht, daß jeder alles zu jeder Zeit haben muß. Zweitens ist Selbstversorgung niemals auf bloß nationale Grenzen anzuwenden: Im Grunde werden hier Osternester mit Supermarktgestellen gleichgesetzt und vermischt. Drittens betrifft Selbstversorgung nur das Lebensnotwendige oder Grundnahrungsmittel. Zucker ist keines von beiden. Gerade deshalb ist die kriegswirtschaftliche Hysterie so verschlagen und verlogen. Zudem – selbst wenn Zucker notwendig wäre – haben wir heute eine Menge von Ersatzstoffen (ob sie teilweise oder mehr gefährlich sind, ist in diesem Moment der Argumentation belanglos). Du gehst also eindeutig einer Lobby auf den Leim. (Vielleicht obsiegt jedoch morgen die Lobby von Saccharin, Isoglycose oder Sorbit.) Falls es je ein kriegswirtschaftliches Argument gab, dann stand es nie im primären Interesse der Kunden oder Konsumenten, sondern der Handelshäuser oder der großen, heutigen transnationalen Firmen; oder der Zuckermarkt selbst wurde zum Kriegsmittel (zwischen England und Frankreich, zwischen Rohr und Rübe). Nachdem du das soziale Glied einer Gesellschaft bist, die gnadenlos kolonisiert hat, um Kolonialwaren zu erhalten, hast du eine Mitverantwortung im globalen Zuckerproblem. Entkolonisierung heißt daher auch eine neue Aufteilung in Räume. Dezentralisierung, Diversifizierung etc. All das geht nur miteinander und zusammen.

Am Zuckerproblem muß zwar sofort und kurzfristig gearbeitet werden, aber es kann nur langfristig gelöst werden. Gerade weil es lange Zeit brauchen wird, ist die sofortige Inangriffnahme so vordringlich.

Was in den berühmten 400 Jahren (seit Kolumbus) entstanden ist, kann geschichtlich nicht von heute auf morgen abgelöst werden. Du kannst jedoch auch nicht aus lauter Radikalität sagen, ich will mit all dem nichts mehr zu tun haben und kopple ab. Du würdest dich dann in Scheinwelten begeben. Nur beidseitig und mit viel Vertrauen kann dieses leidige Zuckerproblem gelöst werden. So müssen bei Verhandlungen (um Abkommen oder Märkte) beide Seiten ihre Positionen relativieren, das Sowohl-als-Auch einbeziehen und auf beiden Beinen zu gehen suchen: Natürlich haben Länder der Dritten Welt das Recht, den Anteil ihres geschichtlich bedingten Zuckers am Markt zu fordern; aber eine neue Generation von Partnern kann auch fordern, daß dieser Schad-Zukker als Monokultur sukkzessive abgebaut werde. Solche Argumente werden heute noch – im einseitigen Denkschema von links und rechts – sofort zu deiner Kategorisierung gebraucht und werden selektiv von den jeweiligen Interssengruppen mißbraucht.

Der Zucker kann und darf nur gebündelt mit vielen Faktoren berechnet und beurteilt werden. Zur Beurteilung des Zuckers benötigst du sowohl eine Öko- als auch eine Sozialbilanz, eine sowohl historische als auch prospektive Schau, eine geistige wie materielle Bewertung.

Wie bei jedem Produkt, so erst recht beim Zucker, mußt du dich nach der Umweltbelastung in allen Positionen erkundigen: als Pflanze im Boden, als Ernte im Durchgang durch die Fabrik mit allen Seitenerscheinungen, dem Transportweg, der Markt-Umwelt und auch in deiner Lebensqualität (so wie Zucker Böden, so zersetzt er deine Gesundheit). Dieselben Aspekte gelten für die Energiebilanz. Selbst wenn Zucker ein so großer Energiespender sein soll, rechne mal nach, was vorher beim Anbau, bei der Bearbeitung, beim Transport, der Lagerung etc. an Energie verschwendet wird. Warum muß Zucker so weiß sein?

Beim Zucker muß endlich mehr an das Verursacherprinzip gedacht werden.

Wer – als Beispiel – an der Erzeugung einer Krankheit verdient, muß an der Wiederherstellung der Gesundheit mitwirken. Gerade beim Zucker sind die sozialen Kosten vielfältig und groß: von den Folgen der Überernährung bis zur Entwaldung und Erosion, von dem Monokulturbetrieb bis zum Zahnschaden. Daraus kannst du den Schluß auf eine Zuckersteuer ziehen (im jetzigen System ein wohl guter Kampf-Ansatz), aber letztlich geht es um mehr Rücksicht, Vorsicht und Einsicht gleich zu Beginn.

Zucker ist längst kein nationales Wirtschaftsprodukt mehr: Daher ist «innere Einmischung» erlaubt und notwendig.

Solange Zucker immer wieder als nationale Angelegenheit deklariert wird, ist keine Lösung in Sicht; isoliert nationalökonomisch kann das Zuckerproblem nicht mehr unter Kontrolle gebracht werden, denn der Zuckerhandel und die Zuckerfirmen sind längst transnational. Genausowenig hilft in einer solchen Supermarktwirtschaft eine nationale Gesetzgebung, um dem Konsumenten mehr Schutz zu bieten. Hier müssen endlich internationale Normen, Regeln und Empfehlungen erarbeitet werden. Diese sollten – aber unter neuen

Bedingungen, weil bisher Industrie und Lobbies das Hauptsagen hatten – einheitliche Bezeichnungen, Richtwerte, Minimalanforderungen etc. aufstellen. Die USA, wo *Washington Food Report* es als selbstverständlich akzeptiert, daß in der wichtigen Food and Drug Administration (FDA), die die Vorschriften entwirft und überwacht, zu je einem Drittel Industrie, interessierte Wirtschaft und Wissenschaft vertreten sind, gilt als Negativ-Beispiel. Zucker und saurer Regen gehören in dieselbe Problemkategorie: Sie kennen keine nationalen Grenzen.

Als gefährlich einzustufende Produkte müssen nicht unbedingt verboten und strafrechtlich verfolgt werden.

Es geht um andere Dosen, Denkweisen oder Massen. Alkohol, Drogen, Tabak und Zucker müssen neu in ein Ganzes eingeordnet oder eingebunden werden. Marihuana, Qat und andere Drogen spielten selbst in Religionen eine große Rolle. Aber nur einer, der einen langen Weg der Askese vorausgegangen war, durfte sie nehmen. Zucker ist – ob es dir lieb ist oder nicht – wie Alkohol, Tabak oder Drogen zu behandeln: mit Maß, eingebunden, ab und zu zum Vergnügen oder Fest.

Der Wahn, daß alles machbar, ersetzbar, heilbar, teilbar und austauschbar sei, führt zur Unmäßigkeit und Respektlosigkeit, die tief an die Substanz der Menschlichkeit greifen.

Wer mit Zucker so unmäßig wie die heutige Welt umgeht, wird nicht nur mitschuldig an der Zerstörung der Gesundheit und Umwelt, sondern selbst der Substanz des Menschen. Daher hat Zucker sogar einen Zusammenhang mit der Verletzung der Menschenrechte. Die propagierte Freiheit der Zuckerwirtschaft ist reiner Zynismus: *Es ist die Freiheit der Zerstörung der Natur und des Menschen.*

Bibliographie

Der Verlag wird nur bei jenen Büchern genannt, die noch auf dem Markt erhältlich sind. Ältere Bücher, die in Bibliotheken ausgeliehen werden können, werden dann erwähnt, wenn sie auch heute noch wichtig sind.

Es werden bloß Bücher, Broschüren und Pamphlete aufgeführt. *Zeitschriften*, die regelmäßig über Zuckerindustrie oder einzelne Länder berichten, sind generell aufgeführt.

Das meiste Material dieses Buches stammt aus meiner seit fast 20 Jahren geführten Dokumentation. Die wichtigsten *Zeitungen* werden angeführt.

H. Ahlfeld: Struktur des Zuckermarktes und Absatzpolitik der Zuckerindustrie der BRD. Frankfurt 1972.

A. Anderfuhren: Die Veränderung in der Zuckerwirtschaft. Am Beispiel Kuba, ca. 1760–1860. Papier am Histor. Seminar, Universität Zürich 1981.

E. Artschwager & E. W. Brandes: Sugar Cane: Origin, classification, characteristics ... Washington 1958.

W. R. Aykroyd: Sweet Malefactor. London 1967.

R. A. Ballinger: The structure of the U. S. Sweetener Industry. US Department of Agriculture, Washington 1971.

R. A. Ballinger: A History of Sugar Marketing. Washington 1971.

A. C. Barnes: The Sugar Cane. London–New York 1964.

Bartens / Mosolff: Zuckerwirtschaftliches Taschenbuch 1982/83. 29. Jahrgang. Verlag Dr. Albert Bartens, Berlin-Nikolassee 1982.

J. Baxa: Die Zuckererzeugung 1600–1850. H. A. Gerstenberg, Hildesheim 1973².

J. Baxa und G. Bruhns: Zucker im Leben der Völker. Berlin 1967.

G. Beckford: Underdevelopment in Plantation Economies. Dissertation auf Mikrofilm, Stanford U. 1971. Als Buch bei Oxford UP. London 1972.

M. H. Béguin: Gute Zähne dank vollwertigem Zucker. 1978. Und: Aliments naturels – dents saines. 1979. Beide: Ed. de l'Étoile, La Chaux-de-Fonds.

G. G. Birch et al.: Sweetness and sweeteners. London 1971.

L. R. Brown: Food or Fuel: new competition for the world's cropland. Worldwatch Paper. Washington 1980.

M. O. Bruker: Der Zucker als pathogenetischer Faktor. Bad Homburg 1962.

M. O. Bruker: Krank durch Zucker. Schwabe, Bad Homburg 1971.

H. Bujard: Der Interessenteneinfluß auf die europäische Zuckerpolitik. Entstehung, Gestaltung und Auswirkung der EWG-Zuckermarktordnung. Nomos, Baden-Baden 1974.

R. Burbach & P. Flynn: Agribusiness Targets Latin America. NACLA, Washington 1978.

T. L. Cleave & G. D. Campbell: Diabetes, Coronary Thrombosis and the Saccharine Disease. Bristol 1966. Deutsch bei Bircher-Benner-Verlag, Zürich 1970.

J. Collins & F. M. Lappe: Vom Mythos des Hungers. Fischer, Frankfurt 1978.

G. Conchon: Le sucre. Albin Michel, Paris 1977.

S. Cronje et al.: Lonrho. Portrait of a Multinational. Penguin Book 1976.

A. Davis: Let's Get Well. New American Library, New York 1972.

N. Deerr: The History of Sugar. 2 vols. Chapman & Hall, London. 1st ed. 1937; 2nd ed. 1949–50.

Deutsche Gesellschaft für Ernährung, Hrsg.: Ernährungsbericht 1972, 1976, 1980. Frankfurt.

B. Dinham & C. Hines: Agribusiness in Africa. A study of the impact of big business on Africa's food and agricultural production. Earth Resources Research Ltd. (258 Pentonville Rd.), London 1983.

R. Dumont: Paysans écrasés, terres massacrées. Robert Laffont, Paris 1978.

R. S. Dunn, Sugar and Slaves: The rise of the planter class in the English West Indies, 1624–1713. London 1973.
Y. Ericsson: Progress in Caries Prevention. Basel 1978.
E. Feder: Erdbeer-Imperialismus: Studien zur Agrarstruktur Lateinamerikas. edition suhrkamp, Frankfurt 1980.
Fragen und Antworten zum Zucker. Informationskreis Mundhygiene und Ernährungsverhalten IME, 1979.
G. Freyre: Herrenhaus und Sklavenhütte. Bild der brasilianischen Gesellschaft. Klett-Cotta-Verlag, Stuttgart 1982.
E. Galeano: Die offenen Adern Lateinamerikas. Hammer, Wuppertal 1973.
P. Gilgen: Bedeutung und Konsequenzen der Zuckerproduktion in der Neuen Welt. Papier am Histor. Seminar, Universität Zürich, 1981.
F. V. Göricke / M. Reimann: Treibstoff statt Nahrungsmittel. rororo aktuell, 1982.
Green Revolution and Imperialism. Farmers Assistance Board, Quezon City, Philippines, 1978.
N. Gullén: Cuba – Lyrik – Revolution. Pahl-Rugenstein, Köln 1981.
G. B. Hagelberg: The Caribbean Sugar Industries: Constraints and Opportunities. New Haven, Conn., 1974.
G. B. Hagelberg: Structural and Institutional Aspects of the Sugar Industry in Developing Countries. Institut für Zuckerindustrie, Berlin 1976.
G. B. Hagelberg: Outline of the World Sugar Economy. ib., Berlin 1976
R. Hanisch: Weltmarkt und Unterentwicklung. Der Zuckersektor in den Philippinen. Institut für Internationale Angelegenheiten, Hamburg 1978.
M. Hänsenberger: Meine Zähne. Eine Arbeitseinheit für die Unterstufe. Pro Juventute, Zürich o. D.
K. Heun: Zuckerkrankheit. Köln-Braunsfeld 1978.
R. Horber: Das Zuckerproblem im Rahmen der internationalen Agraranpassung. Mimeo. Universität Zürich o. D.
A. Hugill: Sugar an all that ... A History of Tate & Lyle. Gentry Books, London 1978.
The Impoverishment of the Filipino Peasantry, or: Philippine Rural Anti-Poverty Programs. Farmers Association Board Incorp., Quezon City 1978.
Informationsdienst 3. Welt, Bern:
- Bulletin 6 / 1973: Der bittersüße Rohstoff Zucker.
- Bulletin 2 / 1975: Der Fall Zucker.
- Bulletin 6 / 1975: Zucker und Schweizerische Entwicklung.
- Dossier 2–3 / 1979: Hunger, Agrarform + Ländliche Entwicklung.

International Sugarworkers Conference: Sugar and Sugarworkers. A Popular Report. Toronto / Canada 1978.
O. P. Kalra: Agricultural Policy in India. Bombay 1973.
W. Kaufmann: Welt-Zuckerindustrie und internationales und koloniales Recht. Berlin 1904.
F. Kieffer: Ist Zucker gesund, harmlos oder gefährlich? Dental-Revue. Sonderdruck 1980.
F. Kieffer & M. Steiger: Kindernährmittel ohne Saccharose-Zusatz. Wander AG, Bern 1981.
H. Knüsel: Der internationale Zuckermarkt. Semesterarbeit an der Universtiät Zürich, 1972.
H. Körke: Zähne gut – alles gut. KZV Nordrhein 1978.
J. Lamalle: Le Roi du Sucre. J. C. Lattès, Paris 1979.
R. J. Ledogar: Hungry for Profits. U. S. Food & Drug Multinationals in Latin America. IDOC, New York 1976.
C. Leitzmann, W. Sichert, U. Hixt: Entstehung von Agribusiness und Untergang der Agrarkultur am Beispiel Zucker. Institut für Ernährungswissenschaft, Justus-Liebig-Universität Gießen. Vervielfältigt für die VDW-Gruppe «Agrarkultur», 1982.
F. O. Licht: Internationales zuckerwirtschaftliches Jahr- und Adreßbuch. Ratzeburg 1971 / 72 und folgende.

F. O. Licht: International Molasses Report. The Brazilian Alcohol Program and its Objectives. Ratzeburg 1979.
R. Linhart: Der Zucker und der Hunger. Reise in ein Land, wo der Zucker wächst: Brasilien. Wagenbach TB, Berlin 1980.
E. O. von Lippmann: Geschichte des Zuckers. Leipzig 1890. Und: Geschichte der Rübe (Beta)... Berlin 1925.
J. Loxley & J. S. Saul: Multinationals, Workers and Parastatals in Tanzania, Review Of Afr. Pol. Ec., London 1975.
W. Lutz: Leben ohne Brot. Selecta, München 1967.
Th. M. Marthaler: Zahnschäden sind vermeidbar. Eich o. D.
H. R. Mühlemann: Zucker und Zürich. Berichte aus der Forschung der Universität Zürich, 1982.
H. Olbrich: Carl Wentzel-Teutschenthal. Zum Schicksal eines großen Lebenswerkes im Wandel der spezifisch deutschen Geschichte. Schriften aus dem Zucker-Museum, Heft 14. TU Berlin 1981.
Hi-chun Park: Zuckerexport aus Indien. Seminararbeit an der Universität Zürich, 1978.
H. Pruns: Der preußische Staat und die Rübenzuckerindustrie im Frühkapitalismus. Zuckerindustrie 106 (1981), s. 1004ff.
C. Quirino: History of the Philippine Sugar Industry. Manila 1974.
P. Reckman: Rohr – die Geschichte des Zuckers. Nürnberg/Stein 1970.
P. Schmitz: Der Einfluß der EG-Zuckerpolitik auf Entwicklungsländer. Kiel 1981.
J. G. Schnitzer: Die neue Heilbehandlung für Diabetiker. St. Georgen im Schwarzwald 1978.
T. Schuchart: Die volkswirtschaftliche Bedeutung der technischen Entwicklung der deutschen Zuckerindustrie. Leipzig 1908.
C. Scott: Das schwarze Wunder. Die rohe schwarze Melasse. Wetzikon 1970.
I. L. Shannon: Brand Name Guide to Sugar. Nelson-Hall, Chicago 1977.
R. B. Sheridan: Sugar and Slavery: An economic history of the British West Indies, 1623–1775. Caribbean UP, Barbados, 1974.
D. Shoesmith, ed.: The Politics of Sugar. Studies of the Sugar Industry in the Philippines. Parkville, Victoria (Australia) (175 Royal Parade), 1978.
The Struggle of the Oppressed is a Christian Task. Farmers Assistance Board Inc., Quezon City 1978.
Sugar and Human Health. 4th Internat. Sugar Research Symp. 1972.
Sugar Year Book. International Sugar Organization/ISO, London. Ab 1956.
E. Williams: Capitalism and Slavery. North Carolina 1974.
The World Sugar Economy: Structure and Politics. International Sugar Council, London. 2 vols., 1963.
A. Viton & F. Pignalosa: Trends and Forces of World Consumption of Sugar. FAO, Rom 1961.
J. Yudkin: Sugar. Proceedings of a Symposium. London 1971.
J. Yudkin: Pure, White and Deadly. Davis-Poynter, London 1971. Deutsch: Süß, aber gefährlich. Der Zucker-Report, Hamburg 1974.
Einige Papers von Yudkin:
– Sugar intake and myocardial infarction. 1967
– Sugar and Preventive Medicine. 1974
– High intake of sucrose and heart attacks. 1976
– Dental caries and between-meal snacks. 1978
– Sugar and the diseases of civilization. 1979
(das am gdi nicht gehaltene Referat: s. Vorwort)
Zucker. Entwicklungspolitische Korrespondenz. EPK 2/1982. Postfach 2846, 2000 Hamburg 19.
Zucker – Bedürfnis, Zwang oder Sucht? Stellung des Zuckers in der Ernährung. gdi (Gottlieb-

Duttweiler-Institut) Rüschlikon 1981. Referate von F. Kieffer, V. Pudel, J.-C. Piot, B. Guggenheim, A. Teuscher, G. Hartmann, Ch. Schlatter und Eu. Holliger.
Zucker. Hrsg.: Bundesausschuß für volkswirtschaftliche Aufklärung e. V., Köln 1968.
Der Zucker, die EG und das Abkommen von Lomé. Europa Information, Brüssel 1983.
Die Zucker Story. Hrsg. von CMA, Bonn–Bad Godesberg o. D.
Zuckersymposium III, Würzburg 1981. Sonderheft der Deutschen Zahnärztlichen Gesellschaft, 1/82. Carl Hanser Verlag, München.
Zuckerwirtschaft 1982/83. A. Bartens, Berlin-Nikolassee 1982.

Materialien und Papiere
EG, Brüssel
FAO, Rom
UNCTAD, Genf
Czarnikow, London
F. O. Licht, Ratzeburg

Geschäftsberichte
Amstar Corp.
Béghin-Say S. A.
Booker McConnell
British Sugar Corp.
Californian & Hawaiian Sugar Co.
Coca-Cola Co.
CPC International Inc.
Fletcher and Stewart
Générale Sucrière S. A.
General Foods
Great Western Sugar Co.
Gulf & Western
HVA
Jacobs Suchard AG
Lonrho
Pepsi Co.
Südzucker
Tate & Lyle PLC
Zuckerfabrik Franken GmbH, Ochsenfurt
Zuckerfabrik Jülich 1880–1980 (Econ Verlag, Düsseldorf 1980)

Zeitschriften
Africa. London, monatlich
Africa Now. London, monatlich
African Business. London, monatlich
African Development. London, monatlich
diagnosen – aus Gesundheits- und Gesellschaftspolitik. (Unter Knellecken), KZV Nordrhein, Düsseldorf, wöchentlich
Economic and Political Weekly. Bombay, wöchentlich
epd Entwicklungspolitik. Frankfurt, wöchentlich
Far Eastern Economic Review. Hongkong, wöchentlich
Food Policy. London, vierteljährlich
F. O. Lichts Europäisches Zuckerjournal. Ratzeburg, wöchentlich
New African. London, monatlich
Prüf mit. Zürich, monatlich

South. London, monatlich
Sugar Review. Czarnikow, London, wöchentlich
Sugar World. Newsletter to sugar workers. Toronto, monatlich
süß aktuell. Pressedienst des Süßstoff-Verbandes e. V., Köln, wöchentlich
überblick. Hamburg, vierteljährlich
Washington Food Report, wöchentlich
West Africa. London, wöchentlich
Zuckerindustrie. Berlin, wöchentlich
Zuckermarkt. Bonn, wöchentlich

Tageszeitungen
Blick durch die Wirtschaft. Frankfurt (BdW)
Daily News. Dar es Salaam
Financial Times. London (FT)
Neue Zürcher Zeitung. Zürich (NZZ)
Wall Street Journal. New York (WStJ)

Sachregister

Personenregister

Firmenregister

Peter Pringle
James Spigelmann
Die Atom-Barone

Die unbekannte Geschichte des nuklearen Abenteuers.

Deutsche Übersetzung und Bearbeitung von Marianne Schulz-Rubach und Christiane Oehlmann.
256 S., brosch., 29,80
ISBN 3-293-00049-5

Wie hat, in kaum einem halben Jahrhundert, das Atom das Gesicht der Welt verändert? Wie hat in den Ländern des «nuklearen Clubs» eine Handvoll von «Machern» die Menschheit in ein ungeahntes nukleares Abenteuer gestürzt? In den Vereinigten Staaten oder in Japan, in Frankreich, England wie in der UdSSR, wurden wegweisende Entscheidungen gefällt, Programme lanciert, technologische Optionen gewählt, ohne daß jemals die Bevölkerung konsultiert worden wäre.

Zum ersten Mal und als Resultat einer internationalen und mehrjährigen Untersuchungsarbeit erzählt ein Buch den unglaublichen – und erschreckenden – «Roman» des Atoms.

Immer den Tatsachen folgend, ohne ihre Quellen und Informanten zu verheimlichen, schildern Peter Pringle und James Spigelman Szene um Szene die geheime Geschichte der internationalen Atomlobby von den dreißiger Jahren bis Three Mile Islands.

Dieses Buch liest sich wie ein Thriller von globalen Dimensionen – aber diesmal sind wir alle direkt betroffen.

Unionsverlag
Zollikerstr. 138
CH-8034 Zürich
01/557282